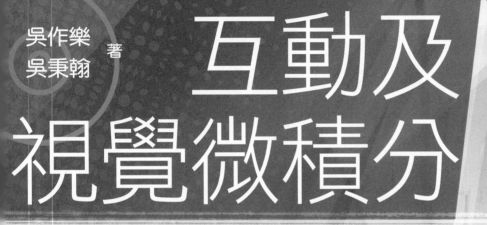

吳作樂
吳秉翰　著

互動及
視覺微積分

Interactive and Visual Calculus

什麼是微積分？
積分只是求面積？微分就是求斜率？
本書藉由互動及視覺操作，
幫助了解微分、積分幾何意義。
認識大自然處處是數學與藝術的結合。

五南圖書出版公司 印行

前 言

　　微積分這個詞對於一般人而言，只是一個數學名詞。大多數人甚至連這名詞什麼意思都不想去明白，就直接認為很困難。其實它的意義很簡單，是我們早就會的觀念，微分就是速率的觀念，積分就是面積。只是大多數人直接排斥數學，不斷的問為什麼學數學，數學有用，但是有用在哪裡？連帶著更加不可能了解微積分。為什麼要學微積分？微積分這一門課程，大家都知道很重要，但又重要在哪裡？我們生活中充斥著數學，數學是科技進步的重要一環。本書將介紹微積分在當今生活的應用，如：將三角函數應用在 3C 產品、音樂等方面。

　　那麼我們要如何學好微積分？知識的了解，這幾年有著顯著的改變，長久以來，學習的方式都是想學要問，才能作學問。現在學生要學的科目太多，因此學習的方式與教材都必須跟著改變，需要生動活潑，才能抓住目光。因此本書的特色是用視覺及互動的學習，改變傳統教材平鋪到底的方式。同時在必要的地方展現數學家當下的猜疑，讓學生可以了解數學家當時的心路歷程，也展現數學家腦中的抽象圖案，走一遍他們的路，自然而然地學會，而不是一昧的像灌水一樣的被動學習。

　　如何展現數學家腦中的抽象圖案？多年思索及教學實踐的過程中，我們終於找到了一個極有效的方法，稱之為 VVM(Visual and Virtual Manipulative) 教學法。第一個 V(Visual) 表示「視覺」，也就是說，要讓學生看得到抽象的數學概念。第二個 V(Virtual) 代表「虛擬」，而 VM (Virtual Manipulative) 表示用電腦程式寫成的虛擬操作元件 (與上述的「物理操作元件」相對應)。我們針對每個重要的數學概念都設計出一組虛擬操作元件，使得學習者不但可以看到各種數學概念的形態，而且可以簡單地操作這些概念的圖象，從而掌握這些抽象概念。在「眼到」(visual) 和同時「手到」(manipulative) 的情境下，很快地掌握抽象概念。我的教學經驗證明這種方法比作一大堆習題有效且有趣得多。

　　事實上，那些天生數學很好的人，都不自覺地發展出一套在大腦中運作的模式，使得他們能夠看得到而且能夠操作得到數學的抽象概念，只是不知如何表達出來而已，雖然每個數學資優生的運作模式略有不同，但以我個人的經驗，VVM 方法可以適用於大多數的學生。換句話說，VVM 方法可以使大多數學生學習到數學資優生的思考方式，進而減少背一大堆公式的必要及大量的機械式練習，重建對數學學習的信心和興趣。

　　從人類學習的模式來看，VVM 方法也比較自然。以藝術領域中最抽象的音樂為例，我們到底是先學會唱歌（或聽音樂），還是先學會看，寫五線譜？無庸置疑，當然是先會唱歌或聽音樂。但是，我們的數學教育卻是順序顛倒：要學生花最多時間學會看，寫五線譜（列式子，背公式，解考題），卻很少給學生唱歌或聽音樂的時間（看到數學，看到活生生的應用）。因此，我也將 VVM 稱為「先學唱歌，再學樂理」的教學法。

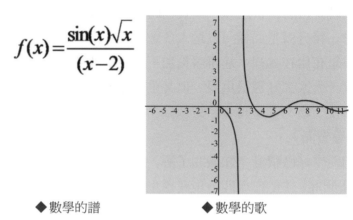

◆ 數學的譜　　　　　　　　◆ 數學的歌

本書包含著以下特色，讓學生可以引發興趣後再學習。

1. 數學概念－互動操作組件
2. 數學之美－以圖像或影片呈現
3. 數學概念與人文、歷史、藝術之關連

本書與傳統微積分的不同

1. 直接從積分開始，再講微分，而極限當作預備知識

不同於多數的微積分，本書由積分開始敘說，以簡單的內容開始學習微積分。經實驗發現由熟悉的東西，再逐步變難，比較容易吸收。現有的書大多從函數、連續、極限、微分、積分，但不容易被理解。傳統微積分是基於嚴謹的、繁鎖的證明，所以先學習函數、連續、極限，然而這種方式的學習相當的枯燥乏味。實際上微積分的發展歷史初期，也並不是一開始就是嚴謹的數學，譬如說極限的嚴謹數學概念是在牛頓之後 200 年，才由柯西完成。

我們忠於歷史發展由簡到難的順序，所以直接學積分，而我們所必須優先理解的知識也僅僅是：當 n 很大時，1/n 接近 0。只要有此知識，不必完整的學會嚴謹的極限概念，就可開始學習微積分。

傳統的書是先學極限，再學微分，之後才學積分，先嚴謹、再抽象、才直觀，但這樣的模式對學生來說是不易學習的。所以我們先學積分再學微分，因為積分是面積，微分是斜率，先學積分較直觀，不會太抽象。而極限放在第九章作為預備知識，即使不看也能懂微積分。

2. 積分的切長條方式

傳統的書僅介紹切等寬長條。實際上切等寬長條的積分，對於 $f(x)=x^p$ 能解決的函數，只限於 $p=1$、2、3。而切等寬長條的方式，p 在 1、2、3 以外，都不能得到積分公式。而目前大多數的教科書，並沒有說明切等寬長條，可以對所有的 p 推出積分公式，而事實上切等寬長條，無法對所有的 p 推出積分公式。我們引用歷史上費馬的證明，完整解出除了 $p=-1$，對所有的 p 的積分，如此一來才能讓學生 100% 接受 $f(x)=x^p$ 的積分公式。

3. 強調微分與積分的關連性

特別以一個章節來描述微積分基本定理，明確的讓學生了解微分與積分兩者之間的互逆關係。並說明學習微積分，不只是學習技巧，而是了解原理以及使用積分表。在實際應用上，很多函數的積分都無法用傳統書上技巧得到積分，所以大多時候我們要使用積分表。

4. 無窮級數只學實用面

關於無窮級數的部分，我們認為最重要的是學會泰勒展開式，就足夠應付大多的應用，使得可以方便計算任意函數的積分與微分的近似值。至於其他級數的收斂判斷法，對於學習基礎微積分的學生，則不是那麼的重要。

結論：

我們認為最重要的事，就是避免使學生有無法理解，只好死背公式的學習方法。使用互動式視覺微積分，可以輕鬆理解微積分的基本概念。同時，用數學發展的歷史來敘述微積分，模擬數學家的思路，讓學生可以輕鬆學習微積分，理解後再記憶公式。並且本書附有大量的數學與藝術的 2D、3D 的動態影片在光碟第七章，可以讓學生了解數學的藝術面，同時也可以上 Youtube 搜尋「波提思」或「praxismathwu」即可觀看數學的藝術影片。本書有以上優點，而且由實際教學經驗證實，大家都能學好微積分。

如何使用本書

因本書與其他書敘述的微積分順序不同，並且內容面側重在理解方面，注重在歷史發展面與應用面。使用我們的書可以從第一章：積分開始看，再看第二章：微分，再看第三章：微積分基本定理。看完這三章後，對微積分核心概念已有 90% 了解，其餘的章節延伸微分與積分到其他函數，以及更多的積分技巧與應用面。

為了讓學生容易學習，本書使用一般紙本書作不到，只有當代科技才能作到的動態操作，讓學生可以看到數學家腦中的數學圖案。本書內有大量的互動操作及影片學習，在本書見到操作動態 ◉ 或觀賞影片 ◉ 的紫底字樣，請播放光碟選取操作，即可進行互動式學習。

如果各章節的預備知識有所不足，如：極限、函數、連續，可以閱讀第九章（在光碟內），閱讀完此章節後，再來認識微積分將會更順暢，如果沒先閱讀此章節直接看本文，那麼也是可行的。同時各章節的附錄也在光碟內。

動態範例

1. 多邊形逼近圓形，夾擠定理的雛形

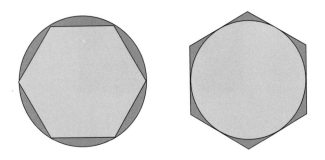

2. 積分的幾何意義

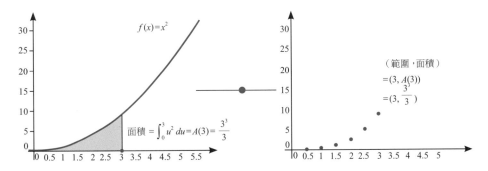

3. 音階與三角函數

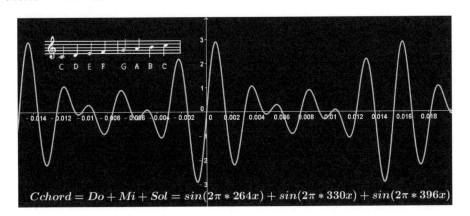

4. 指數與鸚鵡螺

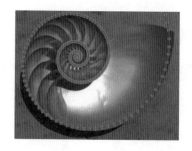

5. 泰勒展開式

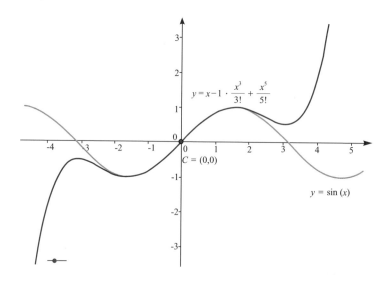

$$y = x - 1 \cdot \frac{x^3}{3!} + \frac{x^5}{5!}$$

$C = (0,0)$

$y = \sin(x)$

　　在本書出版之際，特別感謝義美食品高志明先生全力支持本書的出版。本書雖經多次修訂，缺點與錯誤在所難免，歡迎各界批評指正，得以不斷改善。

微積分發展的重要人物

目 錄

1 積分的幾何意義

皮埃爾・德・費馬
〈Pierre de Fermat〉
(1601-1665)

戈特弗里德・威廉・馮・萊布尼茲
〈Gottfried Wilhelm Leibniz〉
(1646-1716)

艾薩克・牛頓
〈Isaac Newton〉
(1642-1727)

「在一個滑稽可笑和過度簡化的情況下，微積分的發明有時被歸功於兩個人，牛頓與萊布尼茲。其實微積分是一個經過長時間演化過來的產物，它的創始與完成都不是出自牛頓與萊布尼茲之手，只不過在過程中兩人都扮演具有決定性的角色。」

—赫伯特・羅賓斯 (Herbert Robbins)。

歷史上，許多數學家把「發明」微積分歸功於牛頓和萊布尼茲。事實上，他們不是微積分的發明者，他們的貢獻是發現和證明。他們將「微分」和「積分」，看似不同的兩個概念，利用「微積分基本定理」，將其串連。在這一發現之前，歐洲許多數學家致力於兩個數學問題：

第一個問題是如何計算的切線的斜率曲線上的任何一點，即所謂的微分。

第二個是如何計算由任意曲線內的總面積，經發展後成為積分。

事實上，法國數學家費馬對這兩個問題提供了一些答案。可惜的是，他並沒有提出「微分」和「積分」之間的關聯。因此，後來的數學家將微積分的發明歸功於牛頓和萊布尼茲上，他們清楚地用數學的語言來證明，「微分」和「積分」的關係（微積分基本定理）。此後，「微分」和「積分」不再是兩個學問，稱為微積分。

本書的教學經驗表明，順著歷史發展的教學，先學積分再學微分，學生對於積分（處理面積）有著更直觀了解，比起先學微分再學積分來的更容易理解。因此，在互動操作微積分，我們採取不同的方法，整合傳統的微積分教科書，作出最方便學習的微積分。

　　同時傳統微積分是基於嚴謹的、繁鎖的證明，所以先學習函數、連續、極限，然而這部分的學習相當的枯燥乏味。在初期也並沒有完整的發出相關規則，我們忠於歷史發展是正確的學習順序，所以我們直接學積分，而我們所必須優先理解的知識也僅僅是：當 n 很大時，$\dfrac{1}{n}$ 接近 0。只要有此知識，就可開始學習微積分。

一、積分是什麼？積分的幾何意義是什麼？

「如果我們想要預見數學的將來，適當的途徑是研究這門學科的歷史和現狀。」

亨利・龐加萊〈法語：Henri Poincaré〉

法國數學家，理論科學家和科學哲學家。

積分的歷史發展，來自於計算面積，面積就是積分的幾何意義。面積該怎麼計算？從歷史來看，最先學會的面積是正方形，同時也是面積的最小單位，定義：邊長 1 公分的正方形為面積 1 平方公分。若將 6 個 1 平方公分的正方形緊密排成另一個形狀，可排出 3 個方塊一排，並列兩排，而這圖案正是長方形。見圖 1-1。

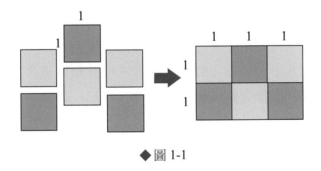

◆圖 1-1

其他由直線構成的圖形，也是由這樣的概念延伸，如：三角形、菱形、梯形等等，相對應的有著不同的計算方式。見圖 1-2：三角形的面積計算。

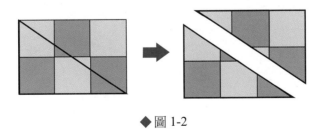

◆圖 1-2

長方形可切成兩個一樣的直角三角形，因此我們可以計算直角三角形的面積，而其他三角形都可以作成兩個直角三角形，所以都可以計算面積，見圖 1-3。

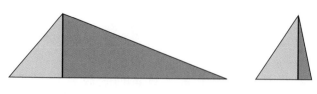

◆圖 1-3：鈍角三角形、銳角三角形

　　而其他圖案都可切割，構成多個三角形，再計算面積。但對於非直線構成的曲線圖案，就不適用上面的方法來計算面積，該怎麼計算曲線構成的圖形？如：圓形、拋物線、橢圓。

　　在西元前 287 年到前 212 年，在敘拉古（義大利語：Siracusa 是位於義大利西西里島上的一座沿海古城。）有一位非常有名的學者－阿基米德〈希臘語：Αρχιμήδης，英文 Archimedes〉，古希臘哲學家、數學家、物理學家、發明家、工程師、天文學家。他對很多問題都有精闢的見解，有很多發明，發現了很多實用的原理流傳千古。例如說：阿基米德利用窮舉法與割圓術的方法，求出圓周率以及圓面積，計算出接近的面積數值，而這正是積分的前身。

　　他是怎麼計算的，利用割圓術在圓的內部作出正六邊形，再求正十二邊形、正二十四邊形、正四十八邊形、到正九十六邊形，以此類推後，最後正多邊形很近圓形，正多邊形的面積就很接近圓面積，得一堆三角形，計算出三角形面積總合就很接近圓面積。見圖 1-4。

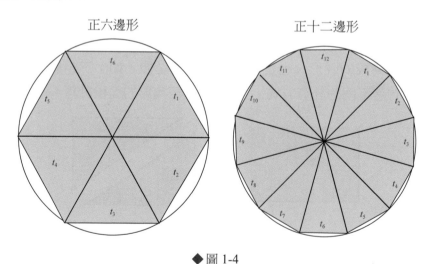

◆圖 1-4

　　t_1、t_2、　　指的是正多邊形的第幾個邊長，上圖兩圓的 t_1 不一樣長。

　　正多邊形不斷的增加邊數，內部三角形的高就會很接近半徑，由圖 1-5、圖 1-6 可知。

正二十四邊形

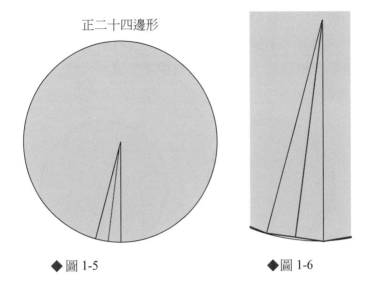

◆圖 1-5　　　　　　　　　◆圖 1-6

淡色線為某一個三角形的高，已經非常接近半徑。

而三角形的底邊長度，很接近那部份弧長，見右邊放大圖。

所以要計算面積就是把每一個三角形的面積算出來，再加總。

已知三角形高是半徑，底是 t_1、t_2、　　、t_n

圓面積

　＝三角形 $_1$ ＋ 三角形 $_2$ ＋　　＋ 三角形 $_n$

$= \dfrac{t_1 r}{2} + \dfrac{t_2 r}{2} + ... + \dfrac{t_n r}{2}$

$= \dfrac{r}{2}(t_1 + t_2 + ... + t_n)$

而當 n 夠大的時後，$t_1 + t_2 + ... + t_n$ 就是圓周長。

而圓周長怎麼算，（參考極限與連續章節），周長是直徑乘上圓周率，

圓周率在 $\dfrac{22}{7}$ 與 $\dfrac{223}{71}$ 之間，記作 $\dfrac{223}{71} <$ 圓周率 $< \dfrac{22}{7}$ ，

也就是 3.1408< 圓周率 <3.1428

所以阿基米德圓周率用 $\dfrac{22}{7}$ 來計算圓形的相關問題。圓周長，半徑取 1，

也就是直徑乘上圓周率 $= 2 \times 1 \times \dfrac{22}{7} = \dfrac{44}{7}$ 。

所以圓面積由先前的切三角形得到，切很多塊後再組合起來，

圓面積 $= \dfrac{r}{2}(t_1 + t_2 + ... + t_n) = \dfrac{r}{2} \times$ 圓周長 $= \dfrac{1}{2} \times \dfrac{44}{7} = \dfrac{22}{7}$

　　然而這個圓面積也是一個接近值，從圓內接正六邊形、正二十四邊形、正四十八邊形、到正九十六邊形，不管是幾邊形，總是會有少計算到的地方，並且邊數越大，圓內接正多邊形面積就越大，同時圓內接正多邊形面積一定小於圓面積。參考圖 1-7，深色為少算的部分。

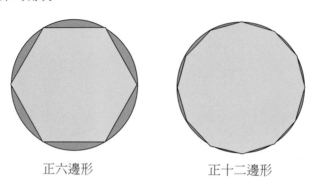

正六邊形　　　　　　　　　正十二邊形

◆圖 1-7

　　如何計算精確的圓面積值？

　　同理作外切正多邊形，也一樣是切三角形來計算面積。不管是幾邊形，總是會有多計算到的地方，並且邊數越大，圓外切正多邊形面積就越小，同時圓外切正多邊形面積一定大於圓面積。參考圖 1-8，深色為多算的部分。

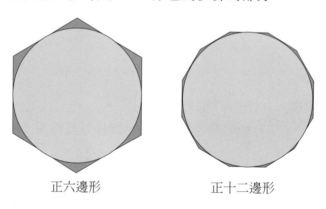

正六邊形　　　　　　　　　正十二邊形

◆圖 1-8

　　把外切正多邊形、圓形、內接正多邊形重疊放一起。參考圖 1-9。

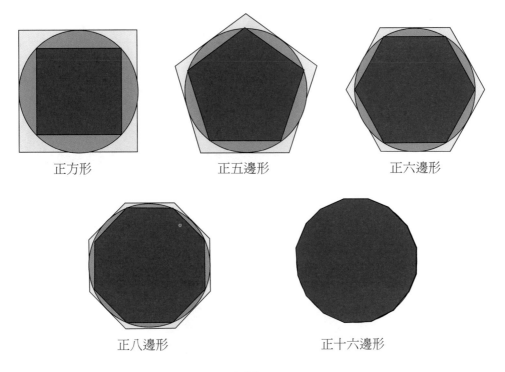

正方形　　　　　　　正五邊形　　　　　　　正六邊形

正八邊形　　　　　　　　　　正十六邊形

◆ 圖 1-9

由圖 1-9 可知，圓內接正多邊形與圓外切正多邊形，邊數越多會越靠近圓形，

會得到圓內接多邊形面積＜圓面積＜圓外切正多邊形面積

利用夾擠定理，就可得知圓面積如何算 (見附錄)。

同時阿基米德計算圓內接多邊形面積正是積分的下和概念，

計算圓外切正多邊形面積正是積分的上和概念，

上和與下和再加上夾擠定理，就是積分的雛型。

操作動態 1

同時阿基米德對曲線所構成的面積有興趣，例如拋物線：阿基米德想盡一切辦法，計算出拋物線下的面積，用類似割圓法一樣的方式。不同的是，圓形是用正多邊形來逼近，而拋物線則是用三角形。如圖 1-10 所示。

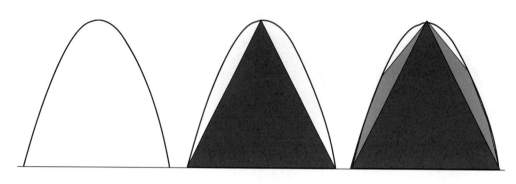

◆ 圖 1-10

　　用三角形的方法來切割，再不斷的繼續切三角形，算出每一塊面積後計算總合，
最後我們想想生活上的圖形，未必是特殊圖形，更多情況是隨便扭曲的圖案。
見圖 1-11。

◆ 圖 1-11

　　遇到這種情況時，我們又應該如何處理？單從傳統的幾何方法已經沒辦法計算
任意圖形，而阿基米德的窮舉法，一個圖形作出一個對應的切割法，再加以計算。
在當時並沒有一個萬用的方式，來計算所有曲線內面積。而處理面積的問題，延續
到十六世紀才有了轉機。

1.1　平面座標是誰發明的

　　西元 1596 年到 1650 年法國數學家－笛卡爾〈René Descartes 法國著名的哲學
家、數學家、物理學家〉。創立了平面座標的架構。笛卡兒創立座標系，也稱「笛卡
兒座標系」。而他為什麼會想作出座標系？據說當他躺在床上，觀察一隻蒼蠅在天花
板上移動時，他想知道蒼蠅在牆上的移動距離，思考後，發現必須先知道蒼蠅的移
動路線（路徑）。這正是平面座標系的誘因，但要如何描述此路線，他還經歷另一件
事情，才找到方法。見圖 1-12。

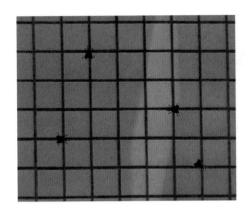

◆圖 1-12

　　在晚上休息之餘，他看到滿天的星星，這些星星如何表示位置，如果用以前的方法，拿出整張地圖，再去找出那顆星星，相當費時費力，而且也不好說明。只能說在哪個東西的旁邊。這只是相對說法，並不夠直接。笛卡兒從軍時，由於要回報給上級，部隊的位置，但無論是他拿著地圖比在哪，或是說在多瑙河上游左岸、或是下游的右岸等，這些找指標物，然後說一個相對位置，這是很沒有效率的說法，所以他開始思考如何好好描述位置。

　　有一天晚上笛卡兒正在思考不睡覺，被查鋪的排長拉出去到野外。在野外，排長說笛卡兒整天在想著，如何用數學解釋自然與宇宙，於是告訴他一個好方法。從背後抽出 2 支弓箭，對他說把它擺成十字。一個箭頭一端向右，另一個箭頭向上，箭可以射向遠方，高舉過頭頂。頭上有了一個十字，延伸出去後天空被分成 4 份，每個星星都在其中一塊。笛卡兒反駁：早在希臘人就已經使用在畫圖上，哪有什麼稀奇的地方。況且就算在上面標刻度，那負數又應該擺放在哪裡，排長就說了一個方法，把十字交叉處定為 0，往箭頭的方向是正數，反過來是負數，不就可以用數字去顯示全部位置了嗎，笛卡兒就大喊這是個好方法，想去拿那 2 支箭，排長將弓箭丟到河裡，笛卡兒追出去，想拿來研究，沒想到溺水了，之後被救醒。笛卡兒抓著排長大問，剛說了什麼，排長不理他，繼續叫下一個士兵起床，笛卡兒發現原來是夢，馬上拿出筆把夢裡面的東西寫下來，平面座標就此誕生了。

　　平面座標與方程式結合在一起，最後有了函數的觀念，笛卡兒將代數與幾何連結在一起，而不是分開的兩大分支。幾何用代數來解釋，而代數用幾何的直觀更容易看出結果與想法。於是笛卡兒把這兩大分支合在一起，把圖形看成點的連續運動後的軌跡，最後點在平面上運動的想法，進入了數學。見圖 1-13、1-14、1-15。

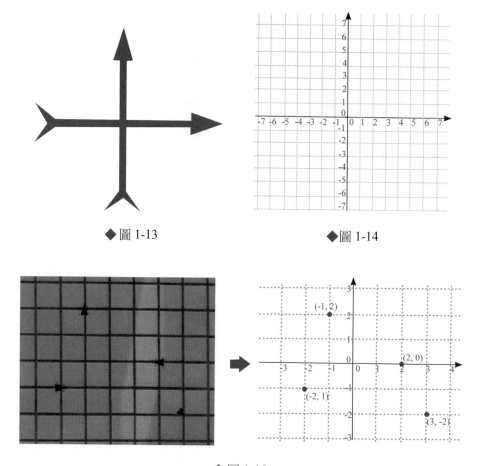

◆圖 1-13

◆圖 1-14

◆圖 1-15

　　數學家開始使用平面座標，可以把以往的圖形，放入平面座標中也能利用相同的想法來加以計算，當計算出有幾個小方塊就是面積是多少。見圖 1-16。

補充説明

費馬也同時作出座標系，以幫助計算微分與積分。

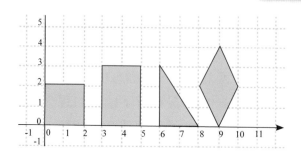

◆圖 1-16

1.2 曲線在平面座標上，直覺上如何計算曲線下與 x 軸之間的面積？

我們回顧小學在計算不規則圖案面積是如何算，就是看圖案內有幾個格子，有了數量後，看一格是幾平方公分，這樣就可以知道面積是多少，而很明顯的是格子越大誤差越大，格子越小就誤差越小，由下圖可看到切小塊一點可以讓誤差變少。見圖 1-17。

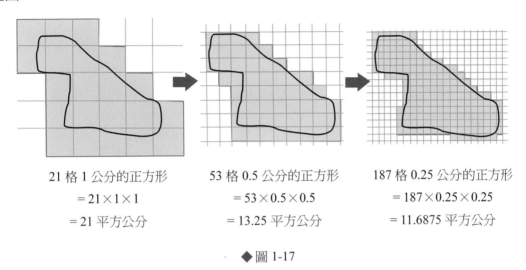

21 格 1 公分的正方形　　　　53 格 0.5 公分的正方形　　　187 格 0.25 公分的正方形
$= 21 \times 1 \times 1$　　　　　　　$= 53 \times 0.5 \times 0.5$　　　　　$= 187 \times 0.25 \times 0.25$
$= 21$ 平方公分　　　　　　　$= 13.25$ 平方公分　　　　　$= 11.6875$ 平方公分

◆ 圖 1-17

當我們將曲線放在平面座標上，要計算面積，完整說法是曲線與 x 軸之間的面積，只要計算曲線經過方塊加上曲線內方塊，就是面積。而這些方塊的算法很簡單，利用長方形幫助計算，再將各個長方形面積加起來，見圖 1-18。

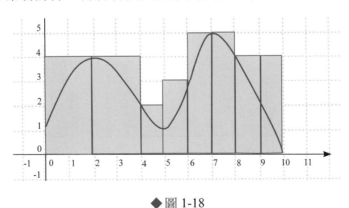

◆ 圖 1-18

一開始為了方便計算，而不可避免的會發現面積多算。圖 1-19 為誤差。

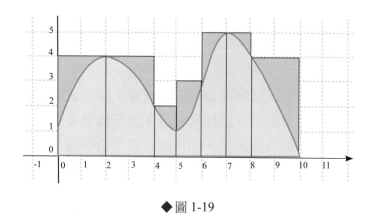

◆圖 1-19

那要如何避免誤差或是降低誤差？

將圖形切成很多等寬長方條，曲線之中選範圍內最高點，得到長方條的長度，
再去計算面積。見圖 1-20。

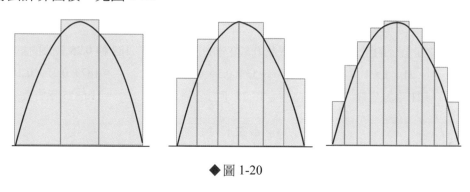

◆圖 1-20

圖 1-21 為多算的部分

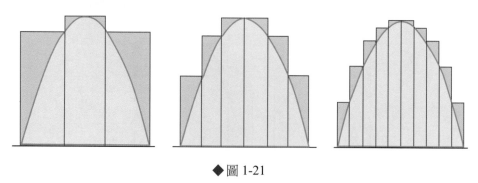

◆圖 1-21

當數學計算能力提升之後，就變成每一塊長方型用同樣的寬度。

當越切越多份，由圖可知多算的部分，就會變少，意味誤差越來越小。

操作動態 2 ☜

因為曲線可以表示為函數，所以能讓計算更加方便，獲得更接近真實面積的答案。長方條的總面積比曲線下面積大，稱為上和。

同理將圖形切成很多長條，曲線之中選範圍內最低點，得到長方條的長度，再計算面積。見圖 1-22。

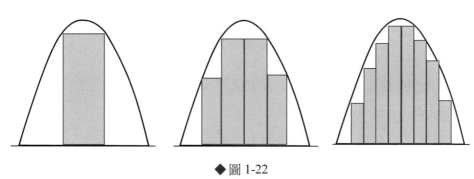

◆圖 1-22

圖 1-23 為少算的部分

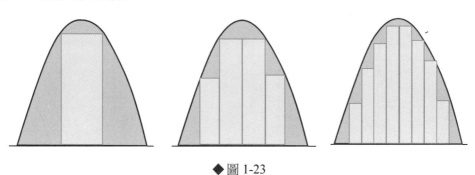

◆圖 1-23

當數學計算能力提升之後，就變成每一塊長方型用同樣的寬度。

當越切越多份，由圖可知少算的部分，就會變少，意味誤差越來越小。

因曲線表示為函數，能讓計算更加方便，獲得更接近真實面積的答案。

長方條的總面積比曲線下面積小，稱為下和。

然而誤差再小也是有誤差的存在，那要如何來解決？

學習阿基米德的想法，作出兩種面積計算方式：

1. 長方條的總面積比曲線下面積大，稱為上和，

2. 長方條的總面積比曲線下面積小，稱為下和；

曲線下面積會被夾上和、下和中間，見圖 1-24。

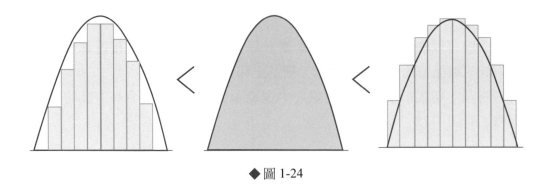

◆圖 1-24

如果切很多條導致上和、下和非常接近，則曲線下與 x 軸之間的面積會接近某一個數字，這數字正是要計算的面積。

例如：計算 $y = f(x) = x^2$ 的函數曲線，範圍從 0 到 2，曲線下與 x 軸之間的面積。

上和切 5 份的示意圖下和切 5 份的示意圖

上和切 5 份的示意圖   下和切 5 份的示意圖

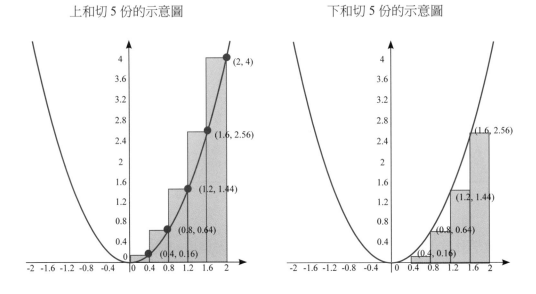

觀察影片 2.1：上和、下和切的份數越多，越逼近曲線下面積數值 👁

1.3　如何計算上和

如同之前所提到的切成長條狀，可以得到大於「曲線下與 x 軸之間面積」，但會產生多出來的誤差，不過只要我們只要切成無限多份，這誤差會非常接近 0。我們已經知道切長條來計算面積，但要如何去計算呢？

註：「曲線下與 x 軸之間的面積」，也有寫「曲線下面積」，或是「面積」。

以 $y = f(x) = x^2$ 為例：

計算 $y = f(x) = x^2$ 的函數曲線，範圍從 0 到 2，曲線下與 x 軸之間的面積，
曲線下與 x 軸之間的面積，切 5 份，每段寬度為 $2 \div 5 = 0.4$，
而每一個長方形的長度，見圖 1-25。

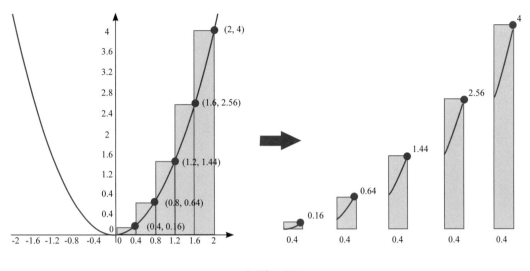

◆ 圖 1-25

將每個長方形的面積計算出來，也就是寬乘長，再加總，
就是「曲線下與 x 軸之間的面積」近似值。

$0.4 \times 0.16 + 0.4 \times 0.64 + 0.4 \times 1.44 + 0.4 \times 2.56 + 0.4 \times 4$
$= 0.4 \times (0.16 + 0.64 + 1.44 + 2.56 + 4)$ 分配律
$= 3.52$

這樣固然可以計算一個數值出來，但不夠精準，我們還需要切更多份
推廣到更多的份數，切 n 份：
計算 $y = f(x) = x^2$ 的函數曲線，範圍從 0 到 2，曲線下與 x 軸之間的面積，
切 n 份，每段寬度為 $2 \div n = \dfrac{2}{n}$，而每一個長方形的長度，見圖 1-26。

將每個長方形的面積計算出來，也就是寬乘長，再加總，
就是「曲線下與 x 軸之間的面積」近似值，

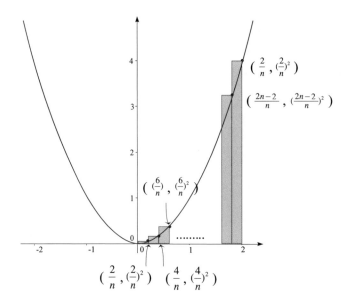

◆ 圖 1-26

$$= \frac{2}{n} \times (\frac{2}{n})^2 + \frac{2}{n} \times (\frac{4}{n})^2 + \frac{2}{n} \times (\frac{6}{n})^2 + ... + \frac{2}{n} \times (\frac{2n}{n})^2$$

$$= \frac{2}{n} \times \left[(\frac{2}{n})^2 + (\frac{4}{n})^2 + (\frac{6}{n})^2 + ... + (\frac{2n}{n})^2 \right]$$

$$= \frac{2}{n} \times (\frac{2}{n})^2 \times \left[1^2 + 2^2 + 3^2 + ... + n^2 \right]$$

$$= 2^3 \times \frac{1}{n^3} \times \left[1^2 + 2^2 + 3^2 + ... + n^2 \right]$$

而這邊可發現一個具規律的連續加法，可以利用 $\sum$ 改寫，將式子變簡單扼要。
最後的式子可以寫成

$$= 2^3 \times \frac{1}{n^3} \times \sum_{k=1}^{n} k^2 \qquad (\text{已知} \sum_{k=1}^{n} k^2 = 1^2 + 2^2 + 3^2 + ... + n^2 = \frac{n(n+1)(2n+1)}{6})$$

$$= 2^3 \times \frac{1}{n^3} \times \frac{n(n+1)(2n+1)}{6}$$

可以得到一個式子來計算面積，n 是想要切的份數，

所以當 n 取很大數字，就可以得到答案

$$2^3 \times \frac{1}{n^3} \times \frac{n(n+1)(2n+1)}{6}$$

$$= 2^3 \times \frac{2n^3 + 3n^2 + n}{6n^3}$$

$$= 2^3 \times (\frac{2n^3}{6n^3} + \frac{3n^2}{6n^3} + \frac{n}{6n^3})$$

$$= 2^3 \times (\frac{1}{3} + \underbrace{\frac{1}{2n}}_{\text{分數接近}0} + \underbrace{\frac{1}{6n^2}}_{\text{分數接近}0})$$

$$\approx 2^3 \times (\frac{1}{3} + 0 + 0) = 2^3 \times \frac{1}{3}$$

也就是說，在 n 取很大數字（切很多份），就可以得到接近的面積值，答案是 $2^3 \times \frac{1}{3}$。上述運算，可利用極限的觀念，當 n 很大時，$2^3 \times (\frac{1}{3} + \underbrace{\frac{1}{2n}}_{\text{分數接近}0} + \underbrace{\frac{1}{6n^2}}_{\text{分數接近}0})$

可以表示為 $\lim\limits_{n \to \infty} \left[2^3 \times (\frac{1}{3} + \frac{1}{2n} + \frac{1}{6n^2}) \right]$

$$\lim\limits_{n \to \infty} \left[2^3 \times (\frac{1}{3} + \frac{1}{2n} + \frac{1}{6n^2}) \right]$$

$$= 2^3 \times \lim\limits_{n \to \infty} \left[\frac{1}{3} + \frac{1}{2n} + \frac{1}{6n^2} \right]$$

$$= 2^3 \times \left[\lim\limits_{n \to \infty} \frac{1}{3} + \lim\limits_{n \to \infty} \frac{1}{2n} + \lim\limits_{n \to \infty} \frac{1}{6n^2} \right]$$

$$= 2^3 \times (\frac{1}{3} + 0 + 0)$$

所以計算 $y = f(x) = x^2$ 的函數曲線，範圍從 0 到 2，曲線下與 x 軸之間的面積，就是 $2^3 \times \frac{1}{3}$

同理計算 $y = f(x) = x^2$ 的函數曲線，曲線下與 x 軸之間的面積，

範圍從 0 到 3，面積就是 $3^3 \times \frac{1}{3}$

範圍從 0 到 4，面積就是 $4^3 \times \frac{1}{3}$

可以發現，計算 $y = f(x) = x^2$ 的函數曲線，範圍從 0 到某任意正數 b，曲線下與 x 軸之間的面積，具有規律變化，面積值隨著某任意正數 b 改變，面積是 $b^3 \times \frac{1}{3}$。

> **上和結論：**
>
> 計算 $y = f(x) = x^2$ 的函數曲線，範圍從 0 到某任意正數 b，
>
> 曲線下與 x 軸之間的面積，是 $\dfrac{1}{3}b^3$。

　　然而還是存在瑕疵。不管切多少份，長方形左上方，總是有多餘部分，見圖 1-27。

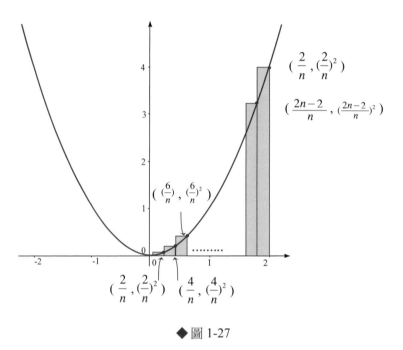

◆圖 1-27

　　以數學式來看：$\lim\limits_{n \to \infty} 2^3 \times (\underbrace{\dfrac{1}{3} + \dfrac{1}{2n} + \dfrac{1}{6n^2}}_{\text{多餘的部分}}) \approx 2^3 \times (\dfrac{1}{3} + 0 + 0)$

　　雖然在計算上，當 n 很大的時候，我們確定多餘的部分，這兩項很接近 0，進而算出面積，但仍感覺到不能 100% 相信，這面積值就是曲線下與 x 軸之間面積。所以怎麼說明多餘的部分不影響答案，這變成重要的問題，這在接下來說明。

1.4　如何計算下和

　　剛剛作的是上和，面積略大於曲線下與 $y = f(x) = x^2$ 軸之間面積，現在作的是下和，面積略小於曲線下與 x 軸之間面積。其方法一樣，以 $y = f(x) = x^2$ 為例：

　　計算 $y = f(x) = x^2$ 的函數曲線，範圍從 0 到 2，曲線下與 x 軸之間的面積，曲線下

與 x 軸之間的面積，切 5 份，每段寬度為 $2 \div 5 = 0.4$，而每一個長方形的長度，見圖 1-28。

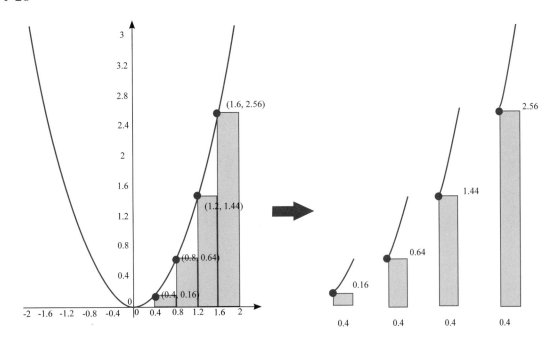

◆ 圖 1-28

將每個長方條的面積計算出來，也就是寬乘長，再加總，
就是曲線下與 x 軸之間面積近似值，

$0.4 \times 0.16 + 0.4 \times 0.64 + 0.4 \times 1.44 + 0.4 \times 2.56$

$= 0.4 \times (0.16 + 0.64 + 1.44 + 2.56)$ 分配律

$= 3.264$

這樣固然可以計算一個數值出來，但不夠精準，還需要切更多份

推廣到更多的份數，切 n 份：

計算 $y = f(x) = x^2$ 的函數曲線，範圍從 0 到 2，曲線下與 x 軸之間的面積，

切 n 份，每段寬度為 $2 \div n = \dfrac{2}{n}$，而每一個長方條的長度，見圖 1-29。

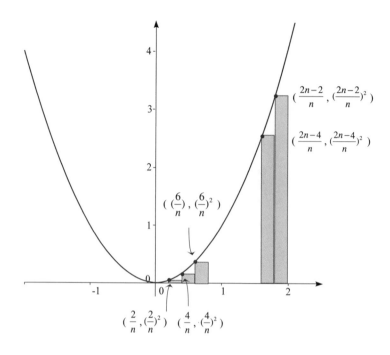

◆ 圖 1-29

將每個長方形的面積計算出來，也就是寬乘長，再加總，
就是曲線下與 x 軸之間面積近似值，

$$= \frac{2}{n} \times (\frac{2}{n})^2 + \frac{2}{n} \times (\frac{4}{n})^2 + \frac{2}{n} \times (\frac{6}{n})^2 + ... + \frac{2}{n} \times (\frac{2n-2}{n})^2$$

$$= \frac{2}{n} \times \left[(\frac{2}{n})^2 + (\frac{4}{n})^2 + (\frac{6}{n})^2 + ... + (\frac{2n-2}{n})^2 \right]$$

$$= \frac{2}{n} \times (\frac{2}{n})^2 \times \left[1^2 + 2^2 + 3^2 + ... + (n-1)^2 \right]$$

$$= 2^3 \times \frac{1}{n^3} \times \left[1^2 + 2^2 + 3^2 + ... + (n-1)^2 \right]$$

而這邊可發現一個具規律的連續加法，可以利用 $\sum$ 改寫，將式子變簡單扼要。
最後的式子可以寫成

$$= 2^3 \times \frac{1}{n^3} \times \sum_{k=1}^{n-1} k^2 \qquad \text{(已知 } \sum_{k=1}^{n-1} k^2 = 1^2 + 2^2 + 3^2 + ... + (n-1)^2 = \frac{(n-1)(n)(2n-1)}{6} \text{)}$$

$$= 2^3 \times \frac{1}{n^3} \times \frac{(n-1)(n)(2n-1)}{6}$$

可以得到一個式子來處理 $y = f(x) = x^2$，n 是我們想要切的份數，

所以當 n 取很大數字，就可以得到答案

所以

計算 $y = f(x) = x^2$ 的函數曲線，範圍從 0 到 2，曲線下與 x 軸之間的面積，

就是 $2^3 \times \dfrac{1}{3}$

同理計算 $y = f(x) = x^2$ 的函數曲線，曲線下與 x 軸之間的面積，

範圍從 0 到 3，面積就是 $3^3 \times \dfrac{1}{3}$，。

範圍從 0 到 4，面積就是 $4^3 \times \dfrac{1}{3}$。

可以發現，計算 $y = f(x) = x^2$ 的函數曲線，範圍從 0 到某任意正數 b，曲線下與 x 軸之間的面積，具有規律變化，面積值隨著某任意正數 b 改變，面積是 $b^3 \times \dfrac{1}{3}$。

觀察動態 3 ☞

> **下和結論：**
>
> 計算 $y = f(x) = x^2$ 的函數曲線，範圍從 0 到某任意正數 b，
>
> 曲線下與 x 軸之間的面積，是 $\dfrac{1}{3}b^3$。

然而還是存在著瑕疵，不管切多少份數，總是有少計算的部分，見圖 1-30。

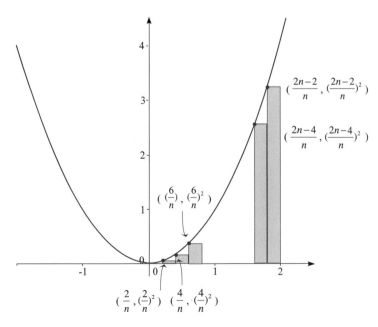

◆ 圖 1-30

以數學式來看：$\lim\limits_{n \to \infty} 2^3 \times (\dfrac{1}{3} \underbrace{- \dfrac{1}{2n}}_{少計算的部分} + \dfrac{1}{6n^2}) \approx 2^3 \times (\dfrac{1}{3} + 0 + 0)$

　　雖然在計算上，當 n 很大的時候，我們確定少計算的部分，很接近 0，進而算出面積，但仍感覺到不能 100% 相信，這面積值就是曲線下與 x 軸之間面積。所以怎麼說明少計算的部分不影響答案，這變成重要的問題，這在接下來說明。

1.5　曲線下與 x 軸之間的面積，如何計算

　　再次回到阿基米德的想法，用上下和的概念與夾擠定理得到圓的面積，同理曲線下與 x 軸之間面積與上和與下和的關係，也可用夾擠定理，觀察動態 4 ✆。

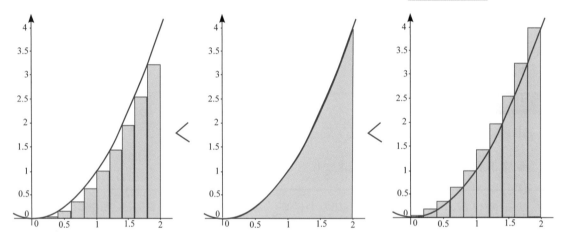

動態 4 示意圖。

可以知道面積一定是有些微差距的，下和 < 曲線下與 x 軸之間面積 < 上和
但是切成無限多份，會得到

　　　　　下和　　　　　　　　< 曲線下與 x 軸之間面積　< 上和

$\lim\limits_{n \to \infty} 2^3 \times (\dfrac{1}{3} - \dfrac{1}{2n} + \dfrac{1}{6n^2})$　　< 曲線下與 x 軸之間面積　< $\lim\limits_{n \to \infty} 2^3 \times (\dfrac{1}{3} + \dfrac{1}{2n} + \dfrac{1}{6n^2})$

（ $2^3 \times \dfrac{1}{3}$ 減 極微小的數）< 曲線下與 x 軸之間面積　< （ $2^3 \times \dfrac{1}{3}$ 加 極微小的數）

也就是說，曲線下與 x 軸之間面積只能是 $2^3 \times \dfrac{1}{3}$，才能符合不等式，
而這正是夾擠定理的應用 (見附錄)。

要快點求出答案的話，就直接算出上和或是下和的式子，

取 n 是很大的數字，再取極限計算，便能得到曲線下面積的答案。

> **結論：**
>
> 計算 $y = f(x) = x^2$ 的函數曲線，範圍從 0 到某任意正數 b，曲線下與 x 軸之間的面積，具有規律變化，面積值隨著某任意正數 b 改變，曲線下面積就是 $b^3 \times \dfrac{1}{3}$。

二、有沒有公式快速計算，$y=f(x)=x^p$ 的函數曲線，範圍從 0 到 b，曲線下與 x 軸之間的面積

「數學家通常是先通過直覺來發現一個定理；這個結果對於他首先是理所當然的，然後他再著手去製造一個證明。」

戈弗雷・哈羅德・哈代〈Godfrey Harold Hardy, G. H. Hardy〉

英國數學家

當我們了解如何計算曲線下與 x 軸之間面積後，發現可用上和取極限的方式或下和取極限的方式得到面積。但不夠快速，當 p 是任意數，而 $f(x) = x^p$ 的面積會有怎樣規則？

例題1

計算 $f(x) = x^p$，$p = 1$，也就是 $y = f(x) = x$ 的函數曲線，範圍從 0 到 3，曲線下與 x 軸之間的面積，**觀察動態 6** ☞

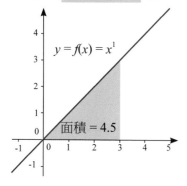

動態 6 示意圖

上和

$$\frac{3}{n}\left[(\frac{3}{n}\times1)+(\frac{3}{n}\times1)+...+(\frac{3}{n}\times n)\right]$$

$$=\frac{3^2}{n}\times\sum_{k=1}^{n}(\frac{k}{n})$$

$$=\frac{3^2}{n^2}\times\sum_{k=1}^{n}k$$

$$\frac{3}{n}\left[(\frac{3}{n}\times1)+(\frac{3}{n}\times1)+...+(\frac{3}{n}\times n)\right]$$

$$=\frac{3^2}{n}\times\sum_{k=1}^{n}(\frac{k}{n})$$

$$=\frac{3^2}{n^2}\times\sum_{k=1}^{n}k$$

$$\boxed{已知\sum_{k=1}^{n}k=\frac{n(n+1)}{2}}$$

$$=\frac{3^2}{n^2}\times\frac{n(n+1)}{2}$$

$$=3^2\times\frac{n^2+n}{2n^2}$$

$$=3^2\times(\frac{n^2}{2n^2}+\frac{n}{2n^2})$$

$$=3^2\times(\frac{1}{2}+\frac{1}{2n})$$

當 n 很大

$$\Rightarrow\lim_{n\to\infty}3^2\times(\frac{1}{2}+\frac{1}{2n})$$

$$\approx3^2\times(\frac{1}{2}+0)$$

$$=3^2\times\frac{1}{2}\quad\text{這是從 0 到 3,曲線下與 } x \text{ 軸之間的面積}$$

$$\Rightarrow b^2\times\frac{1}{2}\quad\text{這是從 0 到 } b\text{,曲線下與 } x \text{ 軸之間的面積}\qquad\blacklozenge$$

例題2

計算 $y=f(x)=x^p$, $p=3$,也就是 $y=f(x)=x^3$ 的函數曲線,範圍從 0 到 3,曲線下與 x 軸之間的面積,觀察動態 7 ☞。

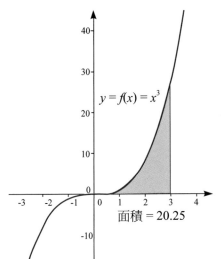

動態 7 示意圖

上和

$$\frac{3}{n}\left[(\frac{3}{n}\times1)^3+(\frac{3}{n}\times2)^3+...+(\frac{3}{n}\times n)^3\right]$$

$$=\frac{3^4}{n}\times\sum_{k=1}^{n}(\frac{k}{n})^3$$

$$=\frac{3^4}{n^4}\times\sum_{k=1}^{n}k^3$$

$$\boxed{已知\sum_{k=1}^{n}k^3=\left[\frac{n(n+1)}{2}\right]^2}$$

$$=\frac{3^4}{n^4}\times\left[\frac{n(n+1)}{2}\right]^2$$

$$=3^4\times\frac{n^4+2n^3+n^2}{4n^4}$$

$$=3^4\times(\frac{n^4}{4n^4}+\frac{2n^3}{4n^4}+\frac{n^2}{4n^4})$$

$$=3^4\times(\frac{1}{4}+\frac{1}{2n}+\frac{1}{4n^2})$$

當 n 很大

$$\Rightarrow \lim_{n \to \infty} 3^4 \times (\frac{1}{4} + \frac{1}{2n} + \frac{1}{4n^2})$$

$$\approx 3^4 \times (\frac{1}{4} + 0 + 0 + 0)$$

$$= 3^4 \times \frac{1}{4} \quad \text{這是從 0 到 3，曲線下與 } x \text{ 軸之間的面積，}$$

$$\Rightarrow b^4 \times \frac{1}{4} \quad \text{這是從 0 到 } b，\text{曲線下與 } x \text{ 軸之間的面積。} \qquad \blacklozenge$$

例題3

計算 $y = f(x) = x^p$ ， $p = 0$ ，也就是 $y = f(x) = 1$ 的函數曲線，範圍從 0 到 3，曲線下與 x 軸之間的面積，**觀察動態 8** ☜ 。

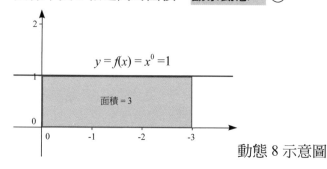

$$y = f(x) = x^0 = 1$$

面積 = 3

動態 8 示意圖

從 0 到 3，曲線下與 x 軸之間的面積，已經是長方形，可以直接計算面積為 3。
若是從 0 到任意數 b，曲線下與 x 軸之間的面積，是 b。 $\qquad \blacklozenge$

研究規律

1. 計算 $y = f(x) = x^0$ 的函數曲線，範圍從 0 到任意數 b，
   曲線下與 x 軸之間的面積，是 $y = b$ 。

2. 計算 $y = f(x) = x^1$ 的函數曲線，範圍從 0 到任意數 b，
   曲線下與 x 軸之間的面積，是 $y = \frac{1}{2}b^2$ 。

3. 計算 $y = f(x) = x^2$ 的函數曲線，範圍從 0 到任意數 b，
   曲線下與 x 軸之間的面積，是 $y = \frac{1}{3}b^3$ 。

4. 計算 $y = f(x) = x^3$ 的函數曲線，範圍從 0 到任意數 b，

曲線下與 x 軸之間的面積，是 $y = \dfrac{1}{4} b^4$ 。

> **從 $p=0, 1, 2, 3$ 可以猜測：**
>
> 計算 $f(x) = x^p$ 的函數曲線，範圍從 0 到任意數 b ，
>
> 曲線下與 x 軸之間的面積，是 $\dfrac{1}{p+1} b^{p+1}$

2.1　為什麼當 p 為 0、1、2、3 可以計算面積？

因為當 p 為 0 可以直接觀察計算，而切等寬長條可以利用到總和公式

$$\sum_{k=1}^{n} k = \frac{n(n+1)}{2} \quad \text{、} \quad \sum_{k=1}^{n} k^2 = \frac{n(n+1)(2n+1)}{6} \quad \text{、} \quad \sum_{k=1}^{n} k^3 = \left[\frac{n(n+1)}{2} \right]^2 \quad \text{。}$$

而在二項式的推導，可以依次推導出 $\displaystyle\sum_{k=1}^{n} k^4$ 、 $\displaystyle\sum_{k=1}^{n} k^5$ 、 $\displaystyle\sum_{k=1}^{n} k^6$ 、　、等等的結果，

只要指數是正整數時，我們都可以得到面積結果。

> **結論：**
>
> 　計算 $y = f(x) = x^p$ 的函數曲線，p 為正整數或 0 時，範圍從 0 到任意數 b，曲線下與 x 軸之間面積為 $\dfrac{1}{p+1} b^{p+1}$ 。

2.2　當 p 為其他數可以計算面積嗎？

　　因為切等寬長條的方式，導致 p 範圍限制太多，只能計算當 p 是 0、1、2、3，無法得到一個好用的公式，若要更多 p 的正整數，需利用二項式的推導，但不易推導。

　　而從現有歷史文獻可知，偉大的業餘數學家費馬，寬度用等比數列，替我們解決這個問題，除了 $p = -1$ 的有理數，都可以計算面積。

　　但有實數的理論後，我們可以得知無理數也是正確，所以修正費馬的結論為除了 $p = -1$ 的實數，都可以計算面積，這邊的推導，請看附錄。而 $y = x^{-1}$ 函數的積分，會在學完指對數函數的微積分會得到答案。

　　因費馬的貢獻，得到快速計算「曲線下與 x 軸之間的面積」的公式。

費馬結論：

計算 $y = x^p$ 的函數曲線，$p \geq 0$ 的實數，範圍從 0 到任意數 b，曲線下與 x 軸之間的面積，是 $\dfrac{1}{p+1} b^{p+1}$。

費馬證明請看附錄 7.2.1、P 小於 0 請看 4.1。

2.3　其他函數可以切長條計算面積嗎？

已知計算 $y = x^p$ 曲線下與 x 軸之間的面積的公式，是由切長條加總得到。

而其它函數積分，如：三角函數、指數函數、對數函數是否能用切長條的方式，得到一個漂亮的公式？

1.　觀察三角函數切長條的計算面積，以 $y = \sin x$ 為例，作 0 到 $\dfrac{\pi}{2}$ 間的面積。

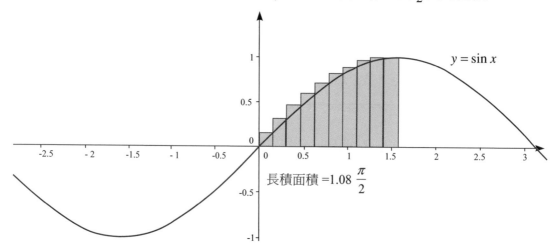

由圖可以知道，0 到 $\dfrac{\pi}{2}$ 面積為上圖長條的總合，切 n 條，面積式子可寫作

$$\sin(0+1\times\frac{\pi}{2n})\times\frac{\pi}{2n} + \sin(0+2\times\frac{\pi}{2n})\times\frac{\pi}{2n} + \sin(0+3\times\frac{\pi}{2n})\times\frac{\pi}{2n} + ... + \sin(0+n\times\frac{\pi}{2n})\times\frac{\pi}{2n}$$

$$= \frac{\pi}{2n}\times\left[\sin(\frac{\pi}{2n}) + \sin(\frac{2\pi}{2n}) + \sin(\frac{3\pi}{2n}) + ... + \sin(\frac{n\pi}{2n}) \right]$$

此時無法化簡，所以無法像 $f(x) = x^p$ 得到一個漂亮的公式 $\dfrac{1}{p+1} x^{p+1}$，再取極限。所以三角函數無法利用上和來計算面積。

2. 觀察指數函數切長條的計算面積，以 $y = 2^x$ 為例，作 0 到 1 間的面積。

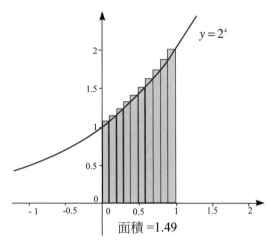

面積 =1.49

由圖可以知道，0 到 1 面積為上圖長條的總合，切 n 條，面積式子可寫作

$$2^{(0+1\times\frac{1}{n})} \times \frac{1}{n} + 2^{(0+2\times\frac{1}{n})} \times \frac{1}{n} + 2^{(0+3\times\frac{1}{n})} \times \frac{1}{n} + ... + 2^{(0+n\times\frac{1}{n})} \times \frac{1}{n}$$

$$= \frac{1}{n} \times \left[2^{(\frac{1}{n})} + 2^{(\frac{2}{n})} + 2^{(\frac{3}{n})} + ... + 2^{(\frac{n}{n})} \right]$$

此時無法化簡，所以無法像 $f(x) = x^p$ 得到一個漂亮的公式 $\frac{1}{p+1} x^{p+1}$，再取極限。所以指數函數無法利用上和來計算面積。

3. 觀察對數函數切長條的計算面積，以 $y = \log_2 x$ 為例，作 1 到 2 間的面積。

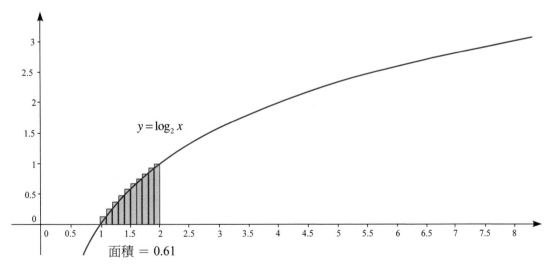

面積 = 0.61

由圖可以知道，1 到 2 面積為上圖長條的總合，切 n 條，面積式子可寫作

$$\log_2(1+1\times\frac{1}{n})\times\frac{1}{n}+\log_2(1+2\times\frac{1}{n})\times\frac{1}{n}+\log_2(1+3\times\frac{1}{n})\times\frac{1}{n}+...+\log_2(1+n\times\frac{1}{n})\times\frac{1}{n}$$

$$=\frac{1}{n}\times\left[\log_2(1+\frac{1}{n})+\log_2(1+\frac{2}{n})+\log_2(1+\frac{3}{n})+...+\log_2(1+\frac{n}{n})\right]$$

此時無法化簡，所以無法像 $f(x)=x^p$ 得到一個漂亮的公式 $\frac{1}{p+1}x^{p+1}$，再取極限。所以對數函數無法利用上和來計算面積。

結論：

以上三個函數、以及更多函數，都無法以切長條的方式來計算面積，之後微積分基本定理的章節，會說明此三個函數如何計算面積。所以我們要知道不是每一個函數，都可以使用切長條計算面積。

三、曲線下與 x 軸之間的面積，就是積分

「我的成功當歸功於精力的思索。沒有大膽的猜想就作不出偉大的發現。」

牛頓

我們在先前已知，計算 $y=f(x)=x^p$ 的函數曲線，$p\geq0$

範圍從 0 到 b 的曲線下與 x 軸之間的面積，是 $\frac{1}{p+1}b^{p+1}$

因此可以發現 $\frac{1}{p+1}b^{p+1}$ 是隨 b 改變的式子，

所以其結果可視為以 b 為自變數的函數，寫作 $A(b)=\frac{1}{p+1}b^{p+1}$

此函數是計算原函數從 0 到 b 的面積，又稱面積函數，所以我們以 A 來代替其面積意義。

可以發現，計算曲線下與 x 軸之間的面積，是將曲線內部切成很多長方條，再加總所有的長方條面積，便能得到整體的面積函數，用「整體的」-integral 這一詞，

來象徵其意義。所以用積分 (Integration) 來代表曲線下面積與 x 軸之間的面積。積分 (Integral) 也是一個動詞，計算某函數範圍內的面積，寫成函數形式。而研究曲線下與 x 軸之間的面積的學問，就稱為積分學 (Integral calculus)。

　　※ 中文說法：積分 - 曲線下面積為各部分長方形面積的總合。

用一個符號來表示積分：$\int$ ，(符號由來可參考附錄)

計算 $y = f(x)$ 的函數曲線，範圍從 0 到 b，曲線下與 x 軸之間的面積。
可簡潔說法為

計算 $y = f(x)$ 的積分，範圍從 0 到 b，其運算寫成：$\int_0^b f(x)\,dx = A(b)$ 。

觀察動態 9：$f(x) = x^2$ 的積分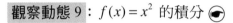

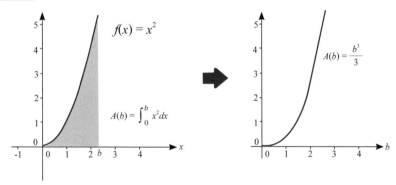

動態 9 示意圖

觀察動態 10：$f(x) = \sqrt{x}$ 的積分

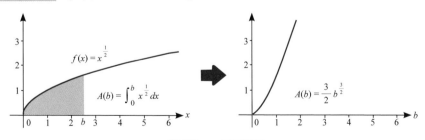

動態 10 示意圖

觀察動態 11：任意 $f(x)$ 的積分 ●

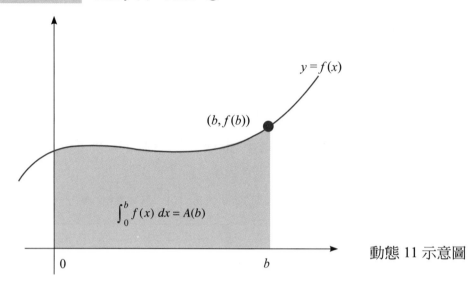

$$\int_0^b f(x)\,dx = A(b)$$

動態 11 示意圖

由以上三個動態就可以了解，面積與原函數以及積分後的函數關係。

原函數從 0 到 b 的面積值，就是積分後函數的座標：(b, 面積值)。

3.1　積分的自變數，只能用 x 嗎

觀察以不同自變數作積分時的圖案情況，見圖 1-31、1-32、1-33。

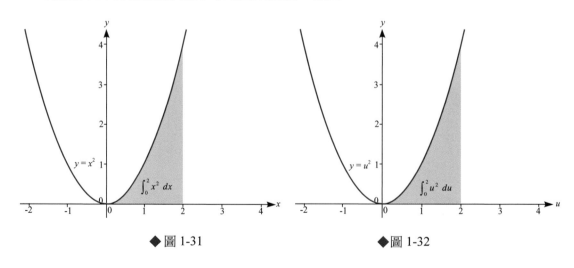

◆ 圖 1-31　　　　　　　　　　　　◆ 圖 1-32

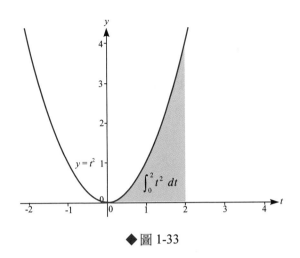

◆圖 1-33

可以看到列式使用的自變數符號不同，都是一樣的積分結果。

故 $\int_0^2 x^2\ dx = \int_0^2 u^2\ du = \int_0^2 t^2\ dt$

結論：

$$\int_0^b f(x)\ dx = \int_0^b f(t)\ dt = \int_0^b f(u)\ du$$

3.2　積分函數是否能不以 b 為自變數？

已知 $\int_0^b f(x)\ dx = A(b)$ ，但我們習慣函數的自變數用 x，所以我們將式子的自變數都改變為 x，得到 $A(x) = \int_0^x u^p\ du = \dfrac{1}{p+1} x^{p+1}$ ，而這就是一個完整的積分函數寫法。

結論：

計算 $y = f(x) = x^p$ 的積分，寫作 $A(x) = \int_0^x u^p\ du = \dfrac{1}{p+1} x^{p+1}$

≡重點注意≡

這邊發現「要被積分的原函數 $f(x) = x^p$」進行積分列式 $\int_0^x u^p\ du$ 自變數被改成 u，這是因為函數 A 的自變數不能一樣，否則會誤會是同一個自變數，導致 x 又是積

分範圍 (它是一個數字)，也是函數 f 自變數 (它是代表原函數的變數)，會混亂其意義，所以不可以這樣寫。

如果寫成這樣 $A(x) = \int_0^x x^2 \, dx$ ，作 0 到 3 的積分，

因為函數的自變數代入數字，是將自變數都改，見下式

$$A(x) = \int_0^x x^2 \, dx$$
$$x = 3 \quad \downarrow \quad\quad \downarrow \ \downarrow \quad \downarrow$$
$$A(3) = \int_0^3 3^2 \, d3$$

得到一個很奇怪的狀況，所以不可以這樣寫。

補充説明

用積分的方式計算曲線下與 x 軸之間的面積是正確的嗎？

當我們會算積分之後，這方法，仍不能讓大多數人相信這是可用的、正確的。

我們用一般方法及積分來互相比較，如果答案一樣，代表積分是可以使用的。

例題

計算 $y = f(x) = x$ 的積分，範圍從 0 到 3。

積分方法：$\int_0^3 u \, du = \dfrac{1}{2} \times 3^2 = \dfrac{9}{2}$

幾何圖形算法：作出真實圖案，見圖 1-34。

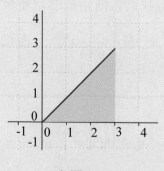

◆ 圖 1-34

可以看出是底是 3、高是 3 的直角三角形，而面積是 $\dfrac{3 \times 3}{2} = \dfrac{9}{2}$

其結果與積分方法相同，所以積分方法具可行性。　　　　　　　　◆

四、積分的運算

「如果你想學會游泳，你必須下水；如果想成為解題能手，你必須解題。」

喬治・波利亞〈George Pólya〉

─美國數學家和數學教育家

「學習數學的唯一方法是計算數學。」

保羅・哈莫斯〈Paul Halmos〉

─美國數學家

4.1　不是從 0 開始的積分，怎麼列式及計算

例如：計算 $y = x^2$ 的積分，範圍從 1 到 2 ？看圖 1-35 再來想該如何處理

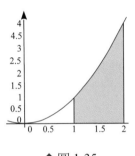

◆ 圖 1-35

可以發現是要計算有顏色的部分，那我們可以想像成圖 1-36

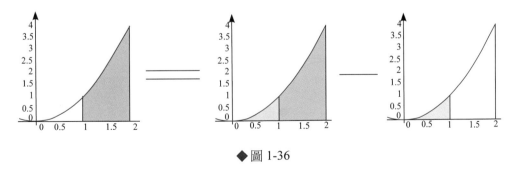

◆ 圖 1-36

$$\int_1^2 u^2 du \qquad = \qquad \int_0^2 u^2 du \qquad - \qquad \int_0^1 u^2 du$$

$$= (\frac{1}{3} \times 2^3) - (\frac{1}{3} \times 1^2)$$

$$= \frac{8}{3} - \frac{1}{3}$$

$$= \frac{7}{3}$$

把它推論成任意範圍，範圍是 a 到 b，所以表示為 $\int_a^b f(u)\,du$

結論：

$$f(u)\,du = \int_0^b f(u)\,du - \int_0^a f(u)\,du$$

≡重點注意≡

當我們會計算某個範圍的積分後，我們可以將 $y = x^p$ 的 p 推廣到負數去，因為 p 若是負數，積分範圍如果含 0，其長條的高度會到無限大，導致無法計算。

見圖 1-37。

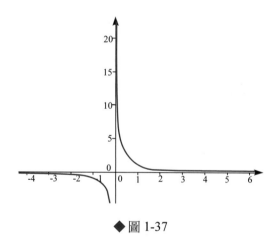

◆ 圖 1-37

所以必須是不含 0 的範圍才能計算面積，而費馬也計算出這個部份的公式，見以下結論。

費馬計算某範圍的積分

　　計算 $y=x^p$ 的函數曲線，$p \geq 0$ 的實數，範圍從 a 到任意數 b，曲線下與 x 軸之間的面積，是 $\dfrac{b^{p+1}}{p+1} - \dfrac{a^{p+1}}{p+1}$。

　　計算 $y=x^p$ 的函數曲線，$p<0$ 的實數，且 $p \neq -1$，範圍從 a 到任意數 b，不能包括 0，曲線下與 x 軸之間的面積，是 $\dfrac{b^{p+1}}{p+1} - \dfrac{a^{p+1}}{p+1}$。

例題1

$\displaystyle\int_{1}^{10} 5u^4 du = ?$

$= \displaystyle\int_{0}^{10} 5u^4 du - \int_{0}^{1} 5u^4 du$

$= 10^5 - 1^5$

$= 100000 - 1$

$= 99999$ ◆

例題2

$\displaystyle\int_{2}^{5} 8u^3 du = ?$

$= \displaystyle\int_{0}^{5} 8u^3 du - \int_{0}^{2} 8u^3 du$

$= 2 \times 5^4 - 2 \times 2^4$

$= 1250 - 32$

$= 1218$ ◆

例題3

$\displaystyle\int_{2}^{5} u^{-2} du = ?$

$= \dfrac{5^{-1}}{-1} - \dfrac{2^{-1}}{-1}$

$= \dfrac{-1}{5} + \dfrac{1}{2}$

$= \dfrac{3}{10}$ ◆

注意：例題 3 不可以把它當作 $p \geq 0$ ， a 到 b 的積分。寫作如下

$$\int_2^5 u^{-2}du = \int_0^5 u^{-2}du - \int_0^2 u^{-2}du = \frac{5^{-1}}{-1} - \frac{2^{-1}}{-1} = \frac{-1}{5} + \frac{1}{2} = \frac{3}{10}$$

在 $x=0$ 不存在函數值。無法計算 $\int_0^5 u^{-2}du$ 。

所以須用費馬的公式， $p < 1$ ， $\int_a^b u^p du = \frac{b^{p+1}}{p+1} - \frac{a^{p+1}}{p+1}$ 。

例題4

看圖 1-38 作函數的積分列式

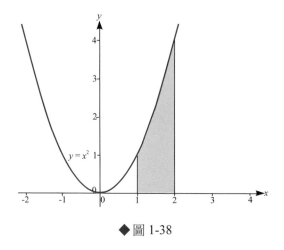

◆圖 1-38

曲線下從 1 到 2 的面積可表示為 $\int_1^2 u^2 du$

其面積是 $\int_1^2 u^2 du = (\frac{1}{3} \times 2^3) - (\frac{1}{3} \times 1^3) = \frac{7}{3}$　　　　✦

4.2　積分的原函數係數不是 1，如何計算？

計算 $y = f(x) = 3x^2$ 的積分，範圍從 0 到 b，我們可以直接算， $\int_0^b 3x^2 dx = b^3$ ，

但在數字不好計算的積分，就不好處理，如： $\int_0^b 8.52x^{0.7}dx$ ，

所以有必要學會係數不是 1 的時後，要怎麼處理。仿照積分的加減法的方式。

以 $\int_0^b 3x^2 dx$ 為例題，作圖解與切長條來觀察，有怎樣的規律。

圖解說明

$\int_0^b 3x^2 dx$ 圖解：可以知道函數 $3x^2$ 是 x^2 的 3 倍，也就是函數值的 3 倍，

函數 $3x^2$ 每一個 x 值對應的 y 值都是 x^2 的 y 值的 3 倍。

也就意味著，函數 x^2 與 $3x^2$ 的每一個長條的長度都差 3 倍。見圖 1-39。

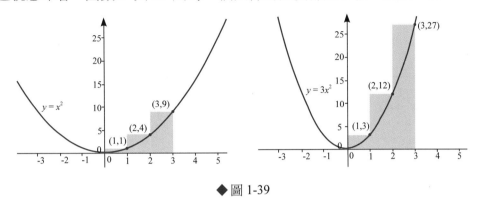

◆圖 1-39

所以不管切幾條，每一條的面積都差三倍，而每一條加總後也是差 3 倍，

所以 $3x^2$ 曲線下面積，會等於 x^2 曲線下面積的 3 倍。見圖 1-40。

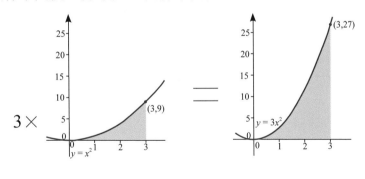

◆圖 1-40

「3 乘 $\int_0^b x^2 dx$ 的積分結果」等於「$\int_0^b 3x^2 dx$ 的積分結果」。

結論：

　　可以看到兩個方法都是一樣的答案，所以可以把單項式的積分，將原函數的係數提到積分符號外面，積分最後再相乘。

得到此式子：$\int_a^b kf(u)\, du = k\int_a^b f(u)\, du$

4.3　多項式的積分，怎麼運算？

4.3.1　多項式加法的積分，怎麼運算？

　　多項式的積分與先前學的單項式的積分並沒有差異，都是切長條，觀察圖案，多項式與單項式的差異，把多項式拆成許多單項式的組合，然後再各自積分，最後再加總。

例題

計算 $y = f(x) = x^2 + 4x$ 的積分，範圍從 0 到 b，也就是 $\int_0^b (u^2 + 4u)\,du = ?$

圖解：函數 $x^2 + 4x$ 每一個 x 值對應的 y 值，都是 x^2 的 y 值加上 $4x$ 的 y 值，可以知道函數 $x^2 + 4x$ 是 x^2 加上 $4x$，也就是兩個函數的相加，也就意味著，函數 $x^2 + 4x$ 的切長條的長度，是 x^2 的長度加上 $4x$ 的長度，見圖 1-41。

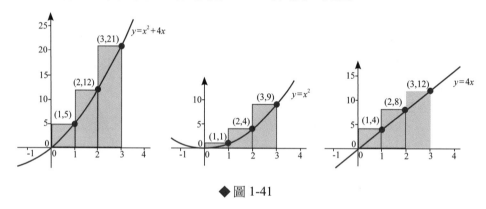

◆ 圖 1-41

所以不管切幾條，每一條的面積，都是左圖 = 中圖 + 右圖

而每一條加總後，也是左圖 = 中圖 + 右圖

所以 $y = x^2 + 4x$ 的積分，會等於 x^2 的積分加上 $4x$ 的積分。見圖 1-42。

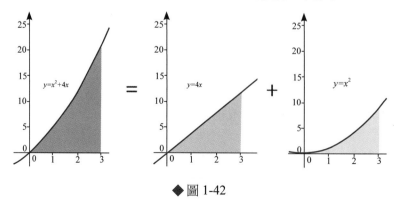

◆ 圖 1-42

那麼可以將 $\int_0^b (u^2 + 4u)\ du$ ，拆開成兩組 $\int_0^b u^2\ du$ 、 $\int_0^b 4u\ du$ 再相加。

$$\int_0^b (u^2 + 4u)\ du = \int_0^b u^2\ du + \int_0^b 4u\ du = \frac{1}{3}b^3 + 2b^2 \qquad \blacklozenge$$

結論：

可以看到兩個方法都是一樣的答案，所以可以把多項式的積分，拆成各個單項式，單獨積分，再加起來。

故得到此式子： $\int_0^b (f(u) + g(u))du = \int_0^b f(u)du + \int_0^b g(u)\ du$

延伸：『三個以上單項式組合的多項式，也是一樣辦法拆開計算』

例題

例題： $4x^3 + 3x^2 - 6x + 3$ 作 0 到 b 的積分，意思為計算 $\int_0^b (4u^3 + 3u^2 - 6u + 3)du$

$$\int_0^b (4u^3 - 3u^2 + 6u - 3)du$$
$$= \int_0^b 8u^3 du - \int_0^b 3u^2 du + \int_0^b 6u du - \int_0^b 2du$$
$$= 2b^4 - b^3 + 3b^2 - 2b \qquad \blacklozenge$$

補充說明

當我們會計算多項式加法的積分後，就可以回頭計算阿基米德的拋物線圖案，如何積分。以圖 1-43 的拋物線為例。

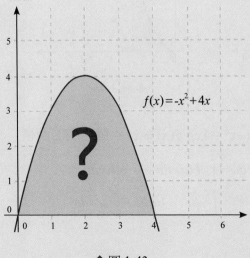

$f(x) = -x^2 + 4x$

◆圖 1-43

計算拋物線與 x 軸之間的面積，也就是計算 $\int_0^4 -u^2 + 4u \ du = ?$

而我們知道 $\int_0^4 -u^2 + 4u \ du$ 可以拆成 $\int_0^4 -u^2 \ du + \int_0^4 4u \ du$

而計算出 $\int_0^4 -u^2 \ du + \int_0^4 4u \ du$ ，就是此拋物線與 x 軸之間的面積

$$\int_0^4 -u^2 \ du + \int_0^4 4u \ du$$
$$= -\frac{1}{3} \times 4^3 + \frac{4}{2} \times 4^2$$
$$= -\frac{64}{3} + 32$$
$$= \frac{32}{3}$$

所以面積是 $\frac{32}{3}$ 。

4.3.2　多項式減法的積分，怎麼運算？

【例題1】

若 $f(x) = -x^2 + 4x, \ g(x) = x^2$ ，計算 $\int_0^2 f(u) - g(u) \ du$

觀察圖 1-44

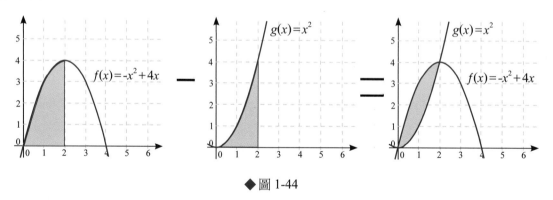

◆圖 1-44

可以得知是計算 $f(x) = -x^2 + 4x, \ g(x) = x^2$ 兩個之間的面積

可以發現 $\int_0^2 f(u) - g(u) \ du = \int_0^2 f(u) \ du - \int_0^2 g(u) \ du$
$$= \int_0^2 -u^2 + 4u \ du - \int_0^2 u^2 \ du$$

$$= \left(-\frac{1}{3}\times 2^3 + \frac{4}{2}\times 2^2\right) - \left(\frac{1}{3}\times 2^3\right)$$

$$= \left(-\frac{8}{3} + 8\right) - \frac{8}{3}$$

$$= \frac{8}{3}$$

$f(x) = -x^2 + 4x, \ g(x) = x^2$ 兩個之間的面積為 $= \frac{8}{3}$ ◆

結論：

可以看到兩個方法都是一樣的答案，所以可以把多項式減法的積分，拆成各個單項式，單獨積分，再減。

故得到此式子：$\int_0^b (f(u) - g(u))du = \int_0^b f(u)du - \int_0^b g(u)\ du$

例題2

多項式的積分，以上一題為例，若 $f(x) = -x^2 + 4x, \ g(x) = x^2$，

把範圍改成從 0 到 4，計算 $\int_0^4 f(u) - g(u)\ du = ?$

$\int_0^4 f(u) - g(u)\ du = \int_0^4 f(u)\ du - \int_0^4 g(u)\ du$

$$= \int_0^4 -u^2 + 4u\ du - \int_0^4 u^2\ du$$

$$= \left(-\frac{1}{3}\times 4^3 + \frac{4}{2}\times 4^2\right) - \left(\frac{1}{3}\times 4^3\right)$$

$$= \left(-\frac{64}{3} + 32\right) - \frac{64}{3}$$

$$= -\frac{32}{3}$$

發現是負數，可是積分是計算面積，但面積怎麼會有負數？

觀察圖 1-45

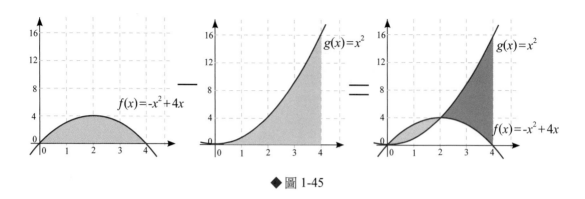

◆ 圖 1-45

可以發現有負數的部分所以積分會有負數的積分值。
4.4 有更清楚的說明。　　　　　　　　　　　　　　　　　　　　　　　　　◆

4.4　積分的計算為什麼有負數的答案？

　　由先前的內容可知，積分就是處理面積，最後會得到一個面積值，而面積照理說都是正數。但在 4.3 的例題 2 可以注意到，積分出現負值。回顧積分的計算式，如果曲線在 x 軸上方，切的長方條長度是該點函數值，再進行運算與化簡。見圖 1-46。

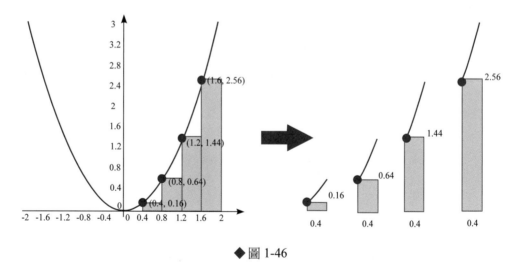

◆ 圖 1-46

　　如果曲線在 x 軸下方，那麼切的長方條長度該點函數值會變負數，再進行運算與化簡後，必然會得到一個負數的面積。圖 1-47。

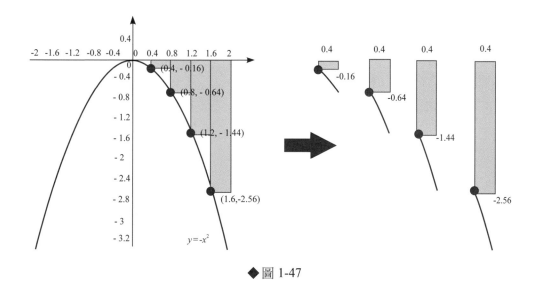

◆圖 1-47

得到負數面積，就計算來說，這是合理的，所以積分後的面積函數值會有負值。

正是積分函數的廣義幾何意義。

我們可以這樣想，x 軸是海平面，曲線是波浪，

海平面之上，波浪凸起處的海水體積，積分是正值，

海平面之下，波浪凹陷處的海水體積，積分是負值，

而討論的是範圍內海平面與海浪的體積關係，

看總共凸起多少體積或是凹下多少體積。對應到平面就是 x 軸與面積。

觀察圖 1-48：積分是正值（x 軸上方）與負值（x 軸下方）的部分

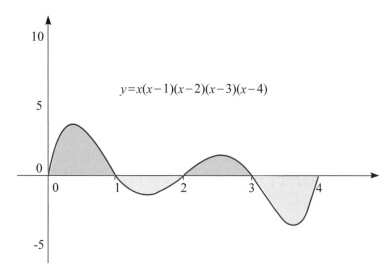

◆圖 1-48

例題1

計算 $y = x^3 - 4x^2 + 3x$ 從0到3的積分值，參考圖1-49。

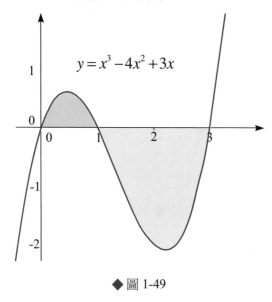

$$y = x^3 - 4x^2 + 3x$$

◆ 圖 1-49

計算從 0 到 3 的積分值，$\int_0^3 u^3 - 4u^2 + 3u \; du$

$$= \frac{1}{4} \times 3^4 - \frac{4}{3} \times 3^3 + \frac{3}{2} \times 3^2$$

$$= \frac{81}{4} - 36 + \frac{27}{2}$$

$$= \frac{81}{4} - \frac{144}{4} + \frac{54}{2}$$

$$= -\frac{9}{4}$$

$$= -2.25$$

可以看到積分值是負值的情形。　　　　　　　　　　　　　　　　　　　　◆

例題2

計算 $y = x^3 - 3x^2 + 2x$ 從0到2的積分值，

是否等於「從 0 到 1 的積分值」加上「從 1 到 2 的積分值」，參考圖 1-50

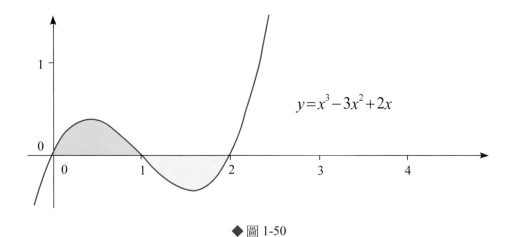

◆ 圖 1-50

計算從 0 到 2 的積分值，$\displaystyle\int_0^2 u^3-3u^2+2u\ du$

$$= \frac{1}{4}\times 2^4 - \frac{3}{3}\times 2^3 + \frac{2}{2}\times 2^2$$
$$= 4-8+4$$
$$= 0$$

計算從 0 到 1 的積分值，$\displaystyle\int_0^1 u^3-3u^2+2u\ du$

$$= \frac{1}{4}\times 1^4 - \frac{3}{3}\times 1^3 + \frac{2}{2}\times 1^2$$
$$= \frac{1}{4}-1+1$$
$$= \frac{1}{4}$$

計算從 1 到 2 的積分值，$\displaystyle\int_1^2 u^3-3u^2+2u\ du$

$$= (\frac{1}{4}\times 2^4 - \frac{3}{3}\times 2^3 + \frac{2}{2}\times 2^2)-(\frac{1}{4}\times 1^4 - \frac{3}{3}\times 1^3 + \frac{2}{2}\times 1^2)$$
$$= (4-8+4)-(\frac{1}{4}-1+1)$$
$$= 0-\frac{1}{4}$$
$$= -\frac{1}{4}$$

所以「從 0 到 2 的積分值」等於「從 0 到 1 的積分值」+「從 0 到 2 的積分值」。

也就是範圍內面積是，x 軸上面積（正數）加上 x 軸下面積（負數）。　　　　　　◆

4.5　積分的上下標如果相反，答案變怎樣？

我們知道積分的上下標是範圍起點到終點的意思，由下到上。

例題：$\int_1^3 u^2\ du$ ，代表 1 往右到 3 之間的面積，

觀察計算式，$\int_1^3 u^2\ du = \int_0^3 u^2\ du - \int_0^1 u^2\ du$ ，參考圖 1-51。

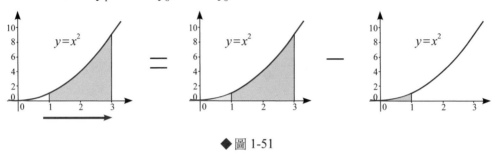

◆圖 1-51

那麼當我們把上下標相反時，$\int_3^1 u^2\ du$ ，應代表 3 往左到 1 之間的面積。

由計算可知是 $\int_3^1 u^2\ du = \int_0^1 u^2\ du - \int_0^3 u^2\ du$ ，參考圖 1-52。

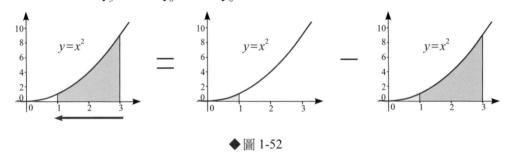

◆圖 1-52

可以很直接的看到，面積值是負數，其數值就是 1 到 3 之間的面積。

所以 $\int_1^3 u^2\ du = -\int_3^1 u^2\ du$

由上述可知積分的起終點相反時，面積相同，但兩者積分值一正一負，見圖 1-53。

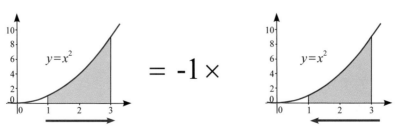

◆圖 1-53

結論：

$$\int_a^b f(u)\ du = -\int_b^a f(u)\ du$$

4.6　同函數時，兩積分的範圍合併

觀察圖 1-54

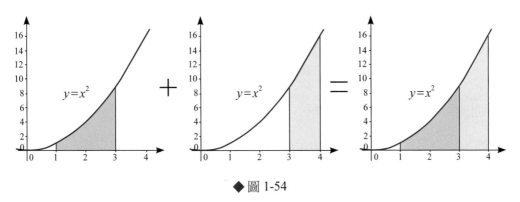

◆ 圖 1-54

可以簡單知道，$\int_1^3 u^2\ du + \int_3^4 u^2\ du = \int_1^4 u^2\ du$ 。

當 $a < b < c$ 時，$\int_a^b f(u)\ du + \int_b^c f(u)\ du = \int_a^c f(u)\ du$

但如果 a、b、c 三者之間沒有順序關係，也能合併嗎？

例題1

$\int_3^1 u^2\ du + \int_1^4 u^2\ du = ?$ ，參考圖 1-55

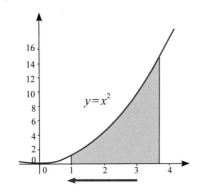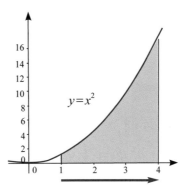

◆ 圖 1-55

由 $\int_a^b f(u)\,du = -\int_b^a f(u)\,du$ 可知 $\int_3^1 u^2\,du = -\int_1^3 u^2\,du$

所以 $\int_3^1 u^2\,du + \int_1^4 u^2\,du = -\int_1^3 u^2\,du + \int_1^4 u^2\,du = \int_1^4 u^2\,du - \int_1^3 u^2\,du$ ，，見圖 1-56

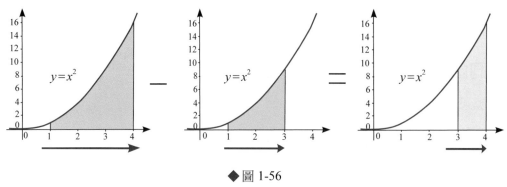

◆圖 1-56

計算得到 $\int_3^1 u^2\,du + \int_1^4 u^2\,du = \int_3^4 u^2\,du$

所以我們可以發現 $\int_a^b f(u)\,du + \int_b^c f(u)\,du = \int_a^c f(u)\,du$ ，

並且 a、b、c 三者之間，沒有順序的限制。

結論：

$$\int_a^b f(u)\,du + \int_b^c f(u)\,du = \int_a^c f(u)\,du$$

而我們知道如果起點等於終點，如： $\int_1^1 u^2\,du$ ，可以知道沒有面積，所以是 0。故此式子成立

$$\int_a^a f(u)\,du = 0$$

利用同函數時，兩積分的範圍合併可再次簡單觀察到這個結果。　　　　　　　　　　◆

例題2

$\int_3^1 u^2\,du + \int_1^3 u^2\,du = ?$

1. 範圍合併 $\int_3^1 u^2\,du + \int_1^3 u^2\,du = \int_3^3 u^2\,du$

2. 起終點相反時 $\int_3^1 u^2\,du = -\int_1^3 u^2\,du$ ，

所以 $\int_3^1 u^2\,du + \int_1^3 u^2\,du = -\int_1^3 u^2\,du + \int_1^3 u^2\,du = 0$

所以可知 $\int_3^3 u^2\,du = 0$

五、積分運算規則的總整理

「我解決過的每一個問題，都成為日後用以解決其他問題的基礎。」

笛卡兒〈René Descartes〉

法國著名的哲學家、數學家、物理學家。

到現在已經從幾何意義上學會函數 $f(x)=x^p$ 的積分 $\int_a^b u^p\,du$ ，所以只要看到積分符號，就想到是處理面積。而其他函數也是同理。但其他函數從幾何意義上，用切長條不知道如何積分，必須等到微積分基本定理章節才能知道如何積分。

我們學會 $f(x)=x^p$ 積分見表格 1~3 項，也學會在多項式之間的關係，具有加、減、倍數、起終點交換等等的關係。而 4~10 項的積分規則，由圖案可知，可針對全部的函數，並不只有 $f(x)=x^p$。

積分的常用公式：

1. 計算 $y=f(x)=x^p$ 的積分，$p \geq 0$ 的實數，範圍從 0 到 b。

$$\int_0^b u^p\,du = \frac{1}{p+1}b^{p+1}$$

2. 計算 $y=f(x)=x^p$ 的積分，$p \geq 0$ 的實數，範圍從 a 到 b。

$$\int_a^b u^p\,du = \int_0^b u^p\,du - \int_0^a u^p\,du = \frac{1}{p+1}b^{p+1} - \frac{1}{p+1}a^{p+1}$$

3. 計算 $y=f(x)=x^p$ 的積分，$p < -1$，$p \neq -1$ 的實數，範圍從 a 到 b，不包括 0。

$$\int_a^b u^p\,du = \frac{1}{p+1}b^{p+1} - \frac{1}{p+1}a^{p+1}$$

4. 自變數的改變，計算 $y = f(x)$ 的積分，範圍從 a 到 b。

$$\int_a^b f(u)\,du = \int_a^b f(x)\,dx = \int_a^b f(t)\,dt$$

積分之間的關係

5. $\displaystyle\int_a^b f(u)\,du + \int_b^c f(u)\,du = \int_a^c f(u)\,du$

6. $\displaystyle\int_a^b kf(u)\,du = k\int_a^b f(u)\,du$

7. $\displaystyle\int_a^b f(u) + g(u)\,du = \int_a^b f(u)\,du + \int_a^b g(u)\,du$

8. $\displaystyle\int_a^b f(u) - g(u)\,du = \int_a^b f(u)\,du - \int_a^b g(u)\,du$

9. $\displaystyle\int_a^a f(u)\,du = 0$

10. $\displaystyle\int_a^b f(u)\,du = -\int_b^a f(u)\,du$

5.1　從面積函數到積分函數

已知 x^p 積分是面積函數，計算 0 到 b 的面積，記作 $A(b) = \displaystyle\int_0^b u^p\,du = \frac{1}{p+1} b^{p+1}$ 但因為我們習慣自變數用 x，改寫為：$A(x) = \displaystyle\int_0^x u^p\,du = \frac{1}{p+1} x^{p+1}$。

以及讓原本函數與積分後的函數有關係，積分後函數代號就直接改大寫，記作 $F(x) = \displaystyle\int_0^x u^p\,du = \frac{1}{p+1} x^{p+1}$。同理若 $g(x)$，則積分後是 $G(x)$。

所以完整的說：若 $f(x) = x^p$，則 $F(x) = \displaystyle\int_0^x u^p\,du = \frac{1}{p+1} x^{p+1}$。

観察任意 $f(x)$ 的積分動態 11.1　☚

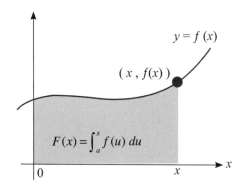

動態 11.1 示意圖

而我們知道當 x^p 的 $p < 0, p \neq -1$ 時，不能從 0 開始積分，因為會涵蓋到無限大所以必須計算，固定的常數 a 到 b 的面積，其式子為 $\int_a^b u^p du = \dfrac{1}{p+1}b^{p+1} - \dfrac{1}{p+1}a^{p+1}$ 而我們已經將自變數改成 x，所以計算的是 a 到 x 的面積，其式子記為 $F(x) = \int_a^x u^p \, du$ ，如此一來，就能調整起點來計算函數的積分。

而對所有函數 $f(x)$ 的積分，記為：$F(x) = \int_a^x f(u) \, du$ ，見圖 1-57。

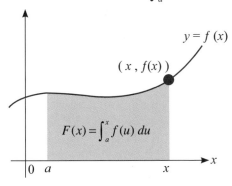

◆ 圖 1-57

結論：

$f(x)$ 的積分函數，記為：$F(x) = \int_a^x f(u) \, du$

六、習題

1. $\int_0^3 x \ dx$

2. $\int_1^4 x^{\sqrt{2}} \ dx$

3. $\int_1^4 x^{3.5} \ dx$

4. $\int_4^5 x^4 \ dx$

5. $\int_5^2 1 \ dx$

6. $\int_4^1 x^{-4.5} \ dx$

7. $\int_4^2 x^{-3} \ dx$

8. $\int_2^3 x^{-2} \ dx$

9. $\int_1^3 4x^2 + 3x + 2 \ dx$

10. $\int_1^4 5x^3 - 3x^2 + x - 1 \ dx$

11. $\int_6^{12} x^2 \ dx$

12. $\int_1^4 x^{\sqrt{3}} \ dx$

13. $\int_1^3 x^{2.3} \ dx$

14. $\int_6^{12} x^5 \ dx$

15. $\int_8^1 7 \ dx$

16. $\int_2^9 x^{-2.3} \ dx$

17. $\int_4^{16} x^{-0.5} \ dx$

18. $\int_2^3 x^{-2.7} \ dx$

19. $\int_{-3}^3 5x^2 + 4x + 3 \ dx$

20. $\int_2^8 2x^3 - 3x^2 + 6x - 8 \ dx$

6.1 答案

1. $\dfrac{9}{2}$

2. $\dfrac{4^{\sqrt{2}+1} - 1}{\sqrt{2} + 1}$

3. $\dfrac{1022}{9}$

4. $\dfrac{2101}{5}$

5. -3

6. $\dfrac{-127}{448}$

7. $\dfrac{-3}{32}$

8. $\dfrac{1}{6}$

9. $\dfrac{152}{3}$

10. $260\dfrac{1}{4}$

11. 1728

12. $\dfrac{4^{\sqrt{3}+1} - 1}{\sqrt{3} + 1}$

13. $\dfrac{3^{3.3} - 1}{3.3}$

14. -489888

15. -49

16. $\dfrac{9^{-1.3} - 2^{-1.3}}{-1.3}$

17. 4

18. $\dfrac{3^{-1.7} - 2^{-1.7}}{-1.7}$

19. 108

20. 1668

2 微分的幾何意義

皮埃爾・德・費馬　　　　戈特弗里德・威廉・馮・萊布尼茲　　　　艾薩克・牛頓
〈Pierre de Fermat〉　　〈Gottfried Wilhelm Leibniz〉　　　〈Isaac Newton〉
(1601-1665)　　　　　　　　(1646-1716)　　　　　　　　　(1642-1727)

　　費馬從小最喜歡的是數學，最後仍遵從父親的意願成為了一位律師。不過他仍喜歡研究數學，在他業餘之時，常在思考數學問題。留下不少問題給後世，最為著名的是費馬最後定理（ $a^n + b^n = c^n$ ，只有 $n \leq 3$ 時， a 、 b 、 c 有整數解），推動著數學家去破解，卻延伸出其他更多的數學，最後在 1996 年被數學家懷爾斯證明費馬最後定理的正確性。

　　費馬被人們稱為業餘數學之王，他在微分與積分的的概念也相當清楚，連帶的影響到後來的牛頓與萊布尼茲。費馬在微分的計算上，用清晰的概念來描述微分的意義，本書以爬山的方式來加以描述曲線的斜率變化，並定下了如何計算曲線上每一點斜率的方法。

一、什麼是微分？微分的幾何意義是什麼？

「你知道我們成為數學家的原因都一樣，我們懶。」

Maxwell Rosenlicht，美國數學家

在積分的章節，已經知道積分的幾何意義，就是計算曲線某範圍的面積。而微分的幾何意義是什麼？本章節將要說明，微分的幾何意義就是計算曲線上某一點的傾斜程度，數學上稱作微分。

1.1 什麼是傾斜程度？

傾斜程度就是高中教過的直線方程式的斜率，直線取兩點可求出斜率：$\frac{\Delta y}{\Delta x} = \frac{y_2 - y_1}{x_2 - x_1}$ ，見圖 2-1，並且直線上每一點斜率相同。

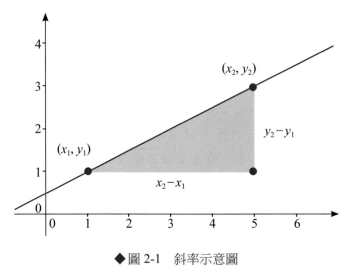

◆圖 2-1　斜率示意圖

1.2　生活中何處需要討論傾斜程度？

1.2.1　常聽到的速率，就是斜率的一種

為什麼速率是斜率，請看圖 2-2 以及說明。

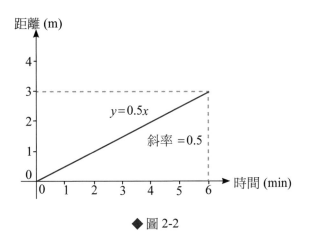

◆圖 2-2

　　由圖 2-2 可看到直線，斜率是 0.5，並知道 6 分鐘移動 3 公尺速率也是 0.5(m/min)，數字一樣，所以速率是斜率的一種。

　　但實際情況，距離與時間的圖未必是直線，見圖 2-3。

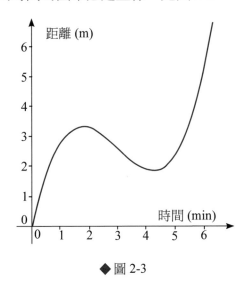

◆圖 2-3

　　由圖 2-3 可看到不同時間有不同高度，如：(1,2.5)、(2,3.4)、(3,2.6)，高度有改變，所以曲線有傾斜程度，直覺上曲線每個位置的傾斜程度都不一定一樣，而傾斜程度怎麼計算？這將在 1.3 小節說明。

　　為什麼要討論速率？舉簡單的例子是大家都曾跑步，也知道，同樣時間的長度，完成同距離，但疲勞度卻不一樣。比如說跑一公里：一人為穩定的速率 5 分鐘跑完，另一人則是一開始衝刺 3 分鐘跑了 900 公尺，60 公尺用喘氣的走 1 分半，最

後 40 公尺慢跑 30 秒。根據經驗，穩定速率的跑步比較不累，忽快忽慢的跑步比較累。而我們就會好奇說，這兩者差異是什麼？

穩定速率的人，設每 30 秒都跑 100 公尺、可以紀錄每 30 秒的位置是

時間	30	60	90	120	150	180	210	240	270	300
位置	100	200	300	400	500	600	700	800	900	1000

不穩的人，0:00~3:00 每分鐘都跑 300 公尺，3:00~4:30 是 30 公尺，4:30~5:00 跑 70 公尺，可以紀錄每 30 秒的位置是

時間	30	60	90	120	150	180	210	240	270	300
位置	150	300	450	600	750	900	910	920	930	1000

將數據畫成圖案，見圖 2-4

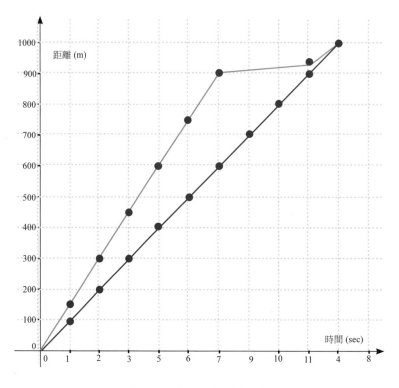

◆圖 2-4　兩組距離與時間圖

　　從圖 2-4 可以看到一個折線與一個直線，穩定速率是一條直線，比較不累；而不穩的是鋸齒狀，或是說有折角，如果鋸齒狀很嚴重的話代表速率不是固定，會很累。討論速率變化，還有什麼幫助？舉例：速率忽快忽慢，比較容易耗損輪胎與煞

車皮以及汽油，所以穩定的速率會比較好。

　　由上圖可看到折線，每一部分還是可以算出速率，但是真實情況是少有直線的或是折線的情況，都是曲線 (參考圖 2-2)，那麼曲線應該如何計算速率？

1.2.2 「經濟常討論的 利潤變化率，也是斜率的一種」

將數據繪製成圖 2-5

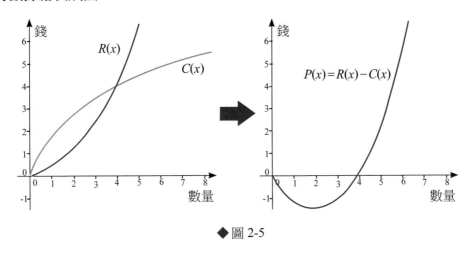

◆ 圖 2-5

$R(x)$ 是收入、$C(x)$ 是成本、$R(x)$ 與 $C(x)$ 差值就是利潤 $P(x)$，

可以將每個 x 的利潤值 $P(x)$ 繪製成新的曲線，接著可以討論利潤變化。

見圖 2-6、圖 2-7。

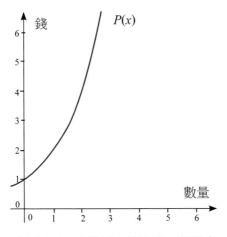

◆ 圖 2-6　曲線越來越陡峭，利潤成
　　　　　長越來越快。

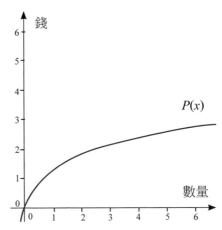

◆ 圖 2-7　曲線越來越平緩，利潤成
　　　　　長越來越慢的圖。

　　所以計算曲線的傾斜程度，有助於了解利潤的情況，但曲線的傾斜程度怎麼計算？這將在 1.3 小節說明。

1.2.3　何時開始討論曲線傾斜度

　　在 16 世紀至 17 世紀時期，伽利略、克普勒等人為了研究天文、航海、拋物線的問題，所以有必要了解**速率**以及**瞬時變化速率**，在數學上意義也就是傾斜度的問題。

◆圖 2-8a　1689 年阿姆斯特丹製造的世界地圖

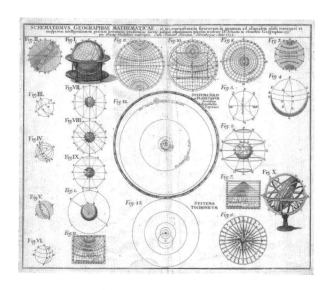

◆圖 2-8b　太陽系的天文圖

◆圖 2-8c　17 世紀的美洲地圖

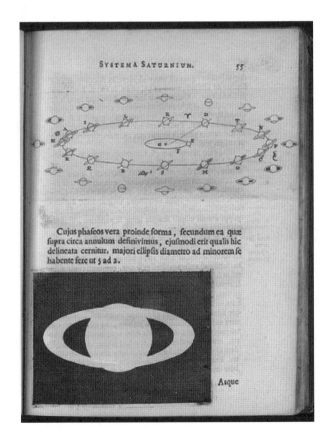

◆圖 2-8d　不同時間觀察到的土星。克里斯蒂安・惠更斯（1629-1695）

　　同時費馬也討論曲線的極大值 (山峰) 或是極小值 (山谷) 在哪裡？他的方式是計算每一點的傾斜度，再觀察變化，因此需要知道如何計算傾斜度。費馬發現在山峰及山谷的位置，它們的傾斜度等於 0，如果放一條通過點的線是「水平」的，見圖 2-8。

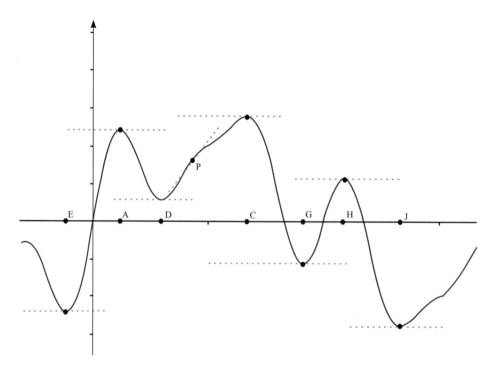

◆圖 2-8e

1.2.4 「極大值、極小值有什麼用」

　　這在生活上我們有著的簡單利用。例如：巧克力 300 元每天可賣 1000 盒，每少 10 元可多賣 100 盒，賣多少有最好的收入。

答：直覺想法

單價	數量	收入
300-10	1000＋100 x1	(300-10)(1000＋100 x1)
300-20	1000＋100 x2	(300-20)(1000＋100 x2)
300-30	1000＋100 x3	(300-30)(1000＋100 x3)
$\{$		
300-10x	1000＋100x	(300-10x)(1000＋100x)

設降價為 x 元，收入為 y 元

$$y = (300 - 10x)(1000 + 100x)$$
$$= -1000(x - 30)(x + 10)$$
$$= -1000(x^2 - 20x - 300)$$
$$= -1000(x - 10)^2 + 400000$$

當降價 100 元時可有最好的收入。

觀察圖 2-9

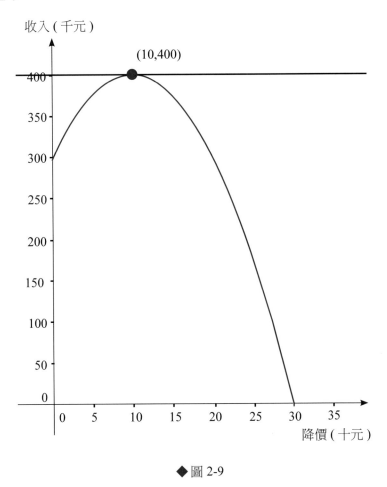

◆圖 2-9

1.3　曲線上的點具有傾斜度嗎？

　　大多數人對於傾斜度的觀念，停留在直線才能決定傾斜度，也就是有斜率。而

曲線有傾斜度，如何計算？曲線是彎曲的線，不是直線。如果用 A 點 $=(a, f(a))$ 與任意 B 點 $=(b, f(b))$ 計算 $\overline{AB}$ 傾斜度，也就是作割線，作為 A 點的輕斜度，但發現 B 點在不同位置會得到不同的割線，有不同的傾斜度。見 2-10、2-11、2-12。

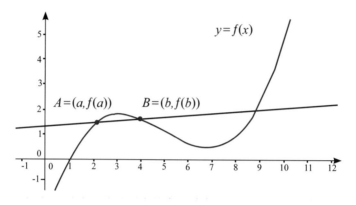

◆圖 2-10

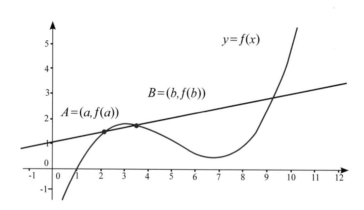

◆圖 2-11

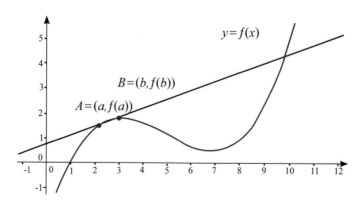

◆圖 2-12

　　由三張圖可知就有三個傾斜度，所以 A 點有三個傾斜度的意思嗎？A 點沒有固定的傾斜度似乎於直覺不合，所以不可以找任意割線來決定 A 點的傾斜度。但 A 點應有一個傾斜程度，如何求曲線上 A 點的傾斜程度？以生活經驗來感受什麼是傾斜程度，我們站在斜面，可以感受斜面的傾斜程度是陡峭或是平緩。

觀察動態 1：觀察斜面變化 ☻

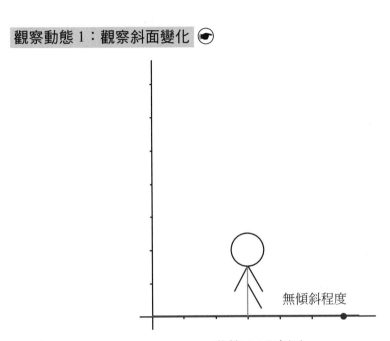

動態 1 示意圖

我們可以看到身體到腳的一直線，是淺色線，而淺色線與斜面垂直，
可以看到當斜面越陡峭，傾斜程度越大，人就越傾斜，也就是淺色線越傾斜，

如果我們要看曲線上某點的斜率，也就是放一個人上去，
看身體到腳的一直線多傾斜，就可以知道該點的傾斜程度，見圖 2-13。

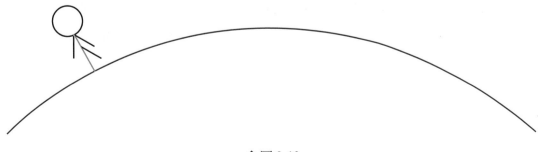

◆ 圖 2-13

淺色線的傾斜與垂直的直線有關，作出與淺色線垂直的直線，觀察圖 2-14

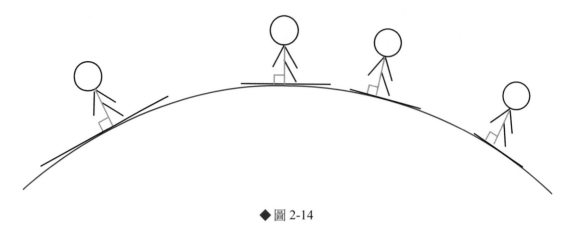

◆ 圖 2-14

該直線的傾斜程度代表該位置的傾斜程度。而該線不能通過曲線兩點 (不能是割線)，並且與淺色線垂直，所以該直線一定是切線。所以曲線上每一點的傾斜程度，就定義為經過該點的切線的傾斜程度，見圖 2-15。

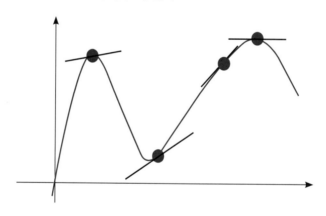

◆ 圖 2-15　曲線的各個位置的斜線，可計算出斜率

而費馬的時期，對曲線上該點的斜率值的了解是什麼？

他們利用希臘時期的說法，曲線上該點的斜率，就是放一根棍子在曲線上，只會碰到一點，而棍子得斜率就是該點得斜率，而在圖案意義就是切線，見圖 2-16。

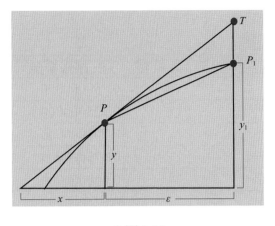

◆圖 2-16

但曲線上的該點切線斜率，要怎麼計算？

1.4　曲線上該點切線斜率值，如何計算

已知道曲線上該點的斜率是切線的斜率，如何計算出該斜率值。

利用費馬的方法，我們知道切線不是割線，所以切線斜率值 ≠ 割線斜率值。

但我們無法直接計算切線斜率，從割線來觀察。

步驟1

計算 B 點在 A 點右側的割線斜率，**觀察動態 2.1** 👁

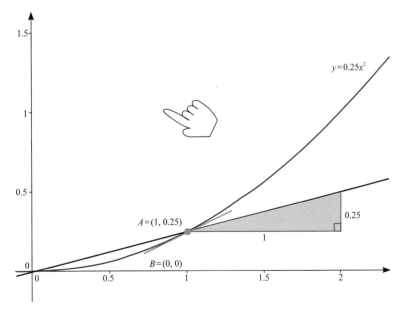

動態 2.1 示意圖

由動態圖中可知斜率的關係，不管割線怎麼移動，B 點越靠近 A 點時，割線斜率越接近 0.5。看各位置的斜率

A 點 B 點的 Δx 距離	割線斜率
1	0.750000000
0.9	0.725000000
0.8	0.700000000
0.7	0.675000000
0.6	0.650000000
0.5	0.625000000
0.4	0.600000000
0.3	0.575000000
0.2	0.550000000
0.1	0.525000000
0.01	0.502500000
0.001	0.500249999
0.0001	0.500249999
0.00001	0.500002500
0.000001	0.500000250
0.0000001	0.500000025

可以發現割線斜率不斷向 0.5 靠近，但比 0.5 大，記作：0.5 ＋微小的數。

Δx：A 與 B 的 x 座標值相減。　　　　　　　　　　　　　　　　　　　　◆

步驟2

計算 B 點在 A 點左側的割線斜率，**觀察動態 2.2** ☞

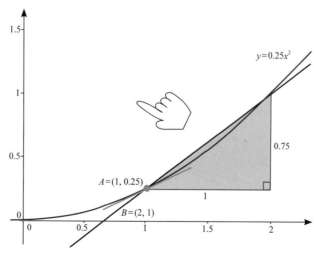

動態 2.2 示意圖

　　由動態圖中可知斜率的關係，不管割線怎麼移動，B 點越靠近 A 點時，割線斜率越接近 0.5。看各位置的斜率

A 點 B 點的 Δx 距離	割線斜率
1	0.250000000
0.9	0.275000000
0.8	0.300000000
0.7	0.325000000
0.6	0.350000000
0.5	0.375000000
0.4	0.400000000
0.3	0.425000000
0.2	0.450000000
0.1	0.475000000
0.01	0.497500000
0.001	0.499749999
0.0001	0.499974999
0.00001	0.499997499
0.000001	0.499999750
0.0000001	0.499999975

可以發現割線斜率不斷向 0.5 靠近，但比 0.5 小，記作：0.5 － 微小的數。　　　　◆

步驟3

B 點在 A 點左側的割線斜率 $\leq A$ 點切線斜率 $\leq B$ 點在 A 點右側的割線斜率

0.5 － 微小的數 $\leq$ A 點切線斜率 $\leq$ 0.5 ＋ 微小的數

所以 0.5 以外的數字都是割線斜率，故 A 點切線斜率就只能是 0.5。

費馬計算曲線上 點的斜率的結論：

　　找非常靠近 A 點的 B 點，計算兩點的割線斜率極限，該極限值就是 A 點的切線斜率。

觀察完整版動態（含切線）2.3　☛

1.5　曲線上該點切線斜率的計算式

在 1.4 已知，找非常靠近 A 點的 B 點，作兩點的割線斜率極限，該極限值就是 A 點的切線斜率。觀察費馬的示意圖，見圖 2-17

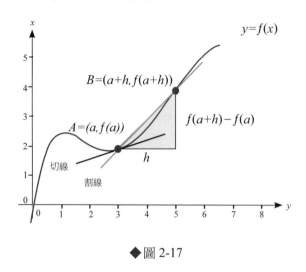

◆ 圖 2-17

只要讓 h 很接近 0，B 點座標就會很靠近 A，其割線斜率就會很接近切線斜率。

而割線斜率的極限，就是該點切線斜率，寫作：A 點斜率 $= \lim\limits_{h \to 0} \dfrac{f(a+h)-f(a)}{h}$。

例題：A 點座標是 $(8, f(8))$，B 點 $=(8+h, f(8+h))$，A 點斜率見圖 2-18

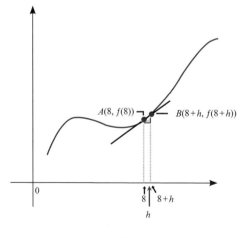

◆ 圖 2-18

局部放大，見圖 2-19

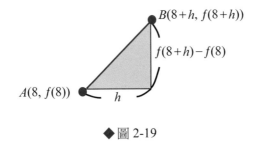

◆圖 2-19

在曲線上 $(8, f(8))$ 斜率的求法，計算的是曲線微小部分兩點的斜率，

找非常靠近 A 點的 B 點的極限，h 接近 0，所以 $f(8)$ 是很接近 $f(8+h)$ 的值。

A 點斜率 $= \lim_{h \to 8} \dfrac{f(8+h) - f(8)}{h}$ 。

二、導數與導函數

「在學習中要敢於做減法，就是減去前人已經解決的部分，看看還有那些問題沒有解決，需要我們去探索解決。」

華羅庚，中國數學家

2.1　曲線上該點斜率值，稱為導數

任意點 $A = (a, f(a))$，函數在 A 點的斜率數值，

斜率 $= \lim_{h \to 0} \dfrac{f(a+h) - f(a)}{h}$，此極限值稱為函數（曲線）在 A 點的導數，見圖 2-20。

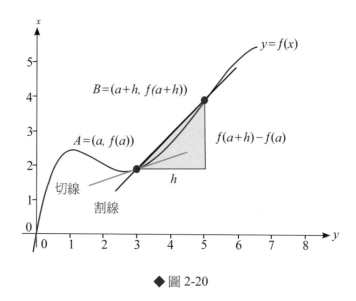

◆ 圖 2-20

函數 $f(x)$ 在 A 點 $(a, f(a))$ 斜率 $= \lim_{h \to 0} \dfrac{f(a+h)-f(a)}{h}$ ，

而函數每一點都有斜率，把每一點對應的斜率製作成曲線。

新曲線是由原曲線每一點的導數（斜率值）組成，

再製作成一張新函數圖，故稱導函數。

觀察動態 4（小人在山上的斜率變化）

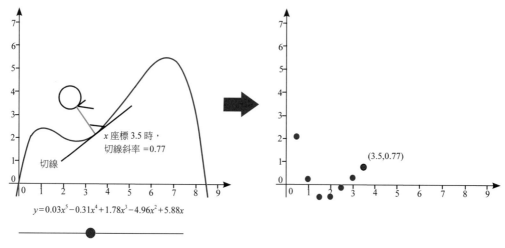

動態 4 示意圖

原函數曲線上每一點的導數（斜率），構成的曲線是導函數。

2.2　如何計算 $f(x)=x^p$ 的導函數

觀察單項式函數在 $(1, f(1))$、$(2, f(2))$、$(3, f(3))$、$(a, f(a))$ 各斜率的關係，並研究規則。

例題1

$f(x)=5$，求 $(1, f(1))$、$(a, f(a))$ 的斜率。

$(1, f(1))$ 的斜率是	$(a, f(a))$ 的斜率
$\lim\limits_{h \to 0} \dfrac{f(1+h)-f(1)}{h}$	$\lim\limits_{h \to 0} \dfrac{f(a+h)-f(a)}{h}$
$=\lim\limits_{h \to 0} \dfrac{5-5}{h}$	$=\lim\limits_{h \to 0} \dfrac{5-5}{h}$
$=\lim\limits_{h \to 0} 0$	$=\lim\limits_{h \to 0} 0$
$=0$	$=0$

觀察動態 3.2 ☞

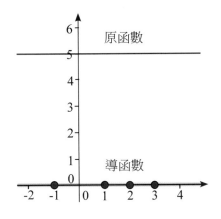

動態 3.2 示意圖

可以發現，曲線在 $(1, f(1))$、$(2, f(2))$、$(3, f(3))$、$(a, f(a))$

斜率是 0、0、0、0，a 是任意數，所以原函數每點的斜率都是 0。

水平線的斜率為 0，每一點的斜率都一樣，所以微分後函數等於 0。

同時全部的常數函數的導函數都是等於 0。　　　　　　　　　　　　◆

例題2

$f(x)=2x$，求 $(1, f(1))$、$(a, f(a))$ 的斜率。

$(1, f(1))$ 的斜率是	$(a, f(a))$ 的斜率
$\displaystyle \lim_{h \to 0} \frac{f(1+h)-f(1)}{h}$	$\displaystyle \lim_{h \to 0} \frac{f(a+h)-f(a)}{h}$
$\displaystyle = \lim_{h \to 0} \frac{2\times(1+h)-2\times(1)}{h}$	$\displaystyle = \lim_{h \to 0} \frac{2\times(a+h)-2\times(3)}{h}$
$\displaystyle = \lim_{h \to 0} \frac{2+2h-2}{h}$	$\displaystyle = \lim_{h \to 0} \frac{2a+2h-2a}{h}$
$\displaystyle = \lim_{h \to 0} \frac{2h}{h}$	$\displaystyle = \lim_{h \to 0} \frac{2h}{h}$
$\displaystyle = \lim_{h \to 0} 2$	$\displaystyle = \lim_{h \to 0} 2$
$= 2$	$= 2$

觀察動態 3.1

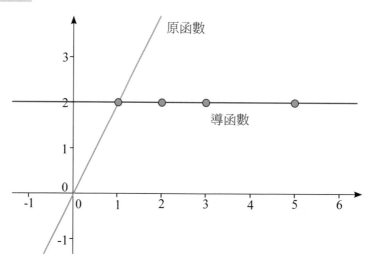

動態 3.1 示意圖

可以發現，曲線在 $(1, f(1))$、$(2, f(2))$、$(3, f(3))$、$(a, f(a))$，
斜率是 2、2、2、2，a 是任意數，所以原函數每點的斜率都是 2。　◆

例題3

$f(x)=x^2$，求 $(1, f(1))$、$(a, f(a))$ 的斜率。

$(1, f(1))$ 的斜率是	$(a, f(a))$ 的斜率
$\lim_{h \to 0} \dfrac{f(1+h) - f(1)}{h}$	$\lim_{h \to 0} \dfrac{f(a+h) - f(a)}{h}$
$= \lim_{h \to 0} \dfrac{(1+h)^2 - (1)^2}{h}$	$= \lim_{h \to 0} \dfrac{(a+h)^2 - (a)^2}{h}$
$= \lim_{h \to 0} \dfrac{1^2 + 2h + h^2 - 1^2}{h}$	$= \lim_{h \to 0} \dfrac{a^2 + 2ah + h^2 - a^2}{h}$
$= \lim_{h \to 0} \dfrac{2h + h^2}{h}$	$= \lim_{h \to 0} \dfrac{2ah + h^2}{h}$
$= \lim_{h \to 0} (2 + h)$	$= \lim_{h \to 0} (2a + h)$
$= 2$	$= 2a$

觀察動態 3.5 ☞

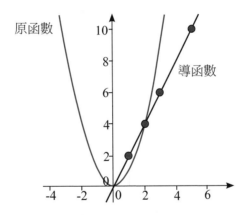

原函數

導函數

動態 3.5 示意圖

可以發現，曲線在 $(1, f(1))$、$(2, f(2))$、$(3, f(3))$、$(a, f(a))$
斜率是 2、4、6、$2a$，a 是任意數，所以原函數在 $(a, f(a))$ 斜率是 $2a$。　　　　◆

例題4

$f(x) = x^3$，求在 $(1, f(1))$、$(a, f(a))$ 的斜率。

$(1, f(1))$ 的斜率是	$(a, f(a))$ 的斜率
$\displaystyle\lim_{h\to 0}\frac{f(1+h)-f(1)}{h}$	$\displaystyle\lim_{h\to 0}\frac{f(a+h)-f(a)}{h}$
$\displaystyle=\lim_{h\to 0}\frac{(1+h)^3-(1)^3}{h}$	$\displaystyle=\lim_{h\to 0}\frac{(a+h)^3-(a)^3}{h}$
$\displaystyle=\lim_{h\to 0}\frac{1^3+3h+3h^2+h^3-1^3}{h}$	$\displaystyle=\lim_{h\to 0}\frac{a^3+3a^2h+3ah^2+h^3-a^3}{h}$
$\displaystyle=\lim_{h\to 0}\frac{3h+3h^2+h^3}{h}$	$\displaystyle=\lim_{h\to 0}\frac{3a^2h+3ah^2+h^3}{h}$
$\displaystyle=\lim_{h\to 0}(3+3h+h^2)$	$\displaystyle=\lim_{h\to 0}(3a^2+3ah+h^2)$
$=3$	$=3a^2$

可以發現，曲線在 $(1, f(1))$、$(2, f(2))$、$(3, f(3))$、$(a, f(a))$

斜率是 2、12、27、$3a^2$，a 是任意數，所以原函數在 $(a, f(a))$ 斜率是 $3a^2$。

由 4 個例題，觀察到的結果：

1. $f(x)=5$，每一點的斜率都為 0，

　　所以每一點斜率值，就是以 a 為自變數的導函數，

　　強調導函數是原函數 f 的斜率函數，導函數記作 f'，$f'(a)=0$，

　　而自變數習慣用 x，故可改寫成 $f'(x)=0$

2. $f(x)=2x$，每一點的斜率都為 2

　　所以斜率值，就是以 a 為自變數的導函數，記作 $f'(a)=2$，

　　而自變數習慣用 x，故可改寫成 $f'(x)=2$

3. $f'(x)=x^2$，每一點的斜率為 " 該點 x 座標值乘 2"

　　$(1, f(1))$ 時，斜率 $2\times 1 = 2$

　　$(2, f(2))$ 時，斜率 $2\times 2 = 4$

　　$(3, f(3))$ 時，斜率 $2\times 3 = 6$

　　　　　　　$\vdots$

　　$(a, f(a))$ 時，斜率 $2\times a = 2a$

　　所以斜率值，就是以 a 為自變數的導函數，$f'(a)=2a$，

而自變數習慣用 x，故可改寫成 $f'(x)=2x$

4. $f(x)=x^3$，每一點的斜率為 " 該點 x 座標值平方再乘 3"

$(1,f(1))$ 時，斜率 $3\times 1^2 = 3$

$(2,f(2))$ 時，斜率 $3\times 2^2 = 12$

$(3,f(3))$ 時，斜率 $3\times 3^2 = 27$

$\vdots$

$(a,f(a))$ 時，斜率 $3\times a^2 = 3a^2$

所以斜率值，就是以 a 為自變數的導函數，$f'(a)=3a^2$，

而自變數習慣用 x，故可改寫成 $f'(x)=3x^2$

結論：

> 在 $(a,f(a))$ 的斜率可表示，斜率 $= f'(a) = \lim\limits_{h\to 0}\dfrac{f(a+h)-f(a)}{h}$

發現規律

> 在 $p=1,2,3$ 時，若原函數 $f(x)=x^p$，則導函數 $f'(x)=px^{p-1}$

> 在 $p=0$ 時，若原函數 $f(x)=x^p$，則導函數 $f(0)=0$

而 p 在正整數以外的情況，費馬已證明。

> p 是任意實數，若原函數 $f(x)=x^p$，則導函數 $f'(x)=px^{p-1}$

證明請看附錄 9.1。

例題1

計算導函數

若 $f(x)=x^p$ 當 p 是分數時，是根函數，參考附錄 9.1.3，可知導函數 $f'(x)=px^{p-1}$

如：$f(x)=x^{\frac{1}{2}}=\sqrt{x}$ ，$x>0$ 的導函數

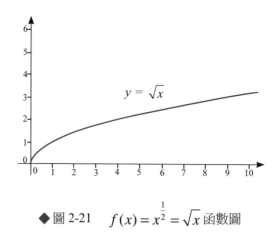

◆圖 2-21　　$f(x) = x^{\frac{1}{2}} = \sqrt{x}$ 函數圖

觀察動態 3.3 👉

計算導函數流程：

$$f\,'(x) = \frac{1}{2} x^{\frac{1}{2}-1}$$

$$= \frac{1}{2} x^{-\frac{1}{2}}$$

$$= \frac{1}{2} \times \frac{1}{x^{\frac{1}{2}}}$$

$$= \frac{1}{2} \times \frac{1}{\sqrt{x}}$$

$$= \frac{1}{2\sqrt{x}}$$

導函數 $f\,'(x) = \dfrac{1}{2\sqrt{x}}$　。　　　　　　　　　　　　　　　　◆

例題2

計算導函數

若 $f(x) = x^p$ 當 p 是負數時，是有理函數，參考附錄 9.1.5，可知導函數 $f\,'(x) = px^{p-1}$。

如：$f(x) = x^{-1} = \dfrac{1}{x}$ 的導函數

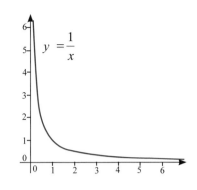

◆圖 2-22 $f(x) = x^{-1} = \dfrac{1}{x}$ 函數圖

觀察動態 3.4 ●

計算導函數流程：

$$f'(x) = -1x^{-1-1}$$
$$= -x^{-2}$$
$$= -\frac{1}{x^2}$$

導函數 $f'(x) = -\dfrac{1}{x^2}$ 。

2.3 求導函數的動作，稱作微分

1. 計算原函數曲線某一點斜率的動作，稱作微分 differentiate，並且得到的斜率值稱該點「導數 derivative」，

   記作： $f'(a) = \lim\limits_{h \to 0} \dfrac{f(a+h) - f(a)}{h}$ 。

2. 連起原函數曲線上每一點的導數，得到的新曲線，用函數表示，
   此新函數是導數構成的，稱導函數 derived function。

3. 1. 與 2. 的動作合併在一起，稱作：對原函數曲線微分 differentiate，可得

   「導函數」，記作： $f'(x) = \lim\limits_{h \to 0} \dfrac{f(x+h) - f(x)}{h}$ 。

   故可以直接將原函數微分，不用找某一點斜率最後再組合。

4. 研究導函數的學問，就稱為微分學 (Differential calculus)。

5. 加上一撇是微分一次 $f'(x)$，加上兩撇是微分兩次 $f''(x)$，
   微分三次以上用寫數字的方式 $f^{[3]}(x)$、$f^{[4]}(x)$、...、$f^{[n]}(x)$ 。

例題：$f(x) = x^4$，　$f'(x) = ?$　　$f''(x) = ?$　　$f^{[3]}(x) = ?$　　$f^{[4]}(x) = ?$

答：　$f(x) = x^4$

　　　$f'(x) = 4x^3$　　　　微分一次

　　　$f''(x) = 12x^2$　　　微分兩次

　　　$f^{[3]}(x) = 24x$　　　微分三次

　　　$f^{[4]}(x) = 24$　　　　微分四次

2.4　『微分符號的寫法』

微分在當時很多人都在研究，其符號多樣性非常豐富，以下為微分符號的發展史。

時間	1675	1797
人	萊布尼茲	拉格朗日
寫法	以分數形式	以撇點 (') 來表示微分
微分	$\dfrac{dy}{dx}$	1.　$y = x^2 + 2x + 3 \rightarrow y' = 2x + 2$ 2.　$f(x) = x^2 + 2x + 3 \rightarrow f'(x) = 2x + 2$ 3.　$(x^2 + 2x + 3)' \rightarrow 2x + 2$

因此，微分運算不同方式的表示法。這些表示法，在以後的章節都會使用到，因為在不同的情形某個符號比其它表示法更方便。

三、微分（導函數）的運算法則

「數學中的一些美麗定理具有這樣的特性，它們極易從事實中歸納出來，但證明卻隱藏的極深，數學是科學之王。」

高斯Gauss德國數學家、物理學家、天文學家、大地測量學家

我們已經學會單項式 $f(x) = x^p$ 微分後的導函數是 $f'(x) = px^{p-1}$。

多項式函數可微分嗎？ 觀察動態 6：多項式函數的微分 ☞

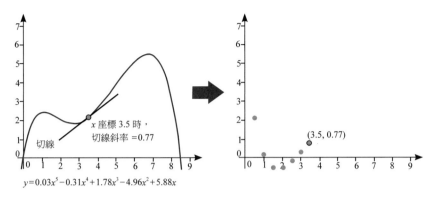

$$y=0.03x^5-0.31x^4+1.78x^3-4.96x^2+5.88x$$

動態 6 示意圖

所以多項式可以微分，那在兩個函數以上運算後的微分，具有怎樣的規則。

1. 兩函數加減後的導函數：

題目：$f(x)=x+1,$

$g(x)=x^2+x$,

$h(x)=f(x)+g(x)$,

$h'(x)=?$

解答：i. 先展開 $h(x)$ ， $h(x)=(x+1)+(x^2+x)$

$$=x^2+2x+1$$

再微分得到， $h'(x)=2x+2$

雖然展開再微分很簡單，但仍想知道，有沒有更簡單的方式。

ii. 兩函數加減後的導函數公式

若原函數 $h(x)=f(x)+g(x)$ ，則導函數 $h'(x)=f'(x)+g'(x)$

證明見附錄 9.2.1

用公式來計算 $h(x)=f(x)+g(x)$

$$h'(x)=f'(x)+g'(x)$$

$$h'(x)=(x+1)'+(x^2+x)'$$

$$h'(x)=1+2x+1=2x+2$$

結果相同，所以可以直接用公式去作。

2. 函數乘上某常數後的導函數：

題目： $f(x) = x+1$,

$\quad\quad g(x) = 5f(x)$,

$\quad\quad g'(x) = ?$

解答：i. 先展開 $g(x)$，$g(x) = 5(x+1) = 5x+5$

再微分得到，$g'(x) = 5$

雖然展開再微分很簡單，但如果係數不是整數，會不好計算，

如： $0.999(x^3+2x)$ ，所以尋找有沒有更簡單的方式。

ii. 函數乘上某常數後的導函數公式

> 若原函數 $g(x) = c \times f(x)$，c 是某常數，
>
> 則導函數 $g'(x) = c \times f'(x)$

證明見附錄 9.2.2

用公式來計算 $g(x) = 5f(x)$

$$g'(x) = 5f'(x)$$

$$g'(x) = 5(x+1)'$$

$$g'(x) = 5 \times 1 = 5$$

結果相同，所以可以直接用公式去作。

3. 兩函數相乘後的導函數：

題目：$f(x) = x+1$,

$\quad\quad g(x) = 2x+3$

$\quad\quad h(x) = f(x)g(x)$,

$\quad\quad h'(x) = ?$

解答：i. 先展開 $h(x)$，$h(x) = (x+1)(2x+3) = 2x^2+5x+3$

再微分得到，$h'(x) = 4x+5$

ii. 兩函數相乘後的導函數公式

> 若原函數 $h(x) = f(x)g(x)$，
>
> 則導函數 $h'(x) = f'(x)g(x) + f(x)g'(x)$

證明見附錄 9.2.3

用公式來計算 $h(x) = f(x)g(x)$,

$$h'(x) = f'(x)g(x) + f(x)g'(x)$$

$$h'(x) = (x+1)'(2x+3) + (x+1)(2x+3)'$$

$$h'(x) = 1(2x+3) + (x+1)2h'(x) = 2x+3+2x+2 = 4x+5$$

結果相同，所以可以直接用公式去作。

3.1 三函數相乘後的導函數：

題目：$k(x) = (x-2)(2x+1)(3x+2), \quad k'(x) = ?$

i. 先展開 $k(x) = (x-2)(2x+1)(3x+2) = 6x^3 - 5x^2 - 12x - 4$

　再微分得到，$k'(x) = 18x^2 - 10x - 12$

ii 三函數相乘後的導函數公式

> 若原函數 $k(x) = f(x)g(x)h(x)$，
>
> 則導函數 $k'(x) = f'(x)g(x)h(x) + f(x)g'(x)h(x) + f(x)g(x)h(x)'$

證明見附錄 9.2.3

　利用公式 $k(x) = (x-2)(2x+1)(3x+2)$

$$k'(x) = (x-2)'(2x+1)(3x+2) + (x-2)(2x+1)'(3x+2) + (x-2)(2x+1)(3x+2)'$$
$$= 1 \times (2x+1)(3x+2) + (x-2) \times 2 \times (3x+2) + (x-2)(2x+1) \times 3$$
$$= 6x^2 + 7x + 2 + 6x^2 - 8x - 8 + 6x^2 - 9x - 6$$
$$= 18x^2 - 10x - 12$$

結果相同，所以可以直接用公式去作。

4. 兩函數相除後的導函數：

題目：$f(x) = x+1$,

$$g(x) = 2x+3,$$
$$h(x) = \frac{f(x)}{g(x)},$$
$$h'(x) = ?$$

解答：無法展開，兩函數相除後的導函數公式

> 若原函數 $h(x) = \dfrac{f(x)}{g(x)}$，
>
> 則導函數 $h'(x) = \dfrac{f'(x)g(x) - f(x)g'(x)}{[g(x)]^2}$

證明見附錄 9.2.4

利用公式 $h'(x) = \dfrac{(x+1)'(2x+3) - (x+1)(2x+3)'}{(2x+3)^2}$

$$h'(x) = \dfrac{1(2x+3) - (x+1)2}{(2x+3)^2}$$

$$h'(x) = \dfrac{2x+3-2x-2}{(2x+3)^2}$$

$$h'(x) = \dfrac{1}{(2x+3)^2}$$

5. 兩函數相除後分子為 1 的導函數：$h(x) = \dfrac{1}{g(x)} \rightarrow h'(x) = \dfrac{-g'(x)}{[g(x)]^2}$

題目：$g(x) = x+1,$

$\quad h(x) = \dfrac{1}{g(x)}$,

$\quad h'(x) = ?$

解答：i. $h(x) = \dfrac{1}{x+1}$ 可看作是函數相除的微分

$\quad h'(x) = \dfrac{(1)'(x+1) - (1)(x+1)'}{(x+1)^2}$

$\quad h'(x) = \dfrac{0 \times (x+1) - (1) \times 1}{(x+1)^2}$

$\quad h'(x) = \dfrac{-1}{(x+1)^2}$

ii. 兩函數相除後分子為 1 的導函數公式

> 若原函數 $h(x) = \dfrac{1}{g(x)}$,
>
> 則導函數 $h'(x) = \dfrac{-g'(x)}{[g(x)]^2}$ 。

證明見附錄 9.2.5

結果相同，所以可以直接用公式去作。

但發現第四個公式也能計算兩函數相除後分子為 1 的導函數，

所以可以不用特地去記第五個公式。

公式整理

---

1 兩函數加減後的導函數

若原函數　$h(x) = f(x) + g(x)$，則導函數為 $h'(x) = f'(x) + g'(x)$

口訣：每一函數都單獨微分，再加起來。

---

2 函數乘上某數後的導函數

若原函數 $g(x) = c \times f(x)$，c 為某常數，則導函數為 $g'(x) = c \times f'(x)$

口訣：可以提出係數。

---

3 兩函數相乘後的導函數

若原函數 $h(x) = f(x)g(x)$，則導函數為 $h'(x) = f'(x)g(x) + f(x)g'(x)$

口訣：「前微乘後不微」加上「前不微乘後微」。

延伸函數相乘的導函數

3.1 三函數相乘後的導函數

若原函數 $k(x) = f(x)g(x)h(x)$，

則導函數為 $k'(x) = f'(x)g(x)h(x) + f(x)g'(x)h(x) + f(x)g(x)h(x)'$

---

4 兩函數相除後的導函數

若原函數 $h(x) = \dfrac{f(x)}{g(x)}$，則導函數為 $h'(x) = \dfrac{f'(x)g(x) - f(x)g'(x)}{[g(x)]^2}$。

口訣：分子：「上微乘下不微」減去「上不微乘下微」；分母：下的平方。

---

5. 兩函數相除後分子為 1 的導函數

若原函數 $h(x) = \dfrac{1}{g(x)}$，導函數為 $h'(x) = \dfrac{-g'(x)}{[g(x)]^2}$。

口訣：不用去記，因為是第四項的特例。

四、求合成函數的導函數

「無限!再也沒有其他問題如此深刻地打動過人類的心靈。」

大衛・希爾伯特（David Hilbert）

德國數學家

4.1　為何要學合成函數的微分方法』

在先前導函數的運算規則，可以算出很多函數的導函數．。然而某些函數這些規則仍不方便計算導函數。舉例說明：函數 $2(3x+2)^{20}$，仔細觀察，可以發現 $2(3x+2)^{20}$ 是由 $f(x)=2x^{20}$ 和 $g(x)=3x+2$ 所合成的合成函數，

也就是：$f(g(x))=2(3x+2)^{20}$，因此，有必要學會如何對合成函數微分的規則，才能算出 $2(3x+2)^{20}$ 的導函數。有人會覺得可以展開再計算，不用特地去學這方法。這是不行的，因為如果遇到更高次方題目時，就難以展開。

如：$f(x)=x^{100000}$，$g(x)=2x+1$ 則 $f(g(x))=(2x+1)^{100000}$ 的導函數為何？這種情形難以展開計算。此外三角函數的合成函數微分，無法展開成多項式微分，一定要用合成函數的微分公式。

4.2　合成函數的導函數 - 鍊法則

數學家萊布尼茲找到一個好方法來計算合成函數的導函數，類似分數運算。

4.2.1　數學家萊布尼茲的微分符號

先說明萊布尼茲的微分符號的意義，將函數 f 作 x 的微分寫作 $\dfrac{df}{dx}$，

也就是說

$f(x)=3x^2+2x$，對 f 作 x 的微分，得到 $\dfrac{df}{dx}=6x+2$

同理換自變數也一樣

$f(u)=3u^2+2u$，對 f 作 u 的微分，得到 $\dfrac{df}{du}=6u+2$

欲知更清楚的內容，請參考附錄 9.3.1。

> 原函數 $f(x)$，對 f 作 x 的微分，得到 $\dfrac{df}{dx}$

4.2.2　萊布尼茲計算合成函數的導函數，其方式稱作鍊法則。

鍊法則，參考圖 2-25 的想法，

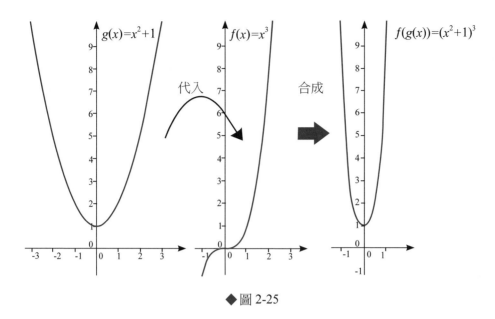

◆圖 2-25

可看到 f、g 原本有各自的斜率變化，

合成後斜率變化加劇，所以合成函數的導函數，類似斜率相乘。

萊布尼茲已經證明此方法正確，其證明內容請參考附錄 9.3.2。

下述為求合成函數的導函數流程，或說是鍊法則。

合成函數的導函數：

求 $f(g(x))$ 的導函數 $\dfrac{df}{dx}$ ，也就是斜率，

1. 設 $u=g(x)$ ，求其斜率為 $\dfrac{du}{dx}$

2. 並求 $f(u)$ 斜率 $\dfrac{df}{du}$

3. 再相乘 $\dfrac{du}{dx} \cdot \dfrac{df}{du}$ ，就得到 $\dfrac{df}{dx}$ 。

4.3 合成函數例題

例題1

若 $f(x)=x^2,g(x)=2x+1$，則 $f(g(x))=(2x+1)^2$ 的導函數為何？

i 展開後微分

$$f(g(x))$$
$$=(2x+1)^2$$
$$=4x^2+4x+1$$

微分

$$(f(g(x)))'$$
$$=(4x^2+4x+1)'$$
$$=8x+4$$

ii. 計算 $f(g(x))$ 的微分，也就是求 $\dfrac{df}{dx}$

1. 設 $u=g(x)=2x+1 \Rightarrow \dfrac{du}{dx}=2$

2. $f(x)=x^2 \Rightarrow f(u)=u^2 \Rightarrow \dfrac{df}{du}=2u$ ，

3. $\dfrac{df}{dx}=\dfrac{du}{dx}\cdot\dfrac{df}{du}$

$$=2\times 2u \qquad , \ u=2x+1$$
$$=4\times(2x+1)$$
$$=8x+4$$
$$(f(g(x)))'=8x+4$$

i 與 ii 結果相同，所以可以直接用鍊法則計算合成函數的微分。 ✦

例題2

若 $f(x)=x^{300},g(x)=x+1$，則 $f(g(x))=(x+1)^{300}$ 的導函數為何？

只能用鍊法則計算

計算 $f(g(x))$ 的微分，就是求 $\dfrac{df}{dx}$

1. 設 $u=g(x)=x+1 \Rightarrow \dfrac{du}{dx}=1$

2. $f(x) = x^{300} \Rightarrow f(u) = u^{300} \Rightarrow \dfrac{df}{du} = 300u^{299}$

3. $\dfrac{df}{dx} = \dfrac{du}{dx} \cdot \dfrac{df}{du}$

$\qquad = 1 \times 300u^{299}$, $u = x+1$

$\qquad = 300(x+1)^{299}$

$\qquad (f(g(x)))' = 300(x+1)^{299}$ ◆

例題3

若 $h(x) = 3(2x+5)^2$ 則 $h(x)$ 的導函數為何？

將 $h(x)$ 看成是合成函數，$h(x) = f(g(x)) = 3(2x+5)^2$

其中 $f(x) = 3x^2$ 、 $g(x) = 2x+5$ ，這樣就回到例題 1、例題 2 的作法。

$f(g(x))$ 的微分，也就是求 $\dfrac{df}{dx}$

1. 設 $u = g(x) = 2x+5 \Rightarrow \dfrac{du}{dx} = 2$

2. $f(x) = 3x^2 \Rightarrow f(u) = 3u^2 \Rightarrow \dfrac{df}{du} = 6u$

3. $\dfrac{df}{dx} = \dfrac{du}{dx} \cdot \dfrac{df}{du}$

$\qquad = 2 \times 6u$, $u = 2x+5$

$\qquad = 12 \times (2x+5)$

$\qquad = 24x+60$

$\qquad (h(x))' = 24x+60$ ◆

例題4

若 $h(x) = 2(3x+1)^{-1}$ 則 $h(x)$ 的導函數為何？

將 $h(x)$ 看成是合成函數，$h(x) = f(g(x)) = 2(3x+1)^{-1}$

其中 $f(x) = 2x^{-1}$ 、 $g(x) = 3x+1$ ，這樣就回到例題 1、例題 2 的作法。

$f(g(x))$ 的微分，也就是求 $\dfrac{df}{dx}$

1. 設 $u = g(x) = 3x + 1 \Rightarrow \dfrac{du}{dx} = 3$

2. $f(x) = 2x^{-1} \Rightarrow f(u) = 2u^{-1} \Rightarrow \dfrac{df}{du} = -2u^{-2}$

3. $\dfrac{df}{dx} = \dfrac{du}{dx} \cdot \dfrac{df}{du}$

$\qquad = 3 \times (-2u^{-2})$

$\qquad = \dfrac{-6}{u^2} \qquad\qquad , \quad u = 3x + 1$

$\qquad = \dfrac{-6}{(3x+1)^2}$

$\quad (\, h(x)\,)' = \dfrac{-6}{(3x+1)^2}$　　　　　　　　　　　　　　◆

補充說明

合成函數的導函數，在其他書也有另一個寫法，是另一種符號的表示方法。
合成函數 $f(g(x))$，其導函數 $(\, f(g(x))\,)' = f'(g(x))g'(x)$ ，這寫法易搞混。可看成合成函數 $h(x) = f(g(x)) = f \circ g(x)$ ，導函數是 $h'(x) = [f'(x) \circ g(x)] \times g'(x)$。但還是會搞混。證明內容可參考附錄 9.3.1。建議用萊布尼茲的鍊法則，進行合成函數的微分。

五、所有函數都可微分嗎

　　「不親自檢查橋樑的每一部分的堅固性，就不過橋的旅行者是不可能走遠的。甚至在數學中有些事情也要冒險。」

賀拉斯・蘭姆（Horace Lamb）
英國應用數學家

　　我們學會了那麼多的微分計算，但每一條曲線都可以微分得到導函數嗎？
　　在函數曲線中有介紹到的不連續曲線，其實就是不可微分的。
　　觀察下列圖形的連續與微分關係。

5.1 不可微分的位置

5.1.1 不連續點

圖 2-26 顯示函數在 $(-2, f(-2))$ 處有跳躍式不連續，

在 $(-2, f(-2))$ 處不可能有切線存在，在該位置就不具有斜率值，

而導函數是每一點位置，要有一點原函數的斜率值，因此這曲線不可微分。

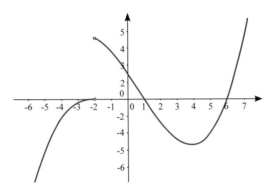

◆圖 2-26　不連續點圖

5.1.2 垂直切線

圖 2-27 顯示函數 $f(x) = x^{\frac{2}{3}}$ 在 $(0, f(0))$ 有一尖點

$$\lim_{h \to 0^+} \frac{f(0+h) - f(0)}{h} = \lim_{h \to 0^+} \frac{h^{\frac{2}{3}} - (0)^{\frac{2}{3}}}{h} = \lim_{h \to 0^+} \frac{h^{\frac{2}{3}}}{h} = \lim_{h \to 0^+} \frac{1}{\sqrt[3]{h}} = +\infty \quad ，$$

同理，$\lim_{h \to 0^-} \frac{f(0+h) - f(0)}{h} = \lim_{h \to 0^-} \frac{1}{\sqrt[3]{h}} = -\infty \quad ，$

因此，導數不存在，即使單邊有無窮極限（垂直切線）。

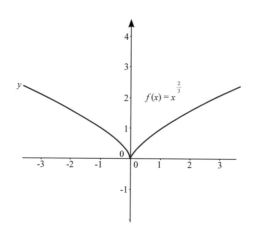

◆圖 2-27　該點具垂直切線

5.1.3　非尖點但有垂直切線

圖 2-28 顯示函數 $f(x) = x^{\frac{1}{3}}$ 在 $(0, f(0))$ 不是尖點，但有垂直切線，

$$\lim_{h \to 0^+} \frac{f(0+h) - f(0)}{h} = \lim_{h \to 0^+} \frac{h^{\frac{1}{3}} - (0)^{\frac{1}{3}}}{h} = \lim_{h \to 0^+} \frac{h^{\frac{1}{3}}}{h} = \lim_{h \to 0^+} \left(\frac{1}{\sqrt[3]{h}} \right)^2 = +\infty，$$

同理 $\lim_{h \to 0^-} \dfrac{f(0+h) - f(0)}{h} = \lim_{h \to 0^-} \left(\dfrac{1}{\sqrt[3]{h}} \right)^2 = +\infty$，因而有：$\lim_{h \to 0} \dfrac{f(0+h) - f(0)}{h} = +\infty$，

也就是說，無窮極限存在 (垂直切線)。但依導數的定義，極限值不可是無窮大，因此函數在 $(0, f(0))$ 處依定義，是不可微分的。

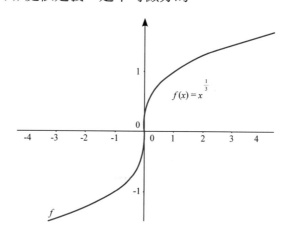

◆圖 2-28　該點非尖點但有垂直切線

5.1.4 尖點但有單邊非垂直切線

圖 2-29 顯示函數 $f(x) = \begin{cases} -(x-5)^{-1} & x < 4 \\ (x-3)^{-1} & x \geq 4 \end{cases}$，具有尖點但有單邊非垂直切線，

因此 $\displaystyle\lim_{h \to 0^+} \frac{f(4+h) - f(4)}{h} = \lim_{h \to 0^+} \frac{\frac{1}{(4+h-3)} - 1}{h} = \lim_{h \to 0^+} \left(\frac{-h}{1+h}\right)\frac{1}{h} = -1$，（右極限存在）

同理 $\displaystyle\lim_{h \to 0^-} \frac{f(4+h) - f(4)}{h} = \lim_{h \to 0^-} \frac{\frac{-1}{(4+h-5)} - 1}{h} = \lim_{h \to 0^-} \frac{-h}{(h-1)}\frac{1}{h} = 1$，（左極限存在）。

但左極限不等於右極限，因此在 $x = 4$ 不可微分。

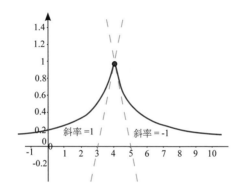

◆圖 2-29　該點為尖點但非垂直切線

5.2　可微分函數一定要比連續函數更加平滑

上述各種不可微分的範例，並非涵蓋所有不可微分的情形。

但是至少可以推測：

(1) 若函數在 $(a, f(a))$ 不連續，則函數在此點不可微分

(2) 即使函數在 $(a, f(a))$ 連續，若是一個尖點或轉折點，也是不可微分。

因此可以說，可微分函數一定要比連續函數更加平滑，

因為尖點和轉折點也是連續點，但不可微分。

結論：

若函數 $f(x)$ 在 $(a, f(a))$ 連續，並不保証它在 $(a, f(a))$ 可微分，

但若不連續，就一定不可微分。

換句話說，連續是可微分的必要條件。

寫作：可微分 → 連續函數。

因此可微分的函數必須比連續圖形更平滑，

不只是存在此條件 $\lim_{x \to a^-} f(x) = \lim_{x \to a} f(x) = \lim_{x \to a^+} f(x)$ ，點要連續；

還存在此條件 $\lim_{x \to a^-} f'(x) = \lim_{x \to a} f'(x) = \lim_{x \to a^+} f'(x)$ ，斜率也要連續。

要平滑到到這種程度，才是可微分函數。

5.3 可微分函數有哪些

常見的連續函數都是可微分函數，例如：$f(x) = x^p$（包括根函數、有理函數）、三角函數、指數函數、對數函數都是可微分函數，在此我們先計算三角函數 $\sin(x)$ 的導函數。而其他的三角函數、指數函數、對數函數將在其他章節提到如何微分。

例題

$\sin(x)$ 的導函數

觀察動態 5：$\sin(x)$ 的導函數

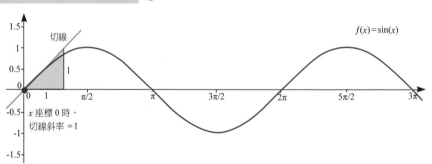

動態 5 示意圖

發現 $\sin(x)$ 的導函數很像是 $\cos(x)$，那到底是不是呢？

利用微分的定義： $f'(a) = \lim_{h \to 0} \dfrac{f(a+h) - f(a)}{h}$

三角函數的 $\sin(x)$ 微分證明：

[1] 正弦函數 $\sin(x)$ 的導函數

用定義證明 $f'(a) = \lim_{h \to 0} \dfrac{f(a+h) - f(a)}{h}$

$$= \lim_{h \to 0} \frac{\sin(a+h) - \sin(a)}{h}$$

$$= \lim_{h \to 0} \frac{\sin(a)\cos(h) + \cos(a)\sin(h) - \sin(a)}{h} \qquad \text{展開和差化積}$$

$$= \lim_{h \to 0} \frac{\cos(a)\sin(h)}{h} + \lim_{h \to 0} \frac{\sin(a)[\cos(h) - 1]}{h} \qquad \text{分類}$$

$$= \lim_{h \to 0} \cos(a) \lim_{h \to 0} \frac{\sin(h)}{h} + \lim_{h \to 0} \sin(a) \lim_{h \to 0} \frac{\cos(h) - 1}{h}$$

而 $\lim\limits_{h \to 0} \dfrac{\sin(h)}{h}$ 與 $\lim\limits_{h \to 0} \dfrac{\cos(h) - 1}{h}$ 各是多少？我們先求出 $\lim\limits_{h \to 0} \dfrac{\sin(h)}{h}$ 的極限

觀察圖 2-30 它趨近怎樣的值？

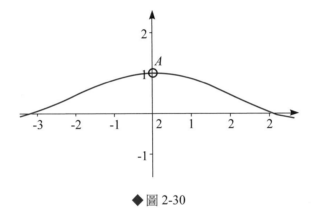

◆圖 2-30

可以看到它趨近 1，但這是為什麼呢？

利用圓形作圖，見圖 2-31。

弧長

$=$圓周$\times \dfrac{\text{圓心角}}{360°}$

$= 2\pi \times \dfrac{h}{360°}$ ，$(180° = \pi)$

$= 2\pi \times \dfrac{h}{2\pi} = h$

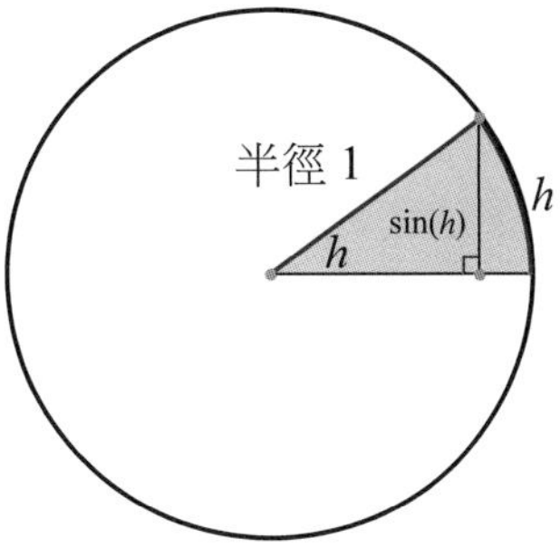

半徑 1

◆圖 2-31

當弧度 h 接近 0 度的時候，

垂足長度 (sin(h)) 會接近弧長，

最後 sin(h) 趨近 h

所以 $\lim\limits_{h \to 0} \sin(h) = h$

$\Rightarrow \lim\limits_{h \to 0} \dfrac{\sin(h)}{h} = 1$

然而這樣的計算或許不夠說服力，同樣利用圓形作圖 2-32，並利用夾擠定理，

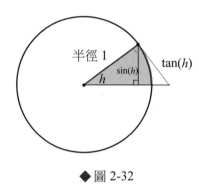

半徑 1

tan(h)

sin(h)

h

◆ 圖 2-32

由圖 32 可知　　$\sin(h) < \qquad h \qquad < \tan(h)$

可分解　　$\sin(h) < \qquad h \qquad < \dfrac{\sin(h)}{\cos(h)}$

同除　　$1 < \qquad \dfrac{h}{\sin(h)} \qquad < \dfrac{1}{\cos(h)}$

倒數　　$1 > \qquad \dfrac{\sin(h)}{h} \qquad > \cos(h)$

取極限　　$\lim\limits_{h \to 0} 1 > \lim\limits_{h \to 0} \dfrac{\sin(h)}{h} > \lim\limits_{h \to 0} \cos(h)$

$1 > \lim\limits_{h \to 0} \dfrac{\sin(h)}{h} > 1$

夾擠定理 $\Rightarrow \lim\limits_{h \to 0} \dfrac{\sin(h)}{h} = 1$

$\lim\limits_{h \to 0} \dfrac{\cos(h) - 1}{h}$ 的極限

$= \lim\limits_{h \to 0} \dfrac{\cos(h) - 1}{h} \times \dfrac{\cos(h) + 1}{\cos(h) + 1}$　　同乘不為 0 的數字

$= \lim\limits_{h \to 0} \dfrac{[\cos(h)]^2 - 1}{h[\cos(h) + 1]}$　　化簡

$$= \lim_{h \to 0} \frac{-[\sin(h)]^2}{h[\cos(h)+1]}$$

$$= \lim_{h \to 0} \frac{\sin(h)}{h} \times \lim_{h \to 0} \frac{-\sin(h)}{[\cos(h)+1]}$$

$$= 1 \times \frac{-0}{2}$$

$$= 0$$

$$\Rightarrow \lim_{h \to 0} \frac{\cos(h)-1}{h} = 0$$

回到問題

$$f'(a) = (\sin(a))'$$

$$= \lim_{h \to 0} \cos(a) \lim_{h \to 0} \frac{\sin(h)}{h} + \lim_{h \to 0} \sin(a) \lim_{h \to 0} \frac{\cos(h)-1}{h}$$

$$= \cos(a) \times 1 + \sin(a) \times 0$$

$$= \cos(a) \text{ 對某一點}$$

$$\Rightarrow f'(x) \text{ 對每一點} \hspace{3cm} \blacklozenge$$

結論：

$$f(x) = \sin(x) \Rightarrow f'(x) = \cos(x)$$

*六、微分的相關定理

「有時候，你一開始未能得到一個最簡單,最美妙的證明,但正是這樣的證明才能深入到高等算術真理的奇妙聯繫中去。這是我們繼續研究的動力,並且最能使我們有所發現。」

高斯

當我們學會如何微分後，一定要認識在微積分非常重要的均值定理，在各證明常利用均值定理。學習均值定理前，先認識羅爾定理，這對學習均值定理可以得到一些啟發。

*6.1　羅爾定理

　　函數曲線同高度的兩點，A 點 $=(a,f(a))$、B 點 $=(b,f(b))$，$f(a)=f(b)$，兩點之間是連續，曲線兩點之間，至少存在一點 $(c,f(c))$，使得斜率為 0 的位置。見圖 2-33，看到兩個水平線斜率為 0，代表有兩個 $(c,f(c))$。

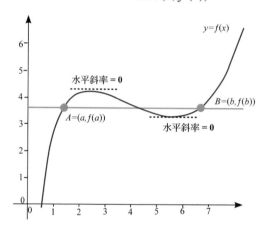

◆ 圖 2-33　羅爾定理示意圖，虛線是水平線

　　羅爾定理曲線的上升再下降，也就是斜率從正數到變成負數的過程，必定會經過斜率為 0，而斜率為 0 就是水平線，如果圖案為下降再上升，也是同理。

> **羅爾定理：**
>
> 　　連續函數的曲線同高度兩點間，至少存在一點 $(c,f(c))$，使得 $f'(c)=0$

例題

見圖 2-34，已知 $f(x)=-0.5x^3+x^2+x+1$，

A 點 $=(a,f(a))$、B 點 $=(b,f(b))$，且 $f(a)=f(b)$，

求與 $\overline{AB}$ 相同斜率為 0 的點。

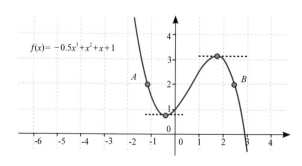

◆ 圖 2-34

求斜率是將原函數微分，$y = -0.5x^3 + x^2 + x + 1$

微分後得到，$f'(x) = -1.5x^2 + 2x^2 + 1$

求斜率為 0 的 x 座標值， $f'(x) = -1.5x^2 + 2x + 1$

$$0 = -1.5x^2 + 2x + 1$$

$$x = \frac{-2 \pm \sqrt{4+6}}{-3}$$

$$x = \frac{-2 \pm \sqrt{10}}{-3}$$

所以在 $(\frac{-2-\sqrt{10}}{-3}, f(\frac{-2-\sqrt{10}}{-3}))$ 與 $(\frac{-2+\sqrt{10}}{-3}, f(\frac{-2+\sqrt{10}}{-3}))$ 斜率為 0

驗證至少存在一點，使得斜率為 0。

*6.2　均值定理

均值定理是羅爾定理的推廣，不同的是變成兩個不同高度的兩個點，A 點 $= (a, f(a))$、B 點 $= (b, f(b))$，兩點間連續，$\overline{AB}$ 斜率 $m = \frac{\Delta y}{\Delta x} = \frac{f(b) - f(a)}{b - a}$，曲線兩點之間，至少存在一點 $(c, f(c))$，使得斜率相同。見圖 2-35。

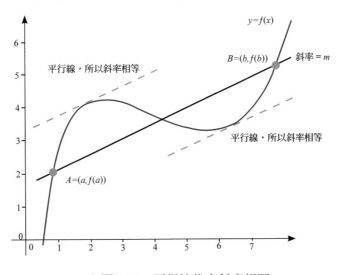

◆圖 2-35　平行線代表斜率相同

> **均衡定理：**
>
> 　　連續函數曲線不同高度的兩點，A 點 $=(a, f(a))$、B 點 $=(b, f(b))$，兩點之間至少存在一點 $(c, f(c))$，該點斜率與 $\overline{AB}$ 斜率相同，使得 $\dfrac{f(b)-f(a)}{b-a}=f'(c)$ 或 $f(b)-f(a)=f'(c)(b-a)$ 。

　　數學證明請看附錄 9.4。

例題

見圖 2-36，已知 $f(x)=-0.5x^3+x^2+x+1$ ，A 點 $=(a, f(a))$、B 點 $=(b, f(b))$ ，$\overline{AB}$ 的斜率為 -1，求與 $\overline{AB}$ 相同斜率為 -1 的點。

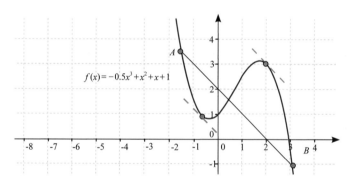

◆圖 2-36

求斜率是將原函數微分， $y=-0.5x^3+x^2+x+1$

微分後得到， $f'(x)=-1.5x^2+2x^2+1$

求斜率為 -1 的 x 座標值， $f'(x)=-1.5x^2+2x+1$

$$-1=-1.5x^2+2x+1$$

$$0=-1.5x^2+2x+2$$

$$x=\frac{-2\pm\sqrt{4+12}}{-3}$$

$$x=\frac{-2\pm\sqrt{16}}{-3}$$

$$x=\frac{-2\pm4}{-3}$$

$$x=2 \text{、} \frac{-2}{3}$$

所以在 $(\frac{-2}{3}, f(\frac{-2}{3}))$ 與 $(2, f(2))$ 斜率為 -1

也驗證至少存在一點，使得斜率為 -1。 ◆

*6.3 二次微分

6.3.1 「反曲點」

當我們已經了解如何微分，我們可以發現有些函數還可以繼續微分，例如：如果 $f(x) = x^3$，則 $f'(x) = 3x^2$，我們可以看到導函數還可以繼續微分，再次微分的意義是什麼？

觀察圖 2-37，原函數是位置函數，一次微分的函數是速度函數，

二次微分的函數是加速度函數

$$f(x) = x^3, f'(x) = 3x^2, f''(x) = 6x$$

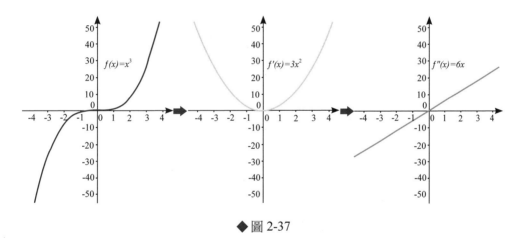

◆圖 2-37

可以看到原函數有凹口方向的變化，凹口有什麼用？凹口可以判斷曲線的變化，判斷斜率的變化。在原點的右邊，凹口向上，也就是斜率越來越大，在本章的利率有提到就是成長越來越快。在原點的左邊，凹口向下，也就是斜率越來越小，在本章的利率有提到就是成長越來越慢

而我們可以發現凹口的轉折點是原點，可以發現在一次微分中 $f'(0)$ 的位置斜率為 0，代表在原函數是斜率是 0。在二次微分中 $f''(0)=0$，這代表改變凹口方向的轉折點，數學上稱為反曲點，或稱拐點。

看圖 2-38 二次微分中 $f''(0)=0$，這點就是反曲點，圖 2-39 可以看到凹口方向的變化。

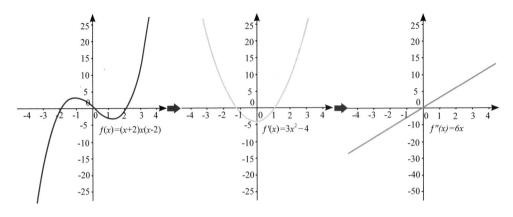

◆ 圖 2-38

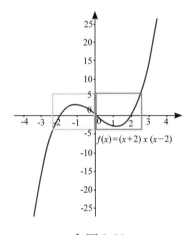

◆ 圖 2-39

　　在圖 2-40 可以看到二次微分中 $f''(0)=0$ 的位置，有三個，分別在 $-2 \sim -1$、$0 \sim 1$、$1 \sim 2$ 之間，這三點就是反曲點，在圖 2-41 可以看到凹口方向的變化。

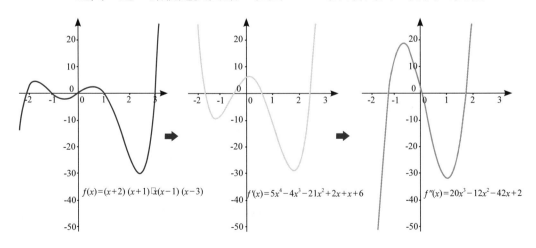

◆ 圖 2-40

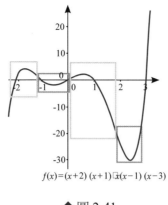

$f(x)=(x+2)(x+1)\cdot x(x-1)(x-3)$

◆ 圖 2-41

6.3.1　二次微分的意義

　　同時二次微分在速度上也具有意義，代表的是加速度。

　　加速度數字越大代表速度變化越大；數字越小代表速度變化越小。

　　加速度數字是正數代表在加速；負數則是在減速。

　　參考圖 2-42：原函數是位置函數，一次微分的函數是速度函數，二次微分的函數是加速度函數

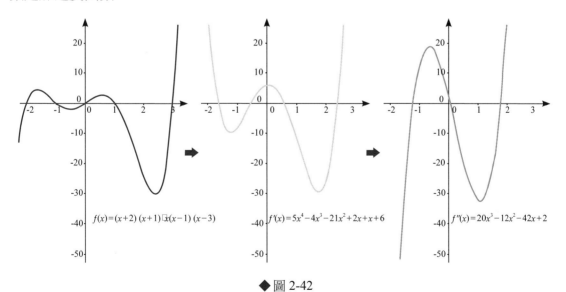

$f(x)=(x+2)(x+1)\cdot x(x-1)(x-3)$　　$f'(x)=5x^4-4x^3-21x^2+2x+x+6$　　$f''(x)=20x^3-12x^2-42x+2$

◆ 圖 2-42

　　框選出改變的區間，見圖 2-43

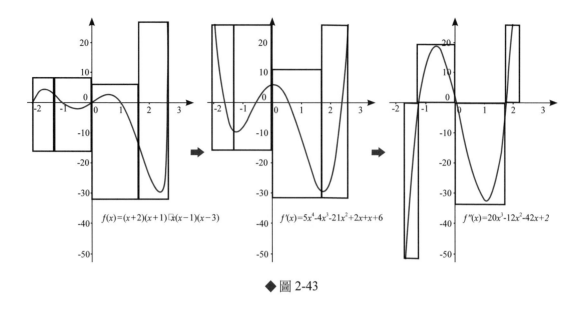

◆圖 2-43

由圖 2-43 左邊的圖可以明顯看到位置的 4 個階段變化，

1. 先前進再倒退 2. 先倒退再前進 3. 先前進再倒退 4. 先倒退再前進。

由圖 2-43 中間的圖可以明顯看到速度的 4 個階段變化，

1. 下降是減速 2. 上升是加速 3. 下降是減速 4. 上升是加速。

由圖 2-43 右邊的圖可以明顯看到加速度的 4 個階段變化，

1. 負數是減速 2. 正數是加速 3. 負數是減速 4. 正數是加速。

七、微分（導函數）公式總整理

「數學是人類知識活動留下來最具威力的知識工具,是一些現象的根源。數學是不變的,是客觀存在的,上帝必以數學法則建造宇宙。」

笛卡兒

1. 若原函數 $f(x)=x^p$，p 是任意實數，微分後得到導函數為 $f(x)=px^{p-1}$ 微分的運算，若 $f(x)$ 與 $g(x)$ 處處可微分，

2. 若原函數 $h(x)=f(x)+g(x)$，微分後得到導函數為 $h'(x)=f'(x)+g'(x)$

3. 若原函數 $g(x)=c \times f(x)$，c 是常數，微分後得到導函數為 $g'(x)=c \times f'(x)$

4. 若原函數 $h(x)=f(x)g(x)$，

   微分後得到導函數為 $h'(x)=f'(x)g(x)+f(x)g'(x)$

4.1. 三函數相乘後的導函數：

   若原函數 $k(x)=f(x)g(x)h(x)$，

   微分後得到導函數為 $k'(x)=f'(x)g(x)h(x)+f(x)g'(x)h(x)+f(x)g(x)h(x)'$

   微分的運算，若 $f(x)$ 與 $g(x)$ 處處可微分，且 $g(x) \neq 0$

5. 若原函數 $h(x)=\dfrac{f(x)}{g(x)}$，微分後得到導函數為 $h'(x)=\dfrac{f'(x)g(x)-f(x)g'(x)}{[g(x)]^2}$

6. 若原函數 $h(x)=\dfrac{1}{g(x)}$，微分後得到導函數為 $h'(x)=\dfrac{-g'(x)}{[g(x)]^2}$

---

7. 萊布尼茲對合成函數微分的流程

   求 $f(g(x))$ 的導函數 $\dfrac{df}{dx}$，也就是斜率，

   設 $u=g(x)$，求其斜率為 $\dfrac{du}{dx}$

   並求 $f(u)$ 斜率 $\dfrac{df}{du}$

   再相乘 $\dfrac{du}{dx} \cdot \dfrac{df}{du}$，就得到 $\dfrac{df}{dx}$。

8. 鍊法則：$\dfrac{df}{dx}=\dfrac{df}{du}\dfrac{du}{dx}$、$\dfrac{df}{dx}=\dfrac{df}{du}\dfrac{du}{dv}\dfrac{dv}{dx}$

9. 均值定理：$f(b)-f(a)=f'(c)(b-a),\quad a<c<b$

八、習題

1. $y = x^2$ 則 $y' = ?$

2. $y = 2x^{-2}$ 則 $y' = ?$

3. $y = x^{\frac{1}{2}}$ 則 $y' = ?$

4. $y = x^{-\frac{1}{3}}$ 則 $y' = ?$

5. $y = x^{\sqrt{2}}$ 則 $y' = ?$

6. $y = x^4 + 3x^3 + 2x^2 + 1$ 則 $y'' = ?$

7. $y = x^4 + 3x^3 + 2x^2 + 1$ 則 $y^{[3]} = ?$

8. $y = x^3 + 3x^2 + 11$ 則 $y' = ?$

9. $y = x^3 + 3x^2 + 11$ 則 $y'' = ?$

10. $y = x^3 + 3x^2 + 11$ 則 $y^{[3]} = ?$

11. $f(u) = (2u + 3) + (3u^2 + 4)$ 則 $f'(u) = ?$

12. $f(t) = (t + 2) - (2t^2 + t)$ 則 $f'(t) = ?$

13. $f(w) = (w + 3)(w^2 + 5)$ 則 $f'(w) = ?$

14. $f(x) = \dfrac{2x + 3}{x + 2}$ 則 $f'(x) = ?$

15. $f(x) = \dfrac{1}{2x + 3}$ 則 $f'(x) = ?$

16. $f(x) = (2x + 3)(3x + 4)(x + 1)$ 則 $f'(x) = ?$

17. $f(x) = (x + 2)^7$ 則 $f'(x) = ?$

18. $f(t) = (t^2 + t + 1)^2$ 則 $f'(t) = ?$

19. $f(x) = (2x + 1)^6$ 則 $f'(x) = ?$

20. $f(u) = 3(4u^3 + 2u)^4$ 則 $f'(u) = ?$

8.1　答案

1. $2x$

2. $-4x^{-3}$

3. $\dfrac{1}{2}x^{-\frac{1}{2}}$

4. $\dfrac{-1}{3}x^{-\frac{4}{3}}$

5. $\sqrt{2}x^{\sqrt{2}-1}$

6. $12x^2+18x+4$

7. $24x+18$

8. $3x^2+6x$

9. $6x+6$

10. 6

11. $6u+2$

12. $-4t$

13. $3w^2+6w+5$

14. $\dfrac{1}{(x+2)^2}$

15. $\dfrac{-2}{(2x+3)^2}$

16. $18x^2+46x+29$

17. $7(x+2)^6$

18. $2(t^2+t+1)(t+1)$

19. $12(2x+1)^5$

20. $12(12u^2+2)(4u^3+2u)^3$

3 微積分基本定理

伊薩克・巴羅
〈Isaac Barrow〉
(1630-1670)

艾薩克・牛頓
〈Isaac Newton〉
(1642-1727)

戈特弗里德・威廉・馮・萊布尼茲
〈Gottfried Wilhelm Leibniz〉
(1646-1716)

　　本書將此章節獨立出來，是為了強調微積分基本定理的重要性，與反導函數加上常數 c 的原因，以及說明積分表的實用性與必要性。因為我們需要知道不是每個函數都可以切長條作出積分，所以我們在本章說明如何用微積分基本定理，可以算出很多函數的積分。為了方便，將常用積分作成積分表，再學習積分表如何使用，我們就能順利的處理積分的問題。

　　數學家費馬已經會計算 x^p 微分（曲線的斜率問題）與 x^p 積分（曲線下面積問題），並且發現兩者間有關連性：「**原函數積分後，再微分就變回原函數**」，費馬觀察到這現象，卻沒特別說明原因。後來，牛頓與萊布尼茲注意到這個重點，並提出微積分基本定理－證明「**原函數積分後，再微分就變回原函數，也就是微分與積分的互逆性質**」，本章節將會說明微積分基本定理的由來與如何利用。自此之後可以明白微分與積分，不是毫無相關的兩門學問，而是一門學問－微積分。

一、微分與積分，兩者間有什麼關係？

「數學是科學不可動搖的基石，促進人類事業進步的豐富源泉。」

伊薩克・巴羅〈Isaac Barrow〉

英國數學家，牛頓的老師

我們由費馬的積分與微分內容，已學會

x^p 的積分，如：$\int_0^x u^p \; du = \dfrac{x^{p+1}}{p+1}$ 及 $\int_a^x u^p \; du = \dfrac{x^{p+1}}{p+1} - \dfrac{a^{p+1}}{p+1}$

以及 x^p 的微分，如：$(x^p)' = px^{p-1}$

而積分與微分似乎有關係，$x^p \xrightarrow{\;\text{積分}\;} \dfrac{1}{p+1}x^{p+1} \xrightarrow{\;\text{微分}\;} x^p$ ，

參考以下例題。

例題1

原函數 $f(x) = x^2$ ，則 $\int_0^x u^2 \; du = \dfrac{1}{3}x^3$

將積分結果再度微分 $(\dfrac{1}{3}x^3)' = x^2$ ，發現變回原函數。

也就是：$x^2 \xrightarrow{\;\text{積分}\;} \dfrac{1}{3}x^3 \xrightarrow{\;\text{微分}\;} x^2$ 。

觀察動態 1.1 👉

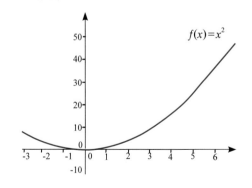

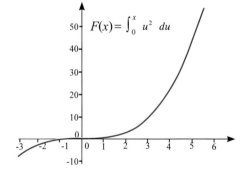

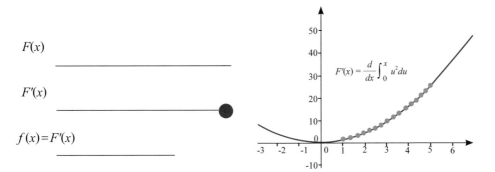

動態 1.1 示意圖

觀察 $f(x) = x^p$ 的 0 到 x 的積分再微分的動態圖案，發現積分後的函數 F 再微分，F' 會完全吻合原函數 f。　　　　　　　　　　　　　　　✦

例題2

原函數 $f(x) = x^2$ ，則 $\int_1^x u^2 \, du = \frac{1}{3}x^3 - \frac{1}{3} \times 1^3$

將積分結果再度微分 $(\frac{1}{3}x^3 - \frac{1}{3} \times 1^3)' = x^2$ ，發現變回原函數。

也就是： $x^2 \xrightarrow{\text{積分}} \frac{1}{3}x^3 - \frac{1}{3} \times 1^3 \xrightarrow{\text{微分}} x^2$ 。

觀察動態 1.2 ☞

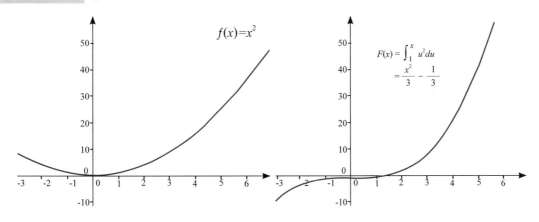

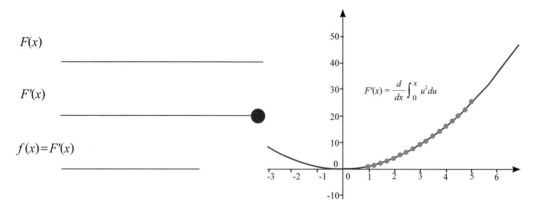

動態 1.2 示意圖

觀察 $f(x) = x^p$ 的 1 到 x 的積分再微分的動態圖案，發現積分後的函數 F 再微分，F' 會完全吻合原函數 f。　　　　　　　　　　　　　　　　　　　　　◆

例題3

原函數 $f(x) = x^2$ ，則 $\int_2^x u^2 \, du = \dfrac{1}{3}x^3 - \dfrac{1}{3} \times 2^3$

將積分結果再度微分 $(\dfrac{1}{3}x^3 - \dfrac{1}{3} \times 2^3)' = x^2$ ，發現變回原函數。

也就是： $x^2 \xrightarrow{\ 積分\ } \dfrac{1}{3}x^3 - \dfrac{1}{3} \times 2^3 \xrightarrow{\ 微分\ } x^2$ 。

觀察動態 1.3 ☛

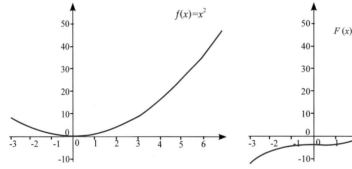
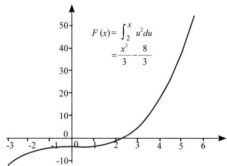

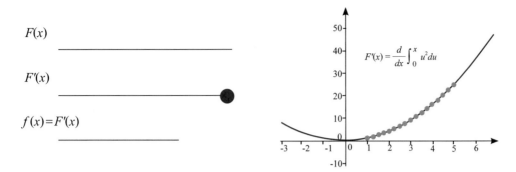

動態 1.3 示意圖

觀察 $f(x) = x^p$ 的 2 到 x 的積分再微分的動態圖案，發現積分後的函數 F 再微分，F' 會完全吻合原函數 f。

所以如果起點是任意常數 a，請參考例題 4。　　　　　　　　　　　　◆

例題4

原函數 $f(x) = x^2$ ，則 $\int_a^x u^2 \ du = \dfrac{1}{3}x^3 - \dfrac{1}{3} \times a^3$

將積分結果再度微分 $(\dfrac{1}{3}x^3 - \dfrac{1}{3}a^3)' = x^2$ ，發現變回原函數。

也就是：$x^2 \xrightarrow{\ \text{積分}\ } \dfrac{1}{3}x^3 - \dfrac{1}{3}a^3 \xrightarrow{\ \text{微分}\ } x^2$ 。

所以我們可以知道，積分起點的改變，僅改變積分後的曲線高度，

再微分結果仍是一樣會變回原函數。　　　　　　　　　　　　　　　◆

觀察例題結果：

　　例題 1：0 到 x 的積分，$x^2 \xrightarrow{\ \text{積分}\ } \dfrac{1}{3}x^3 \xrightarrow{\ \text{微分}\ } x^2$

　　例題 2：1 到 x 的積分，$x^2 \xrightarrow{\ \text{積分}\ } \dfrac{1}{3}x^3 - \dfrac{1}{3} \times 1^3 \xrightarrow{\ \text{微分}\ } x^2$

　　例題 3：2 到 x 的積分，$x^2 \xrightarrow{\ \text{積分}\ } \dfrac{1}{3}x^3 - \dfrac{1}{3} \times 2^3 \xrightarrow{\ \text{微分}\ } x^2$

　　例題 4：a 到 x 的積分，$x^2 \xrightarrow{\ \text{積分}\ } \dfrac{1}{3}x^3 - \dfrac{1}{3}a^3 \xrightarrow{\ \text{微分}\ } x^2$

整理出下述事項:

1. 對函數 $f(x) = x^2$ 計算從 a 到 x 的積分,

   得到 $\int_a^x u^2 \ du = \frac{1}{3}x^3 - \frac{1}{3}a^3$,將其定義為 $F(x) = \int_a^x u^2 \ du = \frac{1}{3}x^3 - \frac{1}{3}a^3$

   再次微分會變原函數: $F'(x) = x^2 = f(x)$ 。

2. 從導函數找原函數,可發現下述

   例題 1: $\frac{1}{3}x^3 \xrightarrow{\text{微分}} x^2$

   例題 2: $\frac{1}{3}x^3 - \frac{1}{3} \times 1^3 \xrightarrow{\text{微分}} x^2$

   例題 3: $\frac{1}{3}x^3 - \frac{1}{3} \times 2^3 \xrightarrow{\text{微分}} x^2$

   例題 4: $\underbrace{\frac{1}{3}x^3 - \frac{1}{3}a^3}_{\text{原函數}} \xrightarrow{\text{微分}} \underbrace{x^2}_{\text{導函數}}$

   可發現導函數 x^2 的原函數不只一個, $\frac{1}{3}x^3$ 加上一個常數。

   故原函數以 $\frac{1}{3}x^3 + c$ 來描述才正確,c 值隨起點 a 改變。

   同時導函數是 x^2,其原函數是 $\frac{1}{3}x^3 + c$,就定義為反導函數。

   $\underbrace{\frac{1}{3}x^3 + c}_{\text{反導函數}} \xrightarrow{\text{微分}} \underbrace{x^2}_{\text{導函數}}$

3. 已知 a 到 x 的積分, $x^2 \xrightarrow{\text{積分}} \frac{1}{3}x^3 - \frac{1}{3}a^3 \xrightarrow{\text{微分}} x^2$

   也知反導函數的意義,$\frac{1}{3}x^3 + c \xrightarrow{\text{微分}} x^2$

令 $-\dfrac{1}{3}a^3 = c$ ，可以建造微分與積分關係模形

得到　　$x^2 \xrightarrow{\ \text{積分}\ } \dfrac{1}{3}x^3 + c \xrightarrow{\ \text{微分}\ } x^2$

所以 x^2 從 a 到 x 的積分，是 $\displaystyle\int_a^x u^2 \ du = \dfrac{1}{3}x^3 + c$ 。

此模型可觀察到

1. c 值隨起點 a 改變，改變得結果就是積分後的曲線高度改變，可在例題中觀察到。

2. 積分後的函數是反導函數

3. 反導函數要加上 c，反導函數可在積分表看到。

階段性結論：

　　研究費馬的微分與積分結果，

　　可以發現 $f(x) = x^2$ 的微分與積分具有互逆現象，

　　記作：$F'(x) = f(x)$ 。

　　並建造微分與積分關係模形，

　　並且從 a 到 x 積分得到的反導函數，需要加上常數 c 。

1.1　觀察 x^p，不同 p 值，積分後再微分的圖案

觀察不同 p 值是否也具有 $F'(x) = f(x)$ 的情形。

例題1

原函數 $f(x) = x$ ，而 $\displaystyle\int_a^x x \ du = \dfrac{1}{2}x^2 - \dfrac{1}{2}a^2$

積分結果再度微分 $(\dfrac{1}{2}x^2 - \dfrac{1}{2}a^2)' = x$ ，發現變回原函數。

也就是：$x \xrightarrow{\ \text{積分}\ } \dfrac{1}{2}x^2 \xrightarrow{\ \text{微分}\ } x$ 。

而 $\displaystyle\int_0^x x \ du = \dfrac{1}{2}x^2$

積分結果再度微分 $(\frac{1}{2}x^2)' = x$ ，發現變回原函數。

也就是：$x \xrightarrow{\text{積分}} \frac{1}{2}x^2 \xrightarrow{\text{微分}} x$ 。

所以起點 a ，在 $f(x) = x$ 函數積分，能影響的是積分後的反導函數高度，也就是 $-\frac{1}{2}a^2$ ，在數學上是常數，令為 c 。

而起點 a 不影響「微分後都會變回原函數的情形」。

故稍後動態，一律使用 $a=0$ 。

觀察動態 2 ☞

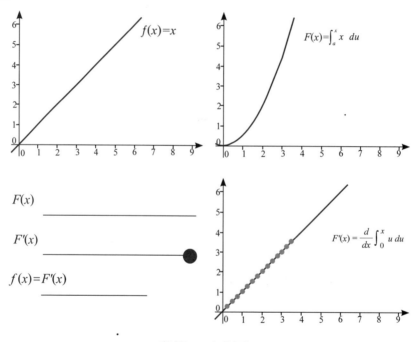

動態 2 示意圖

觀察 $f(x) = x^p$ 的積分後再微分的動態圖案，

發現積分後的函數 F 再微分，F' 會完全吻合原函數 f 。　　　　　◆

例題2

原函數 $f(x) = 5$ ，而 $\int_0^x 5 \; du = 5x$

積分結果再度微分 $(5x)' = 5$，發現變回原函數。

也就是：$5 \xrightarrow{\text{積分}} 5x \xrightarrow{\text{微分}} 5$ 。

觀察動態 3 👁

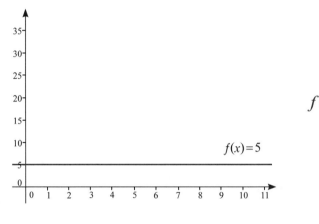

$$f(x) = F'(x) \; ?$$

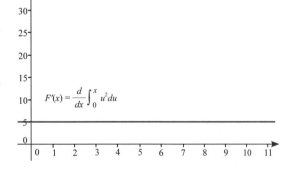

動態 3 示意圖

觀察 $f(x) = x^p$ 的積分後再微分的動態圖案，發現積分後的函數 F 再微分，F' 會完全吻合原函數 f。　　　　　　　　　　　　　　　　　　　　　　　　　　　　　　◆

例題3

原函數 $f(x) = \sqrt{x} = x^{\frac{1}{2}}$，而 $\int_0^x u^{\frac{1}{2}} \, du = \frac{2}{3} x^{\frac{3}{2}}$

積分結果再度微分 $(\frac{2}{3} x^{\frac{3}{2}})' = x^{\frac{1}{2}}$，發現變回原函數。

也就是 $x^{\frac{1}{2}} \xrightarrow{\text{積分}} \frac{2}{3} x^{\frac{3}{2}} \xrightarrow{\text{微分}} x^{\frac{1}{2}}$。

觀察動態 4

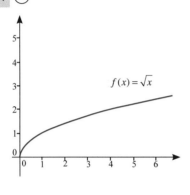
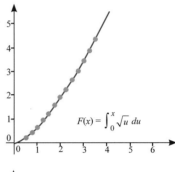

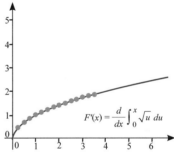

動態 4 示意圖

觀察 $f(x) = x^p$ 的積分後再微分的動態圖案，發現積分後的函數 F 再微分，F' 會完全吻合原函數 f。　　　　　　◆

結論：

由積分與微分的結果可知，

$f(x) = x^p$ 微分與 0 到 x 積分的流程：$x^p \xrightarrow{\text{積分}} \frac{1}{p+1} x^{p+1} \xrightarrow{\text{微分}} x^p$，

如果是微分與 a 到 x 積分的流程：$x^p \xrightarrow{\text{積分}} \frac{1}{p+1} x^{p+1} - \frac{1}{p+1} a^{p+1} \xrightarrow{\text{微分}} x^p$

如果繼續積分再微分的運算：

$$x^p \xrightarrow{\text{積分}} \frac{1}{p+1}x^{p+1} - \frac{1}{p+1}a^{p+1} \xrightarrow{\text{微分}} x^p \xrightarrow{\text{積分}} \frac{1}{p+1}x^{p+1} - \frac{1}{p+1}a^{p+1} \xrightarrow{\text{微分}} x^p$$

可發現微分與積分有互為逆運算的性質：$x^p \underset{\text{微分}}{\overset{\text{積分}}{\rightleftharpoons}} \frac{1}{p+1}x^{p+1} - \frac{1}{p+1}a^{p+1}$，

如同乘法與除法具有互為逆運算關係：$x \underset{\div 6}{\overset{\times 6}{\rightleftharpoons}} 6x$。

那麼其他函數，是否也具有這樣的性質呢？

1.2 是不是任何函數，都存在微分與積分的互逆性質？

從 1.1 已知 $x^p \underset{\text{微分}}{\overset{\text{積分}}{\rightleftharpoons}} \frac{1}{p+1}x^{p+1} + c$，猜測三角函數是否也存在微分與積分的互逆性質。因為 $\cos x$ 無法用切長條計算面積，而我們已知 $\sin x$ 的微分是 $\cos x$。如果存在微分與積分的互逆性質，應該具有 $\cos x \underset{\text{微分}}{\overset{\text{積分}}{\rightleftharpoons}} \sin x + c$ 這樣的情形。也就是 $\cos x$ 的積分應該是 $\sin x$。

觀察動態 5：$\cos x$ 積分與 $\sin x$ 重疊 ◉

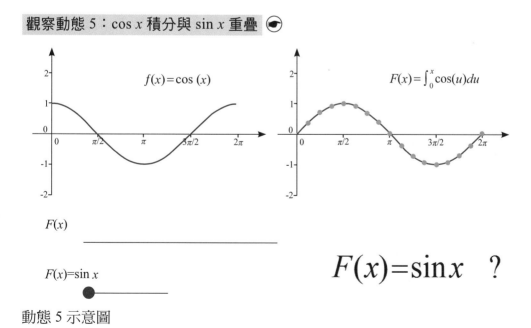

動態 5 示意圖

可發現 $\cos x$ 積分後的函數，可與 $\sin x$ 重疊，所以三角函數 $\cos x \underset{\text{微分}}{\overset{\text{積分}}{\rightleftharpoons}} \sin x - \sin a$，也就是具有微分與積分的互逆性質。

觀察動態 6：cos x 積分後再微分是 cos x ☞

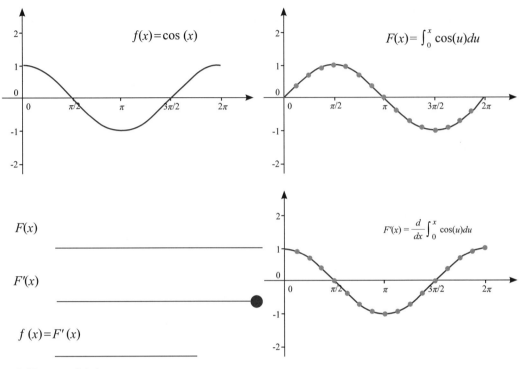

動態 6 示意圖

觀察 cos x 的積分後再微分的動態圖案，發現積分後的函數 F 再微分，F' 會完全吻合原函數 f。

所以 x^p 與 cos x 都具有微分與積分互逆性質，那麼其他函數也是這樣嗎？

觀察動態 7：多項式的微積分互逆性質 ☞

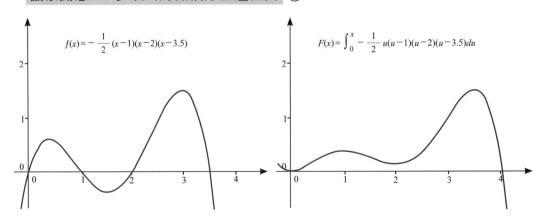

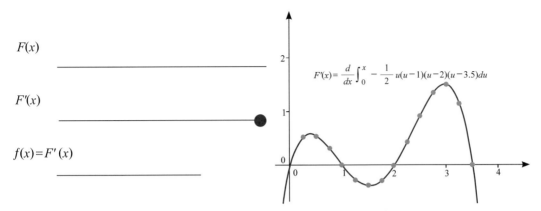

動態 7 示意圖

觀察多項式的積分後再微分的動態圖案，發現積分後的函數 F 再微分，F' 會完全吻合原函數 f。

　　由例題可知如果所有函數都有此互逆性質，那該有多好！因為積分用切長條，只可以計算 x^p（$p \neq -1$）的面積，而其他函數無法用切長條計算面積。但如果所有函數都存在微分與積分的互逆性質的話，我們可以不切長條就知道其他函數的積分函數是什麼。

　　如：$\cos x \underset{\text{微分}}{\overset{\text{積分}}{\rightleftarrows}} \sin x - \sin a$、或 $x^p \underset{\text{微分}}{\overset{\text{積分}}{\rightleftarrows}} \dfrac{1}{p+1}x^{p+1} - \dfrac{1}{p+1}a^{p+1}$。

> **合理的猜測微分與積分的互逆性質：**
>
> 　　假設 $f(x)$ 的積分是 $F(x)$，則只要該函數 $F(x)$ 可微分，其導函數 $F'(x)$ 就是原函數 $f(x)$。如果我們可以找到 $F(x)$，就相當於是找到 $f(x)$ 的積分。

例題1

若 $f(x) = x + \sqrt{x}$，積分後得到 $F(x)$，$F(x) = ?$

已知函數 $f(x) = x^p$ 具有微分與積分互逆性質，猜測 $x + \sqrt{x}$ 是誰微分而來。發現函數 $F(x) = \dfrac{1}{2}x^2 + \dfrac{2}{3}x^{\frac{3}{2}}$ 的微分是 $F'(x) = x + \sqrt{x}$，

所以，$\displaystyle\int_a^x u + \sqrt{u}\ du = (\dfrac{1}{2}x^2 + \dfrac{2}{3}x^{\frac{3}{2}}) - (\dfrac{1}{2}a^2 + \dfrac{2}{3}a^{\frac{3}{2}})$

利用費馬的方法

可知 $f(x) = x + \sqrt{x}$ 的積分是 $\int_a^x u + \sqrt{u}\ du = (\frac{1}{2}x^2 + \frac{2}{3}x^{\frac{3}{2}}) - (\frac{1}{2}a^2 + \frac{2}{3}a^{\frac{3}{2}})$

所以兩個方法答案一樣，故可利用微分與積分的互逆性質，就可得到 f 的積分。　　◆

結論：

　　因為微分與積分的互逆性質，我們可以計算更多的積分。費馬為了計算函數 $f(x) = x^p$ 的面積與斜率，花了許多時間，推導出積分與微分公式，卻沒有把兩個學問，變為一門學問。

　　牛頓與萊布尼茲各自證明出所有函數的微分與積分的互逆關係，這重要結果稱為「微積分基本定理」，微積分基本定理讓微分與積分合併在一起發展。有了微積分基本定理可以計算更多函數的積分，如：指數、對數、三角函數。

　　從此積分學與微分學不是各自一門學問，合稱為微積分。也因此把微積分發明歸給這兩位數學家，所以現在我們提到微積分，就想到牛頓與萊布尼茲。

微積分基本定理：

　　微分與積分，互為逆運算性質，$f(x) \underset{\text{微分}}{\overset{\text{積分}}{\rightleftarrows}} F(x)$ 。

　　若 $F(x) = \int_a^x f(u)\ du$ ，則 $F'(x) = f(x)$ 。

1.3　微積分基本定理的直覺圖解說明

　　由以下的圖片流程了解，可以知道微積分基本定理的正確性。

已知 $F(x) = \int_a^x f(t)\ dt$ ，是計算 a 到 x 曲線下之間的面積。

對 $F(x)$ 微分，$F'(x) = \lim\limits_{h \to 0} \dfrac{F(x+h) - F(x)}{h}$ ，觀察圖 3-1 。

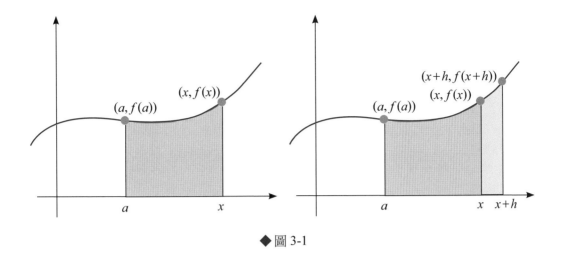

◆ 圖 3-1

左圖：$F(x) = \int_a^x f(t)dt$（著色部分）　右圖：$F(x+h) = \int_a^{x+h} f(t)dt$（著色部分）

所以 $F(x+h) - F(x)$ 的圖案為長條的面積，見圖 3-2。

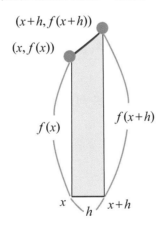

◆ 圖 3-2

求微分是 $F'(x) = \lim\limits_{h \to 0} \dfrac{F(x+h) - F(x)}{h}$，也就是長條面積除以 h，

而答案會是多少？

長條面積應該在下圖兩個長方形之間，見圖 3-3

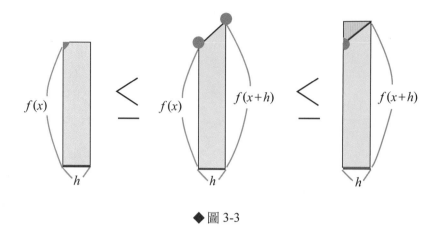

◆圖 3-3

各長條面積是

$$f(x)\times h \qquad 、 \qquad F(x+h)-F(x) \qquad 、 \qquad f(x+h)\times h$$

大小關係式為 $f(x)\times h \le F(x+h)-F(x) \le f(x+h)\times h$

而我們要求的是 $F'(x)=\lim_{h\to 0}\dfrac{F(x+h)-F(x)}{h}$

將上述關係式同除 h，得到 $f(x)\le \dfrac{F(x+h)-F(x)}{h} \le f(x+h)$

當 h 趨近 0，可以得到 $f(x)\le F'(x) \le f(x)$ ，

因夾擠定理，所以 $F'(x)=f(x)$ 。

觀察動態 8： ☞

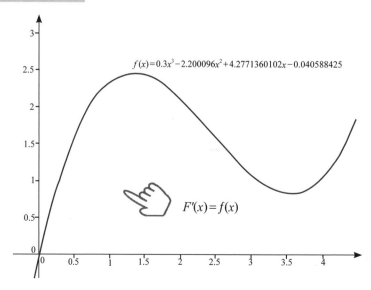

$f(x)=0.3x^3-2.200096x^2+4.2771360102x-0.040588425$

$F'(x)=f(x)$

動態 8 示意圖

結論：

只要能積分的函數，再微分，都能變成原函數。

二、反導函數

「如果我所見的比較遠一點，那是因為我站在巨人們肩上的緣故。」

牛頓

觀察各函數的反導函數，並把常數換成 c。

例題 1：計算 $f(x) = x^2$ 的反導函數

$$F(x) = \int_a^x t^2 \ dt \ = \frac{1}{3}x^3 - \frac{1}{3}a^3 = \frac{1}{2+1}x^3 + c$$

例題 2：計算 $f(x) = x$ 的反導函數

$$F(x) = \int_a^x t \ dt \ = \frac{1}{2}x^2 - \frac{1}{2}a^2 = \frac{1}{2}x^2 + c$$

例題 3：計算 $f(x) = 5$ 的反導函數

$$F(x) = \int_a^x 5 \ dt \ = 5x - 5a = 5x + c$$

例題 4：計算 $f(x) = x^{\frac{1}{2}}$ 的反導函數

$$F(x) = \int_a^x t^{\frac{1}{2}} \ dt \ = \frac{1}{\frac{1}{2}+1}x^{\frac{1}{2}+1} - \frac{1}{\frac{1}{2}+1}a^{\frac{1}{2}+1} = \frac{2}{3}x^{\frac{3}{2}} - \frac{2}{3}a^{\frac{3}{2}} = \frac{2}{3}x^{\frac{3}{2}} + c$$

例題 5：計算 $f(x) = x^{-2}$ 的反導函數

$$F(x) = \int_a^x t^{-2} \ dt \ = \frac{1}{-2+1}x^{-1} - \frac{1}{-2+1}a^{-1} = -x^{-1} + a^{-1} = -x^{-1} + c$$

例題 6：計算 $f(x) = x^{-2}$ 的反導函數

$$F(x) = \int_a^x \cos t \ dt \ = \sin x - \sin a = \sin x + c$$

以上結果都可在積分表查到。

我們會計算反導函數後，又出現新的問題，

1. 如何利用反導函數計算範圍內面積？
2. c 到底是多少？
3. 為什麼積分表的反導函數沒寫起終點？
4. 沒寫起終點該如何使用積分表呢？

將在後面小節釐清所有問題。

2.1　反導函數如何計算範圍內面積？c 值是多少？

要利用反導函數如何計算範圍內面積，先了解以下內容

1. 我們可由微積分基本定理，積分更多的函數。

若 $F(x) = \displaystyle\int_a^x f(u) \ du$ ，則 $F'(x) = f(x)$ 。

2. 也知道反導函數要加上 c，以及反導函數不唯一，可令 $G(x)$ 是其中一個反導函數，(積分表可查到)，與 $F(x)$ 差一個任意常數 c，

可寫作 $F(x) = G(x) + c$ ，所以 $F(x) = \displaystyle\int_a^x f(u) \ du = G(x) + c$

那麼利用反導函數如何計算範圍內面積？

反導函數 $F(x) = \displaystyle\int_a^x f(u) \ du = G(x) + c$ ，

當 x 代入 a 得到， $F(a) = \displaystyle\int_a^a f(u) \ du = G(a) + c$

$$0 = G(a) + c$$
$$-G(a) = c ....(*)$$

此時我們就可以知道 c 是 $-G(a)$。

當 x 代入 b 得到， $F(b) = \displaystyle\int_a^b f(u) \ du = G(b) + c ......(**)$

將 (*) 代入 (**) 得到， $\displaystyle\int_a^b f(u) \ du = G(b) - G(a)$

所以 $\displaystyle\int_a^b f(u) \ du = G(b) - G(a)$

$\displaystyle\int_a^b f(u) \ du = G(b) + c - c - G(a)$

$\displaystyle\int_a^b f(u) \ du = \left[G(b) + c\right] - \left[G(a) + c\right]$

$\displaystyle\int_a^b f(u) \ du = F(b) - F(a)$

也就是求積分值，就是求出反導函數後，

積分值＝「反導函數代入 b」減去「反導函數代入 a」。

在某些書將 $\displaystyle\int_a^b f(u) \ du = F(b) - F(a)$，稱作取值定理，或者是微積分基本定理 1。

然而都是微積分基本定理 $F(x) = \displaystyle\int_a^x f(u) \ du$，則 $F'(x) = f(x)$ 的推導後得結果，又稱作「引理」。

例題1

若 $f(x) = x^2$，計算從 1 到 3 的積分。

方法一：原本的積分算法：$\displaystyle\int_a^b x^p \ dx = \frac{1}{p+1}b^{p+1} - \frac{1}{p+1}a^{p+1}$

$\displaystyle\int_1^3 x^2 dx$

$= (\frac{1}{3} \times 3^3) - (\frac{1}{3} \times 1^3)$

$= \dfrac{26}{3}$

方法二：利用反導函數來處理積分

先計算 $\displaystyle\int_1^3 x^2 dx$ 的反導函數 $\dfrac{1}{3}x^3 + c$，，再計算積分值

利用此式 $\displaystyle\int_a^b f(u) \ du = F(b) - F(a)$

$\displaystyle\int_1^3 x^2 dx$

$= F(3) - F(1)$

$= (\frac{1}{3} \times 3^3 + c) - (\frac{1}{3} \times 1^3 + c)$

$= \dfrac{26}{3}$

發現用「反導函數代入數字計算面積」與「原本積分計算面積」並無不同。

加上的任意常數 c，在計算範圍的面積時，也會再次消去而不會影響答案。

補充說明

$F(3)-F(1)$ 也可其他書看到表示為 $[\dfrac{1}{3}x^3+c] \Big|_{x=1}^{x=3}$

結論 1：

我們由費馬的積分結果只會計算 $f(x)=x^p$ 的積分，$\displaystyle\int_a^b u^p\ du = \dfrac{b^{p+1}}{p+1} - \dfrac{a^{p+1}}{p+1}$

推廣為任意函數的積分，若 $F(x)=\displaystyle\int_a^x f(t)\ dt$ ，則 $\displaystyle\int_a^b f(t)\ dt = F(b)-F(a)$

利用反導函數求積分值：

若 $F(x)=\displaystyle\int_a^x f(t)\ dt$ ，則 $\displaystyle\int_a^b f(t)\ dt = F(b)-F(a)$

結論 2：

我們知道 $f(x)$ 的積分，得到反導函數 $F(x)=\displaystyle\int_a^x f(t)\ dt = G(x)+c$

而 $c=-G(a)$。　　　　　　　　　　　　　　　　　　　　　　◆

例題2

若 $f(x)$，計算從 1 到 3 的積分。

方法一：原本的積分算法：$\displaystyle\int_a^b u^p\ du = \dfrac{1}{p+1}b^{p+1} - \dfrac{1}{p+1}a^{p+1}$

$\displaystyle\int_1^3 \sqrt{x}\ dx$

$= (\dfrac{2}{3}\times 3^{\frac{3}{2}}) - (\dfrac{2}{3}\times 1^{\frac{3}{2}})$

$= 2\sqrt{3}-1$

方法二：利用反導函數來處理積分

先計算 $\displaystyle\int_1^3 \sqrt{x}\ dx$ 的反導函數 $\dfrac{2}{3}x^{\frac{3}{2}}+c$ ，再計算積分值

$$\int_1^3 \sqrt{x}\; dx$$

$$=[\frac{2}{3}x^{\frac{3}{2}}+c]\;\Big|_{x=1}^{x=3}\quad 這邊的表示方式為，反導函數與範圍$$

$$=(\frac{2}{3}\times 3^{\frac{3}{2}}+c)-(\frac{2}{3}\times 1^{\frac{3}{2}}+c)$$

$$=2\sqrt{3}-1$$

發現用「反導函數代入數字計算面積」與「原本積分計算面積」並無不同。

加上的任意常數 c，在計算範圍的面積時，也會再次消去而不會影響答案。　　　　◆

例題3

若 $f(x)=\cos x$，計算從 1 到 3 的積分。

費馬的積分算法：我們無法處理 $f(x)=\cos x$ 的積分。

由微積分基本定理可知 $\int_a^x \cos u\; du = \sin x + c$

計算積分值

$$\int_1^3 \cos u\; du$$

$$=[\sin x+c]\Big|_{x=1}^{x=3}\; 這邊的表示方式為，反導函數與範圍$$

$$=(\sin 3+c)-(\sin 1+c)$$

$$=\sin 3 - \sin 1$$

所以我們要利用反導函數來計算積分。　　　　◆

2.2 反導函數不寫積分的上下限（起終點）

反導函數是從任意數字 a 到變數 x 的積分，每次都寫範圍很麻煩，所以為了精簡寫法 $F(x)=\int_a^x f(t)\; dt$ ，改寫為 $F(x)=\int f(t)\; dt$ 如果要用反導函數來計算積分，再將範圍寫上去計算。而不寫範圍的積分符號表示法，在其他書稱為不定積分。

補充說明

反導函數不寫上下界 (起終點) 的衍生錯誤。

在積分時已提到函數自變數與範圍都用 x，$F(x) = \int_a^x x \, dx = \frac{1}{2}x^2$，這樣寫是錯誤的，因而改成

$F(x) = \int_a^x u \, du = \frac{1}{2}x^2$，但又由於積分表的簡化寫法，把從 a 到任意數字 x 的範圍去掉的關係，

變成 $\int t \, dt = \frac{1}{2}x^2 + c$，就不會看到有自變數與範圍相同的問題。

所以有時候也會看到 $\int x \, dx = \frac{1}{2}x^2 + c$ 的寫法，這是不好的寫法。

導致加上範圍寫成 $\int_a^x x \, dx = \frac{1}{2}x^2 + c$，這在積分已經說過這是錯誤寫法。

所以要養成習慣用 $\int f(t) \, dt$，或是 $\int f(u) \, du$ 來加以計算。

2.3 使用積分表

在微積分的書，都可看到有幾頁的反導函數，那幾頁稱為積分表。是將常用函數計算出反導函數，供學生查詢與利用。而數學家為什麼要作積分表，首先我們要知道，有絕大多數的函數不能用現有積分技巧來推導，而是用微積分基本定理，推出反導函數，再利用反導函數來求積分值。而積分表怎麼使用。

例題1

若 $f(x) = \dfrac{1}{\sqrt{x+1}}$，計算從 1 到 3 的積分？

利用積分表的反導函數來處理積分，由積分表可知 $\int \dfrac{1}{\sqrt{u+1}} \, du = 2\sqrt{x+1} + c$

計算積分值，填上範圍

$\displaystyle \int_1^3 \frac{1}{\sqrt{x+1}} \, dx$

$= [2\sqrt{x+1} + c] \,\Big|_{x=1}^{x=3}$ 這邊的表示方式為，反導函數與範圍

$= (2\sqrt{3+1} + c) - (2\sqrt{1+1} + c)$

$= 4 - 2\sqrt{2}$

所以要多利用積分表來計算積分。　　　　　　　　　　　　　　　　　　　　　　◆

例題2

若 $f(x) = x^2 (2+3x)^3$，計算從 1 到 3 的積分？

利用積分表的反導函數來計算積分值，由積分表 014 可知

$$\int u^2 (a+bu)^n \, du = \frac{1}{b^3} \left[\frac{(a+bu)^{n+3}}{n+3} - 2a \frac{(a+bu)^{n+2}}{n+2} + a^2 \frac{(a+bu)^{n+1}}{n+1} \right] + C$$

填上積分函數的 a、b、n 的數字，

$$\int u^2 (2+3u)^3 \, du = \frac{1}{3^3} \left[\frac{(2+3u)^{3+3}}{3+3} - 2 \times 2 \times \frac{(2+3u)^{n+2}}{3+2} + 2^2 \times \frac{(2+3u)^{n+1}}{3+1} \right] + C$$

再填上起終點範圍，

$$\int_1^3 u^2 (2+3u)^3 \, du = \left[\frac{1}{27} \left(\frac{(2+3x)^6}{6} - 4 \times \frac{(2+3x)^5}{5} + 4 \times \frac{(2+3x)^4}{4} \right) + C \right]_{x=1}^{x=3}$$

$$= \left[\frac{1}{27} \left(\frac{(2+3\times3)^6}{6} - 4 \times \frac{(2+3\times3)^5}{5} + 4 \times \frac{(2+3\times3)^4}{4} \right) + C \right]$$

$$- \left[\frac{1}{27} \left(\frac{(2+3\times1)^6}{6} - 4 \times \frac{(2+3\times1)^5}{5} + 4 \times \frac{(2+3\times1)^4}{4} \right) + C \right]$$

$$= \frac{5397436}{810}$$

$$= 6663.50$$

所以可利用積分表來計算積分值，並且要多利用積分表積分。　　　　　　　◆

補充説明

函數的係數 a、b，跟積分範圍起終點 a、b 的意義是不同的。

背公式時，符號的意義要一起記憶。

否則將會在多個公式的組合時，符號的重複使用，將會混淆其意義。

在別的書將積分區別為定積分與不定積分，類似的名詞容易導致學生混亂，如：積分、定積分、不定積分，為了避免混淆，在本書積分一律是指反導函數。

	本書	其他
計算面積，有給定範圍：$\int_a^b f(t)\ dt$	積分	定積分
計算反導函數，不固定範圍：$\int f(t)\ dt$	反導函數	不定積分

補充說明

很多書籍將微積分基本定理分兩部分，

微積分基本定理 1：$\int_a^b f(t)\ dt = F(b) - F(a)$

微積分基本定理 2：$F(x) = \int_a^x f(t)\ dt$ ，$F'(x) = f(x)$

事實上，微積分基本定理 2 給定範圍後，就是計算面積，
完全可推出微積分基本定理 1，所以沒有微積分基本定理 1。

三、利用微積分基本定理，對積分形式的函數微分

「我有非常多的學術成果，如果別人比我更加深入透徹地研究這些學術成果，並把他們心靈的美好與我的學術成果結合，總有一天會有某些用處。」

萊布尼茲

計算 $\int_a^x f(u)\ du$ 的微分，

由微積分基本定理可知，若 $F(x) = \int_a^x f(u)\ du$ ，則 $F'(x) = f(x)$

所以若 $F(x) = \int_a^x f(u)\ du$ ，則 $F'(x) = \dfrac{dF}{dx} = \dfrac{d}{dx}\int_a^x f(u)\ du = f(x)$ 。

例題1

$\int_1^x t^2 \ dt$ 的微分是什麼？

方法 1：利用微積分基本定理 $\dfrac{d}{dx}(\int_1^x t^2 \ dt) = x^2$

方法 2：我們先積分 $\int_1^x t^2 \ dt = \dfrac{1}{3}x^3 + c$ ，再微分 $(\dfrac{1}{3}x^3 + c)' = x^2$

發現答案正確，以後可以用微積分基本定理來計算。　　　　　　　　　　◆

例題2

$\int_0^x \dfrac{1}{\sqrt{u+1}} \ du$ 的微分是什麼？

方法一：可由積分表查出 $32. \int \dfrac{1}{\sqrt{u+1}} du = 2\sqrt{x+1} + c$

$\int_0^x \dfrac{1}{\sqrt{u+1}} \ du = 2\sqrt{x+1} - 2 \xrightarrow{\text{微分}} \dfrac{1}{\sqrt{x+1}}$

方法二：微積分基本定理可知 $\dfrac{d}{dx}\int_0^x \dfrac{1}{\sqrt{u+1}} \ du = \dfrac{1}{\sqrt{x+1}}$

觀察動態 9：$\dfrac{d}{dx}\int_0^x \dfrac{1}{\sqrt{u+1}} \ du$ ☞

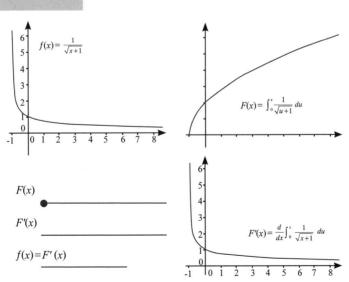

動態 9 示意圖

所以不用查表也能算積分形式的函數微分

除此之外，積分後不能以初等函數表示的函數，也可以微分。　　　　　✦

　　註：初等函數是多項式函數、指對數函數、有理式函數、三角函數，反三角函
　　　　數，或是上述的合成函數。

例題3

$F(x) = \displaystyle\int_0^x \frac{\sin u}{u}\, du$ 的微分是什麼？

觀察動態 10：$\dfrac{d}{dx}\displaystyle\int_0^x \frac{\sin u}{u}\, du$ ☛

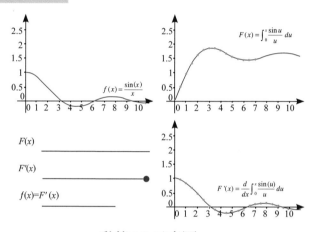

動態 10 示意圖

利用微積分基本定理，若 $F(x) = \displaystyle\int_0^x \frac{\sin u}{u}\, du$ ，則 $F'(x) = \dfrac{d}{dx}\displaystyle\int_0^x \frac{\sin u}{u}\, du = \dfrac{\sin x}{x}$ 。　　✦

結論：

　　微積分基本定理可以幫助我們，計算更多以積分形式表達的函數微分。

3.1　常見錯誤

　　當我們已了解微積分基本定理後，

　　若 $F(x) = \displaystyle\int_a^x f(t)\, dt$ ，則 $F'(x) = f(x)$ ，也就是 $\dfrac{d}{dx}\displaystyle\int_a^x f(t)\, dt = f(x)$ 。

但我們若不考慮積分範圍，就直接利用微積分基本定理，將導致錯誤，
見以下例題。

例題1

$\int_1^{x^2} u^2\ du$ 的微分是什麼？

方法1：我們先積分

$$\int_1^{x^2} u^2\ du$$

$$= (\frac{1}{3}x^3 + c)\Big|_1^{x^2}$$

$$= [\frac{1}{3}(x^2)^3 + c] - [\frac{1}{3}(1)^3 + c]$$

$$= \frac{1}{3}x^6 - \frac{1}{3}$$

再微分 $(\frac{1}{3}x^6 - \frac{1}{3})' = 2x^5$

方法2：直接利用微積分基本定理 $\frac{d}{dx}(\int_1^{x^2} u^2\ du) = x^2$，

發現方法1、方法2答案不同。

直接用微積分基本定理來加以處理，不考慮積分範圍會產生錯誤。

但我們還是可以用微積分基本定理來幫助計算。

方法3：如何正確利用微積分基本定理，若 $F(x) = \int_1^{x^2} u^2\ du$ ，則 $F'(x) = ?$。

設 $\int_1^{x^2} u^2\ du$ ，是 $F(x) = \int_1^{x} u^2\ du$ 與 $v(x) = x^2$ 的合成函數 $F(v(x))$

而合成函數的微分要用鍊法則來計算。

設：$v(x) = x^2 \ \rightarrow\ \frac{dv}{dx} = 2x$

$\quad F(v) = \int_1^{v} u^2\ du \ \rightarrow\ \frac{dF}{dv} = v^2$

求 $\frac{dF}{dx} = \frac{dv}{dx} \cdot \frac{dF}{dv}$

$\quad = 2x \cdot v^2$ 而 $v = x^2$

$$= 2x \cdot (x^2)^2$$
$$= 2x^5$$

與正確答案相同，所以可以利用微積分基本定理來計算微分，
但要注意範圍，然而這方法有什麼好處。請看例題 3。　　　　　　　　◆

例題3

計算 $\int_2^{x^3} \dfrac{1}{2+\cos u^2}\ du$ 的微分。

在此題範圍不是 a 到 x，不能直接用微積分基本定理，也不能像例題 2 的方法 2，積分後再微分，所以只能利用鍊法則。

設： $F(x) = \int_2^{x^3} \dfrac{1}{2+\cos u^2}\ du$ ，是 $F(x) = \int_2^{x} \dfrac{1}{2+\cos u^2}\ du$ 與 $v(x) = x^3$

的合成函數 $F(v(x))$ ，而合成函數的微分要用鍊法則來計算。

設： $v(x) = x^3\ \rightarrow\ \dfrac{dv}{dx} = 3x^2$

$\quad F(v) = \int_2^{v} \dfrac{1}{2+\cos u^2}\ du\ \rightarrow\ \dfrac{dF}{dv} = \dfrac{1}{2+\cos v^2}$

求 $\dfrac{dF}{dx} = \dfrac{dv}{dx} \cdot \dfrac{dF}{dv}$

$\quad = 3x^2 \cdot \dfrac{1}{2+\cos v^2}$ 而 $v = x^3$

$\quad = \dfrac{3x^2}{2+\cos(x^3)^2}$

$\quad = \dfrac{3x^2}{2+\cos(x^6)}$ 　　　　　　　　　　　　　　　　◆

例題4

計算 $\int_{x^2}^{x^3} \cos u\ du$ 的微分。

若範圍起點與終點都是變數，

已知 $\int_{x^2}^{x^3} \cos u\ du = \int_0^{x^3} \cos u\ du - \int_0^{x^2} \cos u\ du$

也知道 $F(x) = G(x) - H(x)\ \rightarrow\ F'(x) = G'(x) - H'(x)$

所以算出各部份的微分，再相減即可達到答案。

第一部分：$\int_0^{x^3} \cos u \ du$ 的微分

設：$G(x) = \int_0^{x^3} \cos u \ du$，是 $G(x) = \int_0^x \cos u \ du$ 與 $v(x) = x^3$

的合成函數 $G(v(x))$，而合成函數的微分要用鍊法則來計算。

設：$v(x) = x^3 \ \rightarrow \ \dfrac{dv}{dx} = 3x^2$

$\quad G(v) = \int_0^v \cos u \ du \ \rightarrow \ \dfrac{dG}{dv} = \cos v$

求 $\dfrac{dG}{dx} = \dfrac{dv}{dx} \cdot \dfrac{dG}{dv}$

$\quad = 3x^2 \cdot \cos v \quad$ 而 $\quad v = x^3$

$\quad = 3x^2 \cdot \cos(x^3)$

第二部分：同理 $\int_0^{x^2} \cos u \ du$ 的微分，得到 $2x \cdot \cos(x^2)$

第三部分：相減

$\quad \dfrac{d}{dx}(\int_{x^2}^{x^3} \cos u \ du) = 3x^2 \cdot \cos(x^3) - 2x \cdot \cos(x^2)$　◆

四、重點整理

　　費馬花了許多時間，將積分與微分計算出公式，卻沒有得到微積分定理，把兩個學問，變為一門學問。而牛頓與萊布尼茲各自證明出 " 微積分基本定理 "，讓微積分繼續發展。從此積分學與微分學不是各自一門學問，合稱為微積分。也因此把微積分發明歸給這兩位數學家，以至於提到微積分就想到牛頓與萊布尼茲。也因為有了微積分基本定理，積分不用再切長條計算的面積，我們只需要用微分來找出原函數，該原函數就是積分後的函數，如此一來就能計算指數函數、對數函數與三角函數的積分。

4.1　公式整理

微積分基本定理：

微分與積分，互為逆運算性質，$f \overset{\text{積分}}{\underset{\text{微分}}{\rightleftarrows}} F$ 。

若 $F(x) = \int_a^x f(u)\ du$ ，則 $F' = f$ 。

利用微積分基本定理得到的函數關係：

反導函數與導函數的關係：

$\underbrace{f(x) = 3x^2}_{\text{導函數}} \overset{\text{積分}}{\underset{\text{微分}}{\rightleftarrows}} \underbrace{F(x) = x^3 + c}_{\text{反導函數}}$ ，反導函數需加上常數 c 。

利用反導函數計算積分值：

若 $F(x) = \int_a^x f(t)\ dt$ ，則 $\int_a^b f(t)\ dt = F(b) - F(a)$

如何使用積分表：

已知反導函數為： $\int 3u^2\ du = x^3 + c$ ，求 1 到 3 之間的積分值。

1. 將 $\int 3u^2\ du = x^3 + c$ ，填上範圍，得到 $\int_1^3 3u^2\ du = x^3 + c$

2. 計算 $\int_1^3 3u^2\ du = x^3 + c$

$$= [x^3 + c]\ \Big|_{x=1}^{x=3}$$
$$= [3^3 + c] - [1^3 + c]$$
$$= 26$$

五、習題

計算下列的反導函數

1. $\int (2u)\, du$

2. $\int (3u^2 + 3u + 1)\, du$

3. $\int (\dfrac{1}{u^2})\, du$

4. $\int u^3\, du$

5. $\int \sqrt{u}\, du$

6. $\int 4u^{\frac{1}{3}}\, du$

7. $\int 4u^3 - \sqrt{u} + 2\, du$

8. $\int 4u^{-5}\, du$

9. $\int 7u^{-\frac{3}{4}}\, du$

10. $\int \dfrac{1}{\sqrt{u}}\, du$

計算下列的積分值

1. $\int_2^1 (2u)\, du$

2. $\int_0^1 (3u^2 + 3u + 1)\, du$

3. $\int_1^3 (\dfrac{1}{u^2})\, du$

4. $\int_4^{16} u^3\, du$

5. $\int_1^4 \sqrt{u}\, du$

計算下列的微分

1. $\dfrac{d}{dx} \int_1^x 2u\, du$

2. $\dfrac{d}{dx} \int_1^x \cos u\, du$

3. $\dfrac{d}{dx} \int_5^x (2u + 3u^2 + \sin u)\, du$

4. $\dfrac{d}{dx} \int_1^{x^2} \sin(u^2)\, du$

5. $\dfrac{d}{dx} \int_{x^2}^{x^4} \dfrac{\sin u}{u+1}\, du$

5.1 解答

計算下列的反導函數

1. $\int (2u)\ du = x^2 + c$

2. $\int (3u^2 + 3u + 1)\ du = x^3 + \dfrac{3}{2}x^2 + x + c$

3. $\int (\dfrac{1}{u^2})\ du = \dfrac{-1}{x} + c$

4. $\int u^3\ du = \dfrac{x^4}{4} + c$

5. $\int \sqrt{u}\ du = \dfrac{x^{1.5}}{1.5} + c$

6. $\int 4u^{\frac{1}{3}}\ du = 3x^{\frac{4}{3}} + c$

7. $\int 4u^3 - \sqrt{u} + 2\ du = x^4 - \dfrac{2}{3}x^{\frac{3}{2}} + 2x + c$

8. $\int 4u^{-5}\ du = -x^{-4} + c$

9. $\int 7u^{-\frac{2}{5}}\ du = \dfrac{35}{3}x^{\frac{3}{5}} + c$

10. $\int \dfrac{1}{\sqrt{u}}\ du = 2x^{\frac{1}{2}} + c$

計算下列的積分值

1. $\int_2^1 (2u)\ du = -3$

2. $\int_0^1 (3u^2 + 3u + 1)\ du = \dfrac{7}{2}$

3. $\int_1^3 (\dfrac{1}{u^2})\ du = \dfrac{2}{3}$

4. $\int_4^{16} u^3\ du = 16320$

5. $\int_1^4 \sqrt{u}\ du = \dfrac{14}{3}$

計算下列的微分

1. $\dfrac{d}{dx} \int_1^x 2u\ du = 2x$

2. $\dfrac{d}{dx} \int_1^x \cos u\ du = \cos x$

3. $\dfrac{d}{dx} \int_5^x (2u + 3u^2 + \sin u)\ du = 2x + 3x^2 + \sin x$

4. $\dfrac{d}{dx} \int_1^{x^2} \sin(u^2)\ du = 2x\sin(x^4)$

5. $\dfrac{d}{dx} \int_{x^2}^{x^4} \dfrac{\sin u}{u+1}\ du = \dfrac{4x^3 \cdot \sin x^4}{x^4 + 1} - \dfrac{2x \cdot \sin x^2}{x^2 + 1}$

4 指數函數、對數函數的微積分

約翰・納皮爾
〈John Napier〉
(1550-1617)

雅各布・白努利
〈Jakob I. Bernoulli〉
(1654-1705)

李昂哈德・尤拉
〈Leonhard Euler〉
(1707-1783)

在 x^p 的積分，費馬不知道 $p=-1$ 時的如何積分（$\frac{1}{x}$ 積分後的面積函數）？於是費馬的微積分研究就告一段落。等到牛頓、萊布尼茲時期，證明出微積分基本定理後，可知 $f \underset{微分}{\overset{積分}{\rightleftarrows}} F$。我們只要能找到哪個函數的微分是 $\frac{1}{x}$，就能知道 $\frac{1}{x}$ 的積分是什麼？但是不管 x^p 的 p 是多少，都找不到 x^p 微分是 $\frac{1}{x}$。$\frac{1}{x}$ 的積分這個問題，一直到有了數學家納皮爾的對數；以及雅各布・白努利在計算無限複利時，發現了特殊的常數（此常數被稱為尤拉數，符號是 e），因為對數與尤拉數使得 $\frac{1}{x}$ 得到積分的答案。數學家計算以尤拉數 e 為底數的對數 $f(x) = \log_e x$ 微分，發現是 $\frac{1}{x}$。最後終於得到 $\frac{1}{x}$ 的積分。

尤拉數 e 與微積分基本定理，在微積分的世界是非常重要的，如果沒有這兩個關鍵，微積分的發展將遲滯不前。它們是微積分重要的突破點，打通了進步的道路。

一、指數函數、對數函數的複習

「對外部世界進行研究的主要目的，在於發現上帝賦予它的合理次序與和諧，而這些是上帝以數學語言透露給我們的。」

約翰‧白努利，瑞士數學家

介紹指數、對數的微分、積分之前，先複習高中已知指數、對數，
以幫助來認識指數、對數的微分、積分。

1.1　指數函數

1.1.1　為什麼需要指數函數？

在人口的成長，假設第一年 100 人、第二年 200 人、第三年 400 人，可看到人數每年以兩倍成長也就是 $y = 2^x$。但會好奇那一年半呢？想知道約略數字，以便計算。如：$2^{1.5} = 2^1 \times 2^{0.5} = 2^1 \times \sqrt{2} \approx 2 \times 1.414 = 2.828$ ，而我們可利用十分逼近法開根號，來計算指數部分是小數的情況。

如：$2^{1.25} = 2^1 \times 2^{0.25} = 2^1 \times \sqrt{\sqrt{2}} \approx 2 \times \sqrt{1.414} \approx 2 \times 1.1892 = 2.378$

如：$2^{1.125} = 2^1 \times 2^{0.125} = 2^1 \times \sqrt{\sqrt{\sqrt{2}}} \approx 2 \times \sqrt{\sqrt{1.414}} \approx 2 \times \sqrt{1.189} \approx 2 \times 1.090 = 2.180$

而指數部分是分數及無理數時，則用夾擠定理來求該值。

如：$2^{\frac{2}{3}} = ?$

已知 $2^{\frac{2}{3}} = 2^{0.666\cdots}$，所以 $2^{0.666} < 2^{\frac{2}{3}} < 2^{0.667}$ ，而 $2^{0.666} = 1.58666$ 、 $2^{0.667} = 1.58776$

所以 $1.58666 < 2^{\frac{2}{3}} < 1.58776$ ，取近似值 $2^{\frac{2}{3}} \approx 1.58$ 。

同理 $2^{\sqrt{2}} = ?$

已知 $2^{\sqrt{2}} = 2^{1.414\cdots}$，所以 $2^{1.414} < 2^{\sqrt{2}} < 2^{1.415}$ ，而 $2^{1.414} = 2.66474$ 、 $2^{1.415} = 2.66659$

所以 $2.66474 < 2^{\sqrt{2}} < 2.66659$ ，取近似值 $2^{\sqrt{2}} \approx 2.66$ 。

所以指數數字不管是有理數還是無理數，也就是實數時，都可以計算出數值，故能作 $y=2^x$ 的函數圖形。

1.1.2　指數函數圖形

生活上的指數函數圖案：

1. 細菌的生長：10 分鐘變原本兩倍，見圖 4-1。

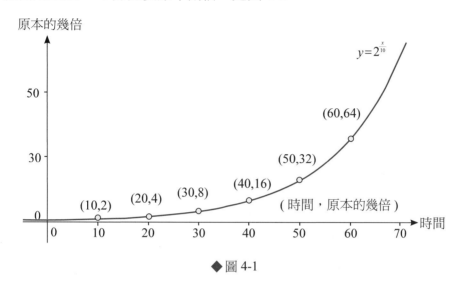

◆ 圖 4-1

2. 藥物濃度，每 30 分鐘變原本 $\frac{2}{3}$ 倍，見圖 4-2。

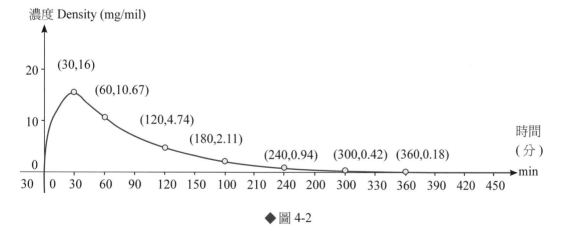

◆ 圖 4-2

指數函數繪圖：觀察動態 1 ☞

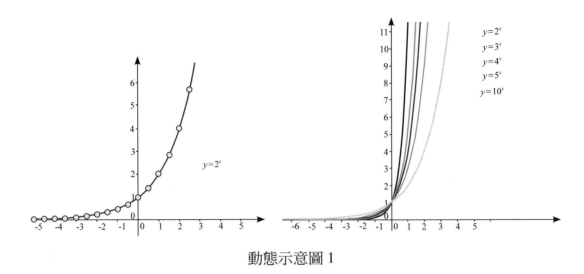

動態示意圖 1

1.1.3　指數函數的限制

　　如果底數是負數，當指數是非整數時，有可能會變成負數開根號，導致無法計算。如：$(-2)^{\frac{1}{2}} = \sqrt{-2}$ 、 $(-2)^{\frac{3}{2}} = \sqrt{-8}$ ，也就是在該位置無法描點。而函數是每一個 x 值都要對應到一個 y 值，所以指數函數的底數就要強制大於 0，否則無法畫出函數曲線，只有點狀圖，見圖 4-3。

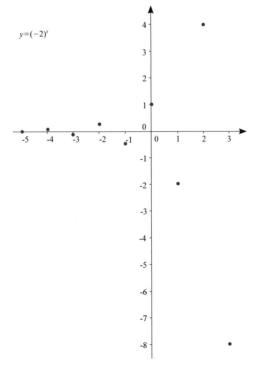

◆圖 4-3　$y = (-2)^x$ 的圖案，當底數是負數時，指數只有在整數時，才有 y 值。

1.1.4　指數的觀念

指數是自己乘自己乘幾次，$\underbrace{a \times a \times \cdots \times a}_{n} = a^n$。複習指數律：

1. $a^m \times a^n = a^{m+n}$	2. $a^m \div a^n = \dfrac{a^m}{a^n} = a^{m-n}$
3. $(a^m)^n = a^{m \times n}$	4. $a^{-n} = a^{0-n} = \dfrac{a^0}{a^n} = \dfrac{1}{a^n}$
5. $a^m \times b^m = (a \times b)^m$	6. $a^m \div b^m = \dfrac{a^m}{b^m} = (\dfrac{a}{b})^m = (a \div b)^m$
7. $a^{\frac{m}{n}} = \sqrt[n]{a^m}$	

公式 7. $a^{\frac{m}{n}} = \sqrt[n]{a^m}$ 的說明：

例題1

$\sqrt{16} = 4$

可看作 $\sqrt{2^4} = 2^2$

所以 $\sqrt{2^4} = 2^{\frac{4}{2}}$ ◆

例題2

而 $\sqrt[3]{64} = 4$

可看作 $\sqrt[3]{2^6} = 2^2$

所以 $\sqrt[3]{2^6} = 2^{\frac{6}{3}}$

由以上兩例可知 $a^{\frac{m}{n}} = \sqrt[n]{a^m}$ 。

常犯錯誤

將 x^a、a^x 當作相同，當 $x = 2$、$a = 3$，但 $2^3 \neq 3^2$。

同時指數律由整數的 m、n，可推廣到實數的 r、s，得到下表

1. $a^r \times a^s = a^{r+s}$	2. $a^r \div a^s = \dfrac{a^r}{a^s} = a^{r-s}$
3. $(a^r)^s = a^{r \times s}$	4. $a^{-r} = a^{0-r} = \dfrac{a^0}{a^r} = \dfrac{1}{a^r}$
5. $a^r \times b^r = (a \times b)^r$	6. $a^r \div b^r = \dfrac{a^r}{b^r} = (\dfrac{a}{b})^r = (a \div b)^r$
7. $a^{\frac{s}{r}} = \sqrt[r]{a^s}$	

◆

1.2　對數函數

1.2.1　為什麼需要對數？

對數是為了增加數學計算的便利性。由納皮爾創立，他在西元 1550 年在蘇格蘭愛丁堡出生。對數的由來是，納皮爾是長老教會的修道士，常聽到計算很大的數字容易算錯的狀況，（那時計算機還沒發明，1822 年英國數學家巴貝其 Charles Babbage 才發明第一台計算機，見圖 4-4。）

◆ 圖 4-4（取自 WIKI）

納皮爾因此尋找新的計算方法，納皮爾注意到指數相乘的數字關係，為了解決大數的不好相乘，已知 $A = 10^x$，$B = 10^y$，則 $A \times B = 10^x \times 10^y = 10^{x+y}$，

納皮爾思考只要找出 A 對應的 x、B 對應的 y，然後再找到 10^{x+y} 對應的值是多少，就可以由查表找出 $A \times B = 10^{x+y}$，而他幫我們作出表格，見表 4-1。

註：納皮爾一開始不是用底數 10，而是 9.999999，而後為了方便計算再被改為以 10 為底。

◆ 表 4-1

x	0.293	0.5387	0.7543
10^x 的近似值	1.963	3.4567	5.6789

例題1

觀察納皮爾的方法得到的值近似原本的值

$34567 \times 56789 = ?$

$= 3.4567 \times 10^4 \times 5.6789 \times 10^4$

$\approx 10^{0.5387} \times 10^4 \times 10^{0.7543} \times 10^4$　（由表 4-1 可知 $3.4567 \approx 10^{0.5387}$、$5.6789 \approx 10^{0.7543}$）

$= 10^{9.2930}$

$= 10^{0.2930} \times 10^9$ （由表 4-1 可知 $10^{0.2930} \approx 1.963$）

$\approx 1.963 \times 10^9$

得到近似值，1.963×10^9

與實際值比較 $34567 \times 56789 = 1963025363 = 1.963025363 \times 10^9$，誤差很小。

此方法在例題 1 看到不斷的重複寫底數 10，為了計算方便，納皮爾作出新的規則 - 對數與對數表，對數是找出指數是多少，如：2 的幾次方是 8，可以知道是 3。

指數的寫法：$2^y = 8 \Rightarrow 2^y = 2^3 \Rightarrow y = 3$，而對數的寫法：$\log_2 8 = 3$。

所以指數與對數的關係，$\log_2 8 = 3 \Leftrightarrow 2^3 = 8$，

而用對數的規則，計算例題 2　　　　　　　　　　　　　　　　　　　　　✦

例題2

$34567 \times 56789 = ?$

設：$a = 34567 \times 56789$

$\log_{10} a = \log_{10}(34567 \times 56789)$

$\log_{10} a = \log_{10}(3.4567 \times 5.6789 \times 10^8)$

$\log_{10} a = \log_{10} 3.4567 + \log_{10} 5.6789 + \log_{10} 10^8$　　乘法變加法，$\log_{10} xy = \log_{10} x + \log_{10} y$

$\log_{10} a \approx \quad 0.5387 \quad + \quad 0.7543 \quad + \quad 8$　　查表 1 得近似值，作加法

$\log_{10} a = \quad 0.293 + \quad\quad 9$

$\log_{10} a = \log_{10} 1.963 + \log 10^9$　　査表 1 換回來

$\log_{10} a = \log_{10} 1.963 \times 10^9$　　$\log_{10} x + \log_{10} y = \log_{10} xy$

得到近似值，$a \approx 1.963 \times 10^9$

與實際值比較 $a = 34567 \times 56789 = 1963025363 = 1.963025363 \times 10^9$，誤差很小。　　✦

結論：

納皮爾讓大數字間的計算變成

「很大的數字進行乘法或除法的近似值計算時，轉變成查表，再運算加法或減法，再查表就可以得近似值。」

納皮爾並製作了納皮爾尺(對數尺)，見圖4-5，一種可調整刻度方便查表的工具。

納皮爾尺Napier's calculating tables

◆圖 4-5（取自 WIKI）

對數的創造，使得許多科學家節省了許多時間，帶來了大家的便利性。
法國數學家、天文學家拉普拉斯 (Pierre-Simon marquis de Laplace)
也提到「對數的發明，延長了數學家的生命。」

1.2.2　生活中對數用在何處

音量強度 (分貝)，地震強度，視星等 (在地球看到的亮度)。用一般數字描述仍然很難判斷的事情，用對數來加以描述。方法是將該數字以 10 為底數取對數，觀察其指數的數字，如此一來可以方便比較，而不是看一大串數字，取出來的指數數字稱指標數。

音量強度 (分貝)：測量出聲壓強度，再以「**人類耳朵能夠聽到最微弱的聲音**」為基準，算出強度比，取對數，再乘 10，就是分貝。見表 4-2。

分貝的計算公式：$分貝 = 10 \times \log_{10} \dfrac{測量物的聲壓}{人耳可聽的最微弱聲壓}$。

聲音來源	測量物的聲壓 (µPa)	強度比		分貝
飛機	20,000,000,000,000	1,000,000,000,000	$= 10^{12}$	120
	2,000,000,000,000	100,000,000,000	$= 10^{11}$	110
火車	200,000,000,000	10,000,000,000	$= 10^{10}$	100
	20,000,000,000	1,000,000,000	$= 10^{9}$	90
馬路的車聲	2,000,000,000	100,000,000	$= 10^{8}$	80
唱歌	200,000,000	10,000,000	$= 10^{7}$	70
	20,000,000	1,000,000	$= 10^{6}$	60
	2,000,000	100,000	$= 10^{5}$	50

聲音來源	測量物的聲壓 (µPa)	強度比		分貝
正常的談話	200,000	10,000	$=10^4$	40
	20,000	1,000	$=10^3$	30
輕聲細語	2,000	100	$=10^2$	20
	200	10	$=10^1$	10
人類耳朵能夠聽到最微弱的聲壓	20	1	$=10^0$	0

µPa 是聲壓的單位，強度比 $= \dfrac{測量物的聲壓}{人耳可聽的最微弱聲壓(20µpa)}$

例如：唱歌的聲壓是 20,000,000µPa

分貝 $= 10 \times \log_{10}\dfrac{20,000,000}{20} = 10 \times \log_{10}1000000 = 60$　，所以是 60 分貝。

將表 4-2 數據視覺化，方便觀察，見圖 4-6

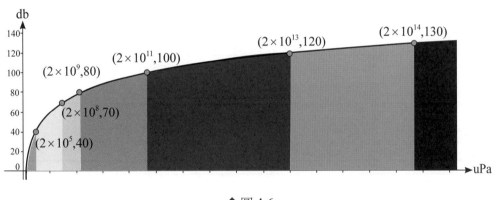

◆ 圖 4-6

由表格可知差 10 分貝，聲壓差 10 倍；
　　　　　差 20 分貝，聲壓差 100 倍；
　　　　　差 30 分貝，聲壓差 1000 倍。

補充說明

長期在高分貝下會聽力受損，超過 130 分貝，如：槍聲，耳膜會破裂。

結論：

　　由表格可知，直接看聲壓 (µPa) 不方便，必須換成分貝 (db) 才容易比較強弱。
　　並可以發現放到座標上，並用顏色區分更能容易觀察，到多少分貝以上是危險的。

1.2.3 對數函數圖案

對數函數的繪圖：觀察動態 2

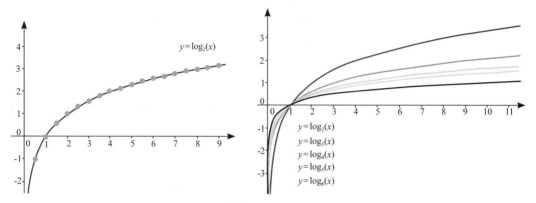

動態 2 示意圖

1.2.4 對數的公式

1. $\log_a xy = \log_a x + \log_a y$	2. $\log_a \dfrac{x}{y} = \log_a x - \log_a y$
3. $\log_a x^r = r \log_a x$	4. $a^{\log_a x} = x$
5. $\log_b x = \dfrac{\log_a x}{\log_a b}$ （換底公式）	

公式 1 例題：	以及
$\log_3(81 \times 9) = \log_3 81 + \log_3 9$	$2 = 2$
設 $a = \log_3(81 \times 9)$	$3^2 = 3^2$
$\quad a = \log_3(3^4 \times 3^2)$	$3^2 = 9$
$\quad a = \log_3 3^{4+2}$	$2 = \log_3 9 \cdots (\ast\ast\ast)$
$\quad 3^a = 3^{4+2}$	將 $(\ast\ast)$ 與 $(\ast\ast\ast)$ 代入 $(\ast)$，
$\quad a = 4 + 2 \cdots (\ast)$	得到 $a = \log_3 81 + \log_3 9$，
而	所以 $\log_3(81 \times 9) = \log_3 81 + \log_3 9$
$\quad 4 = 4$	故 $\log_a xy = \log_a x + \log_a y$
$\quad 3^4 = 3^4$	
$\quad 3^4 = 81$	
$\quad 4 = \log_3 81 \cdots (\ast\ast)$	

公式 2 例題：

$\log_3(81 \div 9) = \log_3 81 - \log_3 9$

設 $a = \log_3(81 \div 9)$

$\quad a = \log_3(3^4 \div 3^2)$

$\quad a = \log_3 3^{4-2}$

$\quad 3^a = 3^{4-2}$

$\quad a = 4-2 \cdots (*)$

而

$\quad 4 = 4$

$\quad 3^4 = 3^4$

$\quad 3^4 = 81$

$\quad 4 = \log_3 81 \cdots (**)$

以及

$\quad 2 = 2$

$\quad 3^2 = 3^2$

$\quad 3^2 = 9$

$\quad 2 = \log_3 9 \cdots (***)$

將 (**) 與 (***) 代入 (*)，

得到 $a = \log_3 81 - \log_3 9$，

所以 $\log_3(81 \div 9) = \log_3 81 - \log_3 9$

故 $\log_a \dfrac{x}{y} = \log_a x - \log_a y$

公式 3 例題：$\log_2 2^3 = 3\log_2 2$

設 $a = \log_2 2^3$

$\quad 2^a = 2^3$

$\quad a = 3$

$\quad a = 3 \times 1 \cdots (*)$

而

$\quad 1 = 1$

$\quad 2^1 = 2^1$

$\quad 2^1 = 2$

$\quad 1 = \log_2 2 \cdots (**)$

將 (**) 代入 (*)，

得到 $a = 3 \times \log_2 2$，

所以 $\log_2 2^3 = 3\log_2 2$

故 $\log_a x^r = r\log_a x$

公式 4 例題：$2^{\log_2 3} = 3$

設 $a = 2^{\log_2 3}$

t 為指數部分的 $\log_2 3$

所以

$\quad a = 2^t \cdots (*)$

而

$\quad t = \log_2 3$

$2^t = 3 \cdots (**)$

將 (**) 代入 (*)，

得到 $a = 3$

所以 $2^{\log_2 3} = 3$

故 $a^{\log_a x} = x$

公式 5 例題：$\log_8 32 = \dfrac{\log_2 32}{\log_2 8}$

設 $a = \log_8 32$

$$a = \log_8 2^5$$
$$8^a = 2^5$$
$$(2^3)^a = 2^5$$
$$2^{3a} = 2^5$$
$$3a = 5$$
$$a = \frac{5}{3} \cdots (*)$$

而

$$5 = 5$$
$$2^5 = 2^5$$
$$2^5 = 32$$
$$5 = \log_2 32 \cdots (**)$$

以及

$$3 = 3$$
$$2^3 = 2^3$$
$$2^3 = 8$$
$$3 = \log_2 8 \cdots (***)$$

將 (**) 與 (***) 代入 (*)，

得到 $a = \dfrac{\log_2 32}{\log_2 8}$ ，

所以 $\log_8 32 = \dfrac{\log_2 32}{\log_2 8}$

故 $\log_b x = \dfrac{\log_a x}{\log_a b}$

1.3 指數與對數的關係

觀察指數函數與對數函數在同底數時的對稱情形：觀察動態 3 ☞

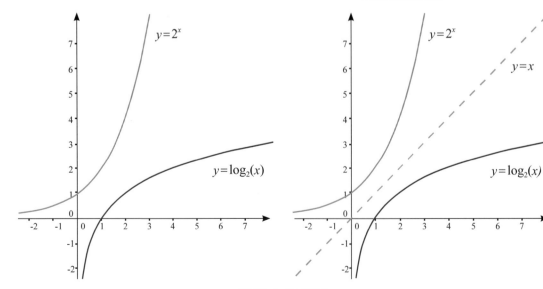

動態 3 示意圖

發現都以 $y = x$ 對稱。

　　這是因為 $y = \log_2 x \Leftrightarrow 2^y = x$ ，就是指數函數 $y = 2^x$ 的自變數 x 與應變數 y 互換的關係，在數學上 x、y 互換時，兩函數的關係是互為反函數，所以指數與對數是互為反函數的關係。如：$a^r \times a^s = a^{r+s}$ ，取對數後 $\log_a(a^r \times a^s) = \log_a a^r + \log_a a^s = r + s$ ，也就是自變數 x 與應變數 y 互換的關係。

二、第二個神奇的無理數：尤拉數 e

　　「宇宙的結構是最完善而且是最明智的上帝的創造，因此，如果宇宙沒有某種極大或極小的法則，那就根本不會發生任何事情。」

李昂哈德・尤拉（Leonhard Euler）

瑞士數學家，物理學家。

　　在數學史中，整數是數字最根本的物件，或可稱為最根本的元素，其他都是由人類所賦與意義，如：0、負數，延伸出分數、指數、根號、對數、虛數等等，同時在希臘時代，就已經發現一個不是人所製造的數－圓周率 π，它是一個被計算出來的近似值，而且它還是一個無理數，在圓形中必然存在的一個神奇的數字（這邊有興趣的同學可參考：想問不敢問的數學問題）。而尤拉數 e 則是另一個被發現非常神奇的無理數。

　　何謂尤拉數？第一次把此數看為常數的人，是雅各布・伯努利(Jacob Bernoulli)：「嘗試去計算一個有趣的銀行複利問題，當銀行年利率固定時，把期數增加，而相對的每期利率就變少，如果期數變到無限大的時候，會產生怎樣的結果？」

　　複利公式：本利和＝本金$(1+利率)^{期數}$ ，期數與利率關係：利率 $= \dfrac{年利率}{期數}$

　　假設：本金 $= a$，本利和 $= S$，年利率 1.2%，

期數／ 多久複利一次	本利和	是原來的幾倍
1 一年一期	$S = a(1 + \dfrac{1.2\%}{1})^1$	1.012
2 半年一期	$S = a(1 + \dfrac{1.2\%}{2})^2$	1.012 036
4 一季一期	$S = a(1 + \dfrac{1.2\%}{4})^4$	1.012 054
12 一月一期	$S = a(1 + \dfrac{1.2\%}{12})^{12}$	1.012 066
365 一天一期	$S = a(1 + \dfrac{1.2\%}{365})^{365}$	1.012 072
無限多期 極微小的時間	$S = \lim\limits_{n \to \infty} a(1 + \dfrac{1.2\%}{n})^n$	1.012 078

可以發現在年利率 1.2% 的情況下，期數在非常大的時候，

存款都只會接近原本 1.012 078 倍，也就是存 100 萬元，本利和是 1012078 元。

雅各布發現複利的特殊性，當年利率固定時，分的期數再多，最後都會逼近同一個數值，見表格。

年利率	本利和
10%	$S = \lim\limits_{n \to \infty} a(1 + \dfrac{10\%}{n})^n = 1.10515$
20%	$S = \lim\limits_{n \to \infty} a(1 + \dfrac{20\%}{n})^n = 1.22137$
30%	$S = \lim\limits_{n \to \infty} a(1 + \dfrac{30\%}{n})^n = 1.34981$
40%	$S = \lim\limits_{n \to \infty} a(1 + \dfrac{40\%}{n})^n = 1.49176$

年利率	本利和
50%	$S = \lim_{n \to \infty} a(1+\dfrac{50\%}{n})^n = 1.64863$

雅各布思考「年利率」與「無限多期的本利和」兩者之間的關係，他發現到

$\lim_{n \to \infty}(1+\dfrac{1}{n})^n$ 的結果是 $\lim_{n \to \infty}(1+\dfrac{1}{n})^n = \dfrac{1}{0!}+\dfrac{1}{1!}+\dfrac{1}{2!}+\cdots = 2.71828\ 459045\ 235\ 36$，運算過程請

看附錄 10.1，觀察圖 4-7，曲線逼近的數值。

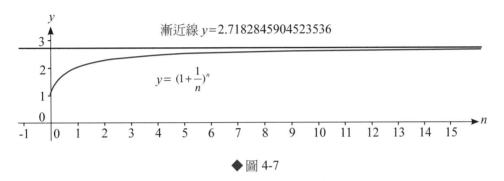

◆圖 4-7

2.71845904523536　這特別的數字稱呼為尤拉數 (Euler number)，符號是 e，以
瑞士數學家尤拉之名命名，肯定他在對數上的貢獻；或稱納皮爾常數，記念蘇格蘭
數學家約翰・納皮爾引進對數。

最後雅各布得到利率為任意數 x 時，逼近數值為 $\lim_{n \to \infty}(1+\dfrac{x}{n})^n = e^x$，證明請看
10.2。

尤拉數 e 的性質：

1. $e = \lim_{n \to \infty}(1+\dfrac{1}{n})^n = \dfrac{1}{0!}+\dfrac{1}{1!}+\dfrac{1}{2!}+\cdots = 2.71828\ 459045\ 235\ 36\cdots$

2. $e^x = \lim_{n \to \infty}(1+\dfrac{x}{n})^n$

尤拉數的特殊性：

大多人認為底數大於 1，當指數數字無限大時，其值是無限大。甚至是

$\lim_{n \to \infty}(1+\dfrac{1}{n})^n$，也認為是底數大於 1，當指數數字無限大時，其值是無限大。但實際上

這樣的觀念是錯的。原因：

1. $a > 1$，則 $\lim\limits_{n \to \infty} a^n = \infty$ ，因為底數 a 是固定的，所以其值是無限大。

2. $\lim\limits_{n \to \infty}(1+\dfrac{1}{n})^n = e$，因為底數不是固定，雖然大於 1，但是底數不斷變小。

可由 4-8 可以看到逼近 2.718，也就是尤拉數。

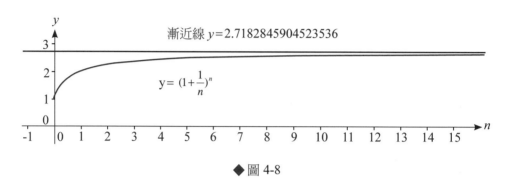

漸近線 y＝2.7182845904523536

y＝$(1+\dfrac{1}{n})^n$

◆圖 4-8

實際觀察兩種底數的差異性：

1. 固定的底數：$\lim\limits_{n \to 0}(1+\dfrac{1}{10})^n = \infty$ 、$\lim\limits_{n \to 0}(1+\dfrac{1}{100})^n = \infty$ 、$\lim\limits_{n \to 0}(1+\dfrac{1}{1000})^n = \infty$ ，

2. 底數是 $1+\dfrac{1}{n}$ 時，$\lim\limits_{n \to 0}(1+\dfrac{1}{n})^n = e$ 。

　　請不要混淆兩者意義。

尤拉數的重要性：

　　沒有尤拉數，將無法計算指數與對數的微分。

三、指數函數如何微分？

「我總是盡我的精力和才能，來擺脫那種繁重而單調的計算。」

　　　　　　　　　　　　　　　　　　　　　　　　　　　　　納皮爾

當我們已經學會了 $f(x) = x^p$ 多項式的微分是 $f'(x) = px^{p-1}$

如何計算指數函數的微分？

指數函數的微分公式：

　若 $f(x)=a^x$ ，則 $f'(x)=a^x\log_e a$ 。

證明請看附錄。

計算 2^x 的微分，得到 $(2^x)'=2^x\log_e 2$ ，**觀察動態 4** 👁

同理計算 3^x 的微分，得到 $(3^x)'=3^x\log_e 3$ ，**觀察動態 5**

同理計算 4^x 的微分，得到 $(4^x)'=4^x\log_e 4$ ，**觀察動態 6** 👁

以此類推，以任意底數 a 的指數函數 a^x 的微分是 $(a^x)'=a^x\log_e a$

3.1　尤拉數為底數的指數函數微分

如果 $f(x)=a^x$ 的底數 a 是尤拉數 e，

可以得到 $f(x)=e^x$，則 $f'(x)=e^x\log_e e$

而 $\log_e e=1$（對數律），所以得到 $f'(x)=e^x$，微分後為原函數，

以尤拉數為底數的指數函數微分：

　若 $f(x)=e^x$ ，則 $f'(x)=e^x$ 。

附錄 10.2.1、10.3.1 有另外兩個說明 $f(x)=e^x$ 的微

分，是 $f'(x)=e^x$ 。

計算 e^x 的微分，得到 $(e^x)'=e^x$ ，**觀察動態 7** 👁

補充說明

數學上已經證明 e^x 是唯一微分後不變的函數。

3.2　尤拉數與任意數的互換

同樣的我們也可以用另外一種方式來理解兩個式子的關係，而為什麼需要了解這樣的方式，是因為這在之後的處理積分的技巧上很常用到。

已知 $a^{\log_a x}=x$ ，

如果 a 代入 e、x 代入 b　　　，可得到　$e^{\log_e b}=b$

兩邊同時 x 次方　　　　　　　，可得到　$(e^{\log_e b})^x=b^x$

因為指數律 $(a^r)^s=a^{rs}$　　　，可得到　$e^{x\log_e b}=b^x$

底數改變為常用符號　　　　　　，可得到　$e^{x\log_e a}=a^x$

所以當我們要處理 $f(x)=a^x$ 的微分時，可寫作 $f(x)=e^{x\log_e a}$ 再進行微分，

變合成函數的微分，求 $\dfrac{df}{dx}$ ，由鍊法則可知 $\dfrac{df}{dx}=\dfrac{dv}{dx}\cdot\dfrac{df}{dv}$

令：　$v = x\log_e a \rightarrow \dfrac{dv}{dx} = \log_e a$

$$f(v) = e^v \rightarrow \dfrac{df}{dv} = e^v$$

所以 $\dfrac{df}{dx} = \dfrac{dv}{dx} \cdot \dfrac{df}{dv}$

$$= (\log_e a) \cdot e^v \qquad ，而 \quad v = x\log_e a$$

$$= (\log_e a) \cdot e^{x\log_e a} \qquad ，以及 \quad e^{x\log_e a} = a^x$$

$$= (\log_e a) \cdot a^x$$

$$= a^x \log_e a$$

答案正確，所以我們也可以這樣計算指數的微分。

這樣的技巧在處理其他的微分與積分常常出現。

重要換算式子：

$$a^x = e^{x\log_e a}$$

補充說明

e^x 象徵愛情：『數學系學生用「e^x」來比喻至死不逾堅定不移的愛情。』
原因：微分是斜率變化，不管微分 (變化) 多少次，結果永遠不變，都是 e^x。

補充說明

e^x 的笑話：在精神病院裡，每個病患都學過微積分。有個病患整天對人說，「我微分你、我微分你」，其他人以為自己是多項式函數，會被微分多次後變零，最後消失，所以都躲著他。有天來了新的病患，都不怕被微分，他很意外，問他說你為什麼不怕，新來的說：「我是 e^x，我不怕你微分」。

3.3　指數函數的微分例題

計算出下列微分

1. $f(x) = 5^x$

答：已知 $f(x) = a^x$，則 $f'(x) = a^x \log_e a$。

　　所以 $f'(x) = 5^x \log_e 5$

2. $f(x) = 7^{3x+2}$

這是合成函數的微分，求 $\dfrac{df}{dx}$ ，由鍊法則可知 $\dfrac{df}{dx} = \dfrac{dv}{dx} \cdot \dfrac{df}{dv}$

令：$v = 3x + 2 \to \dfrac{dv}{dx} = 3$

$f(v) = 7^v \to \dfrac{df}{dv} = 7^v \log_e 7$

所以 $\dfrac{df}{dx} = \dfrac{dv}{dx} \cdot \dfrac{df}{dv}$

$\qquad = 3 \cdot 7^v \log_e 7$ ，而 $v = 3x + 2$

$\qquad = 3 \cdot 7^{3x+2} \log_e 7$

3. $f(x) = 11^{5x^2+4}$

這是合成函數的微分，求 $\dfrac{df}{dx}$ ，由鍊法則可知 $\dfrac{df}{dx} = \dfrac{dv}{dx} \cdot \dfrac{df}{dv}$

令：$v = 5x^2 + 4 \to \dfrac{dv}{dx} = 10x$

$f(v) = 11^v \to \dfrac{df}{dv} = 11^v \log_e 11$

所以 $\dfrac{df}{dx} = \dfrac{dv}{dx} \cdot \dfrac{df}{dv}$

$\qquad = 10x \cdot 11^v \log_e 11$ ，而 $v = 5x^2 + 4$

$\qquad = 10x \cdot 11^{5x^2+4} \log_e 11$

4. $f(x) = e^{3x}$

這是合成函數的微分，求 $\dfrac{df}{dx}$ ，由鍊法則可知 $\dfrac{df}{dx} = \dfrac{dv}{dx} \cdot \dfrac{df}{dv}$

令：$v = 3x \to \dfrac{dv}{dx} = 3$

$f(v) = e^v \to \dfrac{df}{dv} = e^v$

所以 $\dfrac{df}{dx} = \dfrac{dv}{dx} \cdot \dfrac{df}{dv}$

$\qquad = 3 \cdot e^v$ ，$v = 3x$

$\qquad = 3 \cdot e^{3x}$

5. $f(x) = e^{4x^2+3}$

這是合成函數的微分，求 $\dfrac{df}{dx}$ ，由鍊法則可知 $\dfrac{df}{dx} = \dfrac{dv}{dx} \cdot \dfrac{df}{dv}$

$$令：v = 4x^2 + 3 \rightarrow \frac{dv}{dx} = 8x$$

$$f(v) = e^v \rightarrow \frac{df}{dv} = e^v$$

$$所以 \frac{df}{dx} = \frac{dv}{dx} \cdot \frac{df}{dv}$$

$$= 8x \cdot e^v \quad ，而 \; v = 4x^2 + 3$$

$$= 8x \cdot e^{4x^2+3}$$

四、對數函數如何微分

「數學家最好的工作是藝術，一種高度而完美的藝術，如同神秘的想像之夢，那樣大膽、清晰而透明。數學的天才和藝術的天才彼此接觸。」

米塔・雷佛雷（Gösta Mittag Leffler）

瑞典數學家

如何計算對數函數的微分？

對數函數的微分：

> 若 $f(x) = \log_a x$ 微分，則 $f'(x) = \dfrac{1}{x \log_e a}$

證明請看附錄。

計算 $\log_{10} x$ 的微分，得到 $(\log_{10} x)' = \dfrac{1}{x \log_e 10}$ ，**觀察動態 8** 👉

同理計算 $\log_2 x$ 的微分，得到 $(\log_2 x)' = \dfrac{1}{x \log_e 2}$ ，**觀察動態 9** 👉

同理計算 $\log_3 x$ 的微分，得到 $(\log_3 x)' = \dfrac{1}{x \log_e 3}$ ，**觀察動態 10** 👉

以此類推，以任意正數 a 的對數函數 $\log_a x$ 的微分是 $(\log_a x)' = \dfrac{1}{x \log_e a}$ 。

4.1　尤拉數為底數的對數函數微分

如果 $f(x) = \log_a x$ 的底數 a 是尤拉數 e，

可得到 $f(x) = \log_e x$ ，則 $f'(x) = \dfrac{1}{x \log_e e}$

而 $\log_e e = 1$（對數律），所以 $f'(x) = \dfrac{1}{x}$

以尤拉數為底數的指數函數微分：

　　若 $f(x) = \log_e x$ 的微分，則 $f'(x) = \dfrac{1}{x}$ 。

計算 $f(x) = \log_e x$ 的微分，得到 $(\log_e x)' = \dfrac{1}{x}$ ，**觀察動態** 11 ☞

4.2　對數函數的微分例題

計算出下列微分

1. $f(x) = \log_3 x$

　　已知若 $f(x) = \log_a x$ 微分，則 $f'(x) = \dfrac{1}{x \log_e a}$

　　所以 $f'(x) = \dfrac{1}{x \log_e 3}$

2. $f(x) = \log_3(6x + 2)$

　　這是合成函數的微分，求 $\dfrac{df}{dx}$ ，由鍊法則可知 $\dfrac{df}{dx} = \dfrac{dv}{dx} \cdot \dfrac{df}{dv}$

　　令：$v = 6x + 2 \rightarrow \dfrac{dv}{dx} = 6$

　　　　$f(v) = \log_3 v \rightarrow \dfrac{df}{dv} = \dfrac{1}{v \log_e 3}$

　　所以 $\dfrac{df}{dx} = \dfrac{dv}{dx} \cdot \dfrac{df}{dv}$

　　　　　　$= 6 \cdot \dfrac{1}{v \log_e 3}$ ，而 $v = 6x + 2$

　　　　　　$= 6 \cdot \dfrac{1}{(6x + 2) \log_e 3}$

3. $f(x) = \log_{11} 5x^2 + 4$

這是合成函數的微分，求 $\dfrac{df}{dx}$ ，由鍊法則可知 $\dfrac{df}{dx} = \dfrac{dv}{dx} \cdot \dfrac{df}{dv}$

令： $v = 5x^2 + 4 \rightarrow \dfrac{dv}{dx} = 10x$

$f(v) = \log_{11} v \rightarrow \dfrac{df}{dv} = \dfrac{1}{v \log_e 11}$

所以 $\dfrac{df}{dx} = \dfrac{dv}{dx} \cdot \dfrac{df}{dv}$

$= 10x \cdot \dfrac{1}{v \log_e 11}$ ，而 $v = 5x^2 + 4$

$= 10x \cdot \dfrac{1}{(5x^2 + 4) \log_e 11}$

4. $f(x) = \log_e 3x$

方法一：這是合成函數的微分，求 $\dfrac{df}{dx}$ ，由鍊法則可知 $\dfrac{df}{dx} = \dfrac{dv}{dx} \cdot \dfrac{df}{dv}$

令： $v = 3x \rightarrow \dfrac{dv}{dx} = 3$

$f(v) = \log_e v \rightarrow \dfrac{df}{dv} = \dfrac{1}{v}$

所以 $\dfrac{df}{dx} = \dfrac{dv}{dx} \cdot \dfrac{df}{dv}$

$= 3 \cdot \dfrac{1}{v}$ ，而 $v = 3x$

$= 3 \cdot \dfrac{1}{3x}$

$= \dfrac{1}{x}$

方法二： $f(x) = \log_e 3x = \log_e 3 + \log_e x$

$f'(x) = (\log_e 3)' + (\log_e x)' = 0 + \dfrac{1}{x} = \dfrac{1}{x}$

5. $f(x) = e^{4x^2 + 3}$

這是合成函數的微分，求 $\dfrac{df}{dx}$ ，由鍊法則可知 $\dfrac{df}{dx} = \dfrac{dv}{dx} \cdot \dfrac{df}{dv}$

令： $v = 4x^2 + 3 \rightarrow \dfrac{dv}{dx} = 8x$

$$f(v) = e^v \rightarrow \frac{df}{dv} = e^v$$

所以 $\dfrac{df}{dx} = \dfrac{dv}{dx} \cdot \dfrac{df}{dv}$

$\qquad\quad = 8x \cdot e^v \qquad$，而 $v = 4x^2 + 3$

$\qquad\quad = 8x \cdot e^{4x^2+3}$

4.3　常微分錯誤的函數 $f(x) = x^x$

錯誤作法：

將 $f(x) = x^x$ 當成 $f(x) = x^p$ 來微分，

變成 $f(x) = x^x \rightarrow f'(x) = x \cdot x^{x-1} = x^x$。

正確作法：

$f(x) = x^x$

$\qquad = e^{\log_e x^x}$

$\qquad = e^{x \log_e x}$

可發現是合成函數。

求 $\dfrac{df}{dx}$，由鍊法則可知 $\dfrac{df}{dx} = \dfrac{dv}{dx} \cdot \dfrac{df}{dv}$

令：$v = x \log_e x \rightarrow \dfrac{dv}{dx} = \log_e x + 1$

$\qquad f(v) = e^v \rightarrow \dfrac{df}{dv} = \dfrac{1}{v}$

所以 $\dfrac{df}{dx} = \dfrac{dv}{dx} \cdot \dfrac{df}{dv}$

$\qquad\quad = (\log_e x + 1) \cdot e^v \qquad$，而 $v = x \log_e x$

$\qquad\quad = (\log_e x + 1) \cdot e^{x \log_e x}$

$\qquad\quad = (\log_e x + 1) \cdot x^x$

五、自然指數函數與自然對數函數

「一個沒有幾分詩人才氣的數學家，永遠不會成為一個完全數學家。」

魏爾斯特拉斯（Weierstrass）

德國數學家

我們可以發現尤拉數很神奇的出現在指數與對數的微分之中。

並且尤拉數在自然界是也具有特殊性，雅各白努利發現極座標 $r = e^{a\theta}$ 的曲線，

與自然界的螺線非常相近。 觀察動態 17：下表為影片示意圖 👁 。

$r = e^{a\theta}$ 的曲線、利用黃金比例作 a 參數	黃金比例的矩形螺線
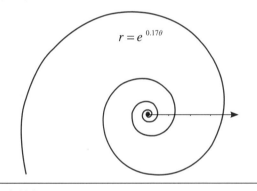 $r = e^{0.17\theta}$	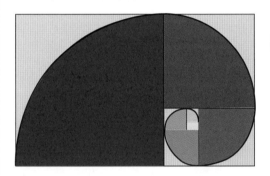
鸚鵡螺  圖片出處：來自 WIKI ， 作者 Chris73，cc-by-sa3.0	羅馬花椰菜 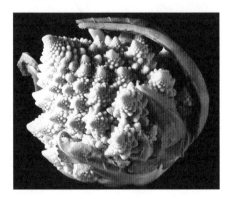 圖片出處：來自 WIKI 共享資源， 作者 Jon Sullivan

熱帶低氣壓（風力八級以上為颱風）	宇宙

圖片出處：來自 WIKI 共享資源， 出自 NASA	圖片出處：來自 WIKI 共享資源， 出自 NASA 及 ESA

並且 $r = e^{a\theta}$ 與自然界物體一樣具有自我相似的碎形結構特性，見圖 4-9。

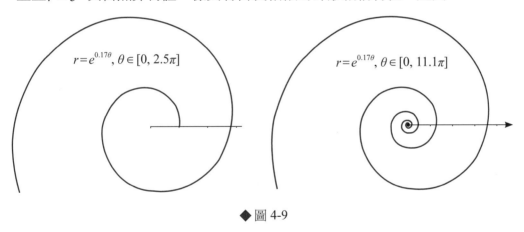

◆ 圖 4-9

雪花的結構、都是邊長 $\frac{1}{3}$ 位置再作一個三角形，也是碎形的結構。

操作動態 16 🖱

動態 16 示意圖

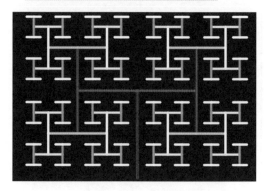

影片 19 示意圖　　　　　　　　　　　影片 20 示意圖

　　約翰・白努利，在一次的旅行途中，遇見音樂家巴哈，為了解決某些音程的半音 + 半音不等於一個全音的問題，發現到其音程結構，如同 $r = e^{a\theta}$，如果每 30 度一個音程，見圖 4-10，就可以漂亮解決的全音半音問題。

　　其結構就是現在的平均律。

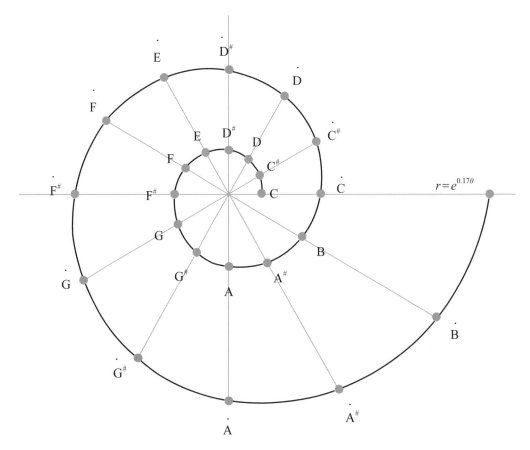

◆圖 4-10　尤拉數在自然界有著這麼多的特殊性，

所以稱以尤拉數 e 為底數的指數函數 $y=f(x)=e^x$，
稱為自然指數函數 (Natural Exponential function)；
而以尤拉數 e 為底數的對數函數 $y=f(x)=\log_e x$，
稱為自然對數函數 (Natural Logarithmic function)。

5.1　尤拉數在對數的省略寫法

以 10 為底的對數，我們將 10 省略，如：$\log_{10} 3 = \log 3$

而以尤拉數 e 為底數的對數函數，將 $\log_e 3$ 寫作 $\ln 3$ ，n 是 Natural 的意思。

而以 e 為底數的對數函數 $\log_e x = \ln x$，讀作 Natural log x。

5.2　以尤拉數為底數的指數函數，名稱常被叫錯

這邊需注意的是部分書，直接定義 $E(x)=e^x$ 是 Exponential Function

這樣是錯誤的，Exponential Function 講的是指數函數，

為了強調是以尤拉數為底，必須說成 Natural Exponential Function。

5.3　自然指數函數與自然對數函數的關係

觀察圖 4-11

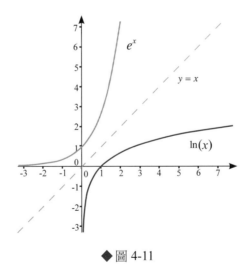

◆圖 4-11

發現 $y=f(x)=e^x$ 與 $y=f(x)=\ln x$ 以 $y=x$ 的對稱圖形，並互為反函數。

5.4　為什麼尤拉數的符號是 e ？

歷史上並沒有說尤拉為何要以 e 為符號，而後來有著以下的猜測。

1. 可能是以尤拉的名子字首的緣故。

2. 可能是 $r = e^{a\theta}$ 螺線圖很像字母 e，才以 e 為代號，見圖 4-12。

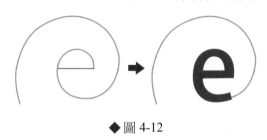

◆圖 4-12

3. 可能是「指數」（exponential）一字的字首英文，但尤拉是瑞士人，不一定是使用英文。

4. 可能是 a,b,c,d 常被使用，所以依字母順序使用 e。

六、指數、對數函數的積分

「數學越來越多地被應用於經濟學。其實，在經濟學論文中應用數學會看上去很美。」

納許(John Nash)

美國數學家

由前面的內容已知指數函數、對數函數如何微分，也知道微積分基本定理的意義，是由微分來逆推出積分，所以我們可以得到以下結果。

1. 以任意底數的指數函數的微分結果：$f(x) = a^x \rightarrow f'(x) = a^x \log_e a = a^x \ln a$

利用微積分基本定理，可得到 $f(x) = a^x \rightarrow F(x) = \int a^t \, dt = \dfrac{a^x}{\ln a} + c$

證明請看附錄 10.5。 觀察動態 13 ☜ 。

2. 以尤拉數的底數的指數函數的微分結果：$f(x) = e^x \rightarrow f'(x) = e^x$

以及微積分基本定理，可得到 $f(x) = e^x \rightarrow F(x) = \int e^t \, dt = e^x + c$

證明請看附錄 10.5。 觀察動態 12 ☞ 。

3. 以任意底數的對數函數的微分結果： $f(x) = \log_a x \rightarrow f'(x) = \dfrac{1}{x \ln a}$

以及微積分基本定理，化簡可得到 $f(x) = \dfrac{1}{x} \rightarrow F(x) = \int \dfrac{1}{t} \, dt = \ln|x| + c$

證明請看附錄 10.5。**在此時可發現 $\dfrac{1}{x}$ 的積分終於被找到**。因為 $\dfrac{1}{x}$ 的積分範圍，只要不涵蓋 0，就可以計算，但 $\ln x$ 在 x 是負數時無法計算，所以 x 必須加上絕對值，寫成 $\ln|x|$ 。

4. 以尤拉數的底數的對數函數的微分結果： $f(x) = \ln x \rightarrow f'(x) = \dfrac{1}{x}$

以及微積分基本定理，可得到 $f(x) = \dfrac{1}{x} \rightarrow F(x) = \int \dfrac{1}{t} \, dt = \ln|x| + c$

證明請看附錄 10.5。 觀察動態 14 ☞ 。

可以發現 3. 與 4. 的結果相同，原因請看附錄。

利用微積分基本定理，可以推得指數與對數的積分

指數、對數的積分：

1. $f(x) = a^x \rightarrow F(x) = \int a^t \, dt = \dfrac{a^x}{\ln a} + c$

2. $f(x) = e^x \rightarrow F(x) = \int e^t \, dt = e^x + c$

3. $f(x) = \dfrac{1}{x} \rightarrow F(x) = \int \dfrac{1}{t} \, dt = \ln|x| + c$

例題1

$f(x) = e^{-x}$ 的積分

因為我們用微積分基本定理來推積分，所以我們猜測誰微分是 e^{-x}

可以發現 $-e^{-x}$ 的微分是 e^{-x} 。所以 $\int e^{-t} \, dt = -e^x + c$　　　　◆

> **例題2**

$f(x) = 13^x$ 的積分

利用 $f(x) = a^x \rightarrow F(x) = \int a^t \, dt = \dfrac{a^x}{\ln a} + c$

所以 $\int 13^x \, dx = \dfrac{13^x}{\ln 13} + c$ ✦

> **例題3**

$f(x) = \dfrac{13}{x}$

利用 $f(x) = \dfrac{1}{x} \rightarrow F(x) = \int \dfrac{1}{t} \, dt = \ln|x| + c$

所以 $\int \dfrac{13}{t} \, dt = 13 \int \dfrac{1}{t} \, dt = 13\ln|x| + 13c = 13\ln|x| + \tilde{c}$ ✦

6.1 $\dfrac{1}{x}$ 的積分終於被找到

　　費馬當初計算出 x^p 的微分是 px^{p-1}，與 x^p 的積分是 $\dfrac{1}{p+1}x^{p+1}$，但積分的 p 不能等於 -1。所以在積分學一直沒有 $\dfrac{1}{x}$ 的積分，因為有了微積分基本定理，使得微分學與積分學結合成一門學問：微積分。但仍然無法計算，當 $p = -1$ 時，x^p 的積分。一直到尤拉數出現，才發現 $\dfrac{1}{x}$ 的積分是 $\ln|x|$。尤拉數 e 與微積分基本定理，在微積分的世界是非常重要的，如果沒有這兩個關鍵，微積分的發展將受到限制。它們是微積分重要的突破點，打通了進步的道路。

6.1.1 $\dfrac{1}{x}$ 積分的圖案畫法

　　而 $\dfrac{1}{x}$ 的積分是 $\ln|x|$，因為如果從 0 開始計算面積的話會到無限大，見圖 4-13。

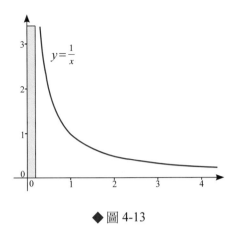

◆ 圖 4-13

當我們調整範圍是 1 到 x，可得到 $\int_1^x \frac{1}{t}\, dt = \ln|x| - \ln 1 = \ln|x| - 0 = \ln|x|$

所以就定義 $\frac{1}{x}$ 的範圍是 1 到 x，見圖 4-14。

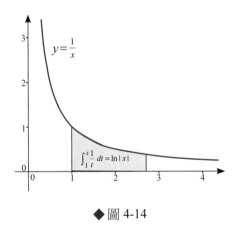

◆ 圖 4-14

如果積分時範圍是 1 到 e，很特別的，可以發現是面積是 1，見圖 4-15。

$$\int_1^e \frac{1}{t}\, dt = 1$$

$$= \left[\ln|x| + c\right]_{x=1}^{x=e} = (\ln|e| + c) - (\ln|1| + c) = 1 + c - 0 - c = 1$$

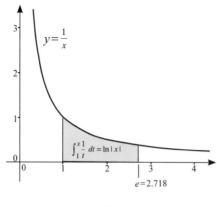

◆圖 4-15

七、對數函數如何積分

「興趣是成為數學家最重要的因素。」

納許(John Nash)
美國數學家

先前積分並沒有計算對數的積分，對數的積分如何計算，
我們可由積分表得知 $\ln x$ 的反導函數是 $x\ln x - x + c$ 。

或是利用微積分基本定理，找出誰的微分是 $\ln x$，再逆推就得到 $\ln x$ 的積分。
猜測誰的微分是 $\ln x$？

嘗試將 $x\ln x$ 的微分得到 $1 \times \ln x + x \times \dfrac{1}{x} = \ln x + 1$ ，

所以 $x\ln x - x$ 的微分是 $\ln x + 1 - 1 = \ln x$

所以，$\ln x$ 的反導函數就是 $x\ln x - x + c$

觀察動態 15 👉 。

完整部分請看附錄 10.6。

對數函數的積分：

$$f(x) = \ln x \rightarrow F(x) = \int \ln t \; dt = x \ln x - x + c$$

例題

任意底數的對數函數積分，$\displaystyle\int \log_3 x \; dx = ?$

$$\int \log_3 x \; dx = \int (\underbrace{\log_3 e}_{\text{某常數}} \times \log_e x) \; dx$$

$$= \log_3 e \times \int (\ln x) \; dx$$

$$= \log_3 e \times (x \ln x - x + c)$$

◆

結論：

由例題過程可知 $\log_a x$ 的積分，換底後，再作一次 $\ln x$ 的積分即可。

$$f(x) = \log_a x \rightarrow F(x) = \int \ln t \; dt = \log_a e \times (x \ln x - x + c)$$

八、本章節指對數的微積分總整理

「一個數學家，在他的工作中感受到與一個藝術家同樣的印象；他的愉快也同樣巨大，並具有同樣的性質。」

亨利・龐加萊

費馬沒有計算出 $\dfrac{1}{x}$ 的積分。因為有了微積分基本定理與尤拉數，後來的數學家才發現 $\dfrac{1}{x}$ 的積分是 $\ln|x|$。尤拉數 e 與微積分基本定理，在微積分的世界是非常重要的，如果沒有這兩個關鍵，微積分的發展將遲滯不前。它們是微積分重要的突破點，打通了進步的道路。

指數、對數的微分：

1. $f(x) = e^x \rightarrow f'(x) = e^x$

2. $f(x) = a^x \rightarrow f'(x) = a^x \ln a$

3. $f(x) = \ln x \rightarrow f'(x) = \dfrac{1}{x}$

4. $f(x) = \log_a x \rightarrow f'(x) = \dfrac{1}{x \ln a}$

指數、對數的積分：

1. $f(x) = e^x \;\;\rightarrow\;\; F(x) = \int e^t \, dt = e^x + c$

2. $f(x) = a^x \;\;\rightarrow\;\; F(x) = \int a^t \, dt = \dfrac{a^x}{\ln a} + c$

3. $f(x) = \dfrac{1}{x} \;\;\rightarrow\;\; F(x) = \int \dfrac{1}{t} \, dt = \ln |x| + c$

4. $f(x) = \ln x \rightarrow F(x) = \int \ln t \, dt = x \ln x - x + c$

常用的尤拉數與任意數互換：

$a^x = e^{x \ln a}$

8.1　尤拉數的性質整理

尤拉數 e 的性質：

1. $e = \lim\limits_{n \to \infty}(1 + \dfrac{1}{n})^n = \lim\limits_{h \to 0}(1 + h)^{\frac{1}{h}}$

   $= \dfrac{1}{0!} + \dfrac{1}{1!} + \dfrac{1}{2!} + \cdots = 2.71828\ 459045\ 235\ 36\cdots$

2. $e^x = \lim\limits_{n \to \infty}(1 + \dfrac{x}{n})^n = \dfrac{x^0}{0!} + \dfrac{x^1}{1!} + \dfrac{x^2}{2!} + \dfrac{x^3}{3!}\cdots$

3. $\lim\limits_{h \to 0} \dfrac{a^h - 1}{h} = \ln a$ 、 $\lim\limits_{h \to 0} \dfrac{e^h - 1}{h} = 1$

九、習題

計算出下列微分

1. $f(x) = e^{2x}$

2. $f(x) = \ln 2x$

3. $f(x) = \log_5 3x$

4. $f(x) = 5^x$

5. $f(x) = e^x \ln x$

6. $f(x) = e^{-x}$

7. $f(x) = x \ln 3x$

8. $f(x) = x^2 \log_5 3x$

9. $f(x) = 2^{(x^2)}$

10. $f(x) = \ln(x+1)$

計算出下列反導函數

1. $\int e^x + e^{-x} \, dx$

2. $\int \ln x \, dx$

3. $\int 2^x \, dx$

4. $\int \dfrac{5}{x} \, dx$

5. $\int \dfrac{1}{x+1} \, dx$

6. $\int e^{2x} \, dx$

7. $\int \ln 2x \, dx$

8. $\int 5^x \, dx$

9. $\int \dfrac{1}{x} \, dx$

10. $\int \dfrac{1}{2x} \, dx$

9.1　解答

計算出下列微分

1. $(e^{2x})' = 2e^{2x}$

2. $(\ln 2x)' = \dfrac{1}{x}$

3. $(\log_5 3x)' = \dfrac{1}{x \log 5 \ln 10}$

4. $(5^x)' = 5^x \ln 5$

5. $(e^x \ln x)' = e^x \ln x + \dfrac{e^x}{x}$

6. $(e^{-x})' = -e^{-x}$

7. $(x \ln 3x)' = \ln 3x + \dfrac{1}{3}$

8. $(x^2 \log_5 3x)' = 2x \log_5 3x + x^2(\dfrac{1}{x \log 5 \ln 10})$

9. $(2^{(x^2)})' = (2^{(x^2)} \ln 2)2x$

10. $(\ln(x+1))' = \dfrac{1}{x+1}$

計算出下列反導函數

1. $\int e^x + e^{-x} \, dx = e^x - e^{-x} + c$

2. $\int \ln x \, dx = x \ln x - x + c$

3. $\int 2^x \, dx = \dfrac{2^x}{\ln x} + c$

4. $\int \dfrac{5}{x} \, dx = 5 \ln x + c$

5. $\int \dfrac{1}{x+1} \, dx = \ln |x+1| + c$

6. $\int e^{2x} \, dx = \dfrac{1}{2} e^{2x} + c$

7. $\int \ln 2x \, dx = x \ln 2x - x + c$

8. $\int 5^x \, dx = \dfrac{5^x}{\ln x} + c$

9. $\int \dfrac{1}{x} \, dx = \ln |x| + c$

10. $\int \dfrac{1}{2x} \, dx = \dfrac{\ln |x|}{2} + c$

5 三角函數的微積分

畢達哥拉斯
〈Pythagoras〉
(BC580-BC500

喜帕恰斯
〈Hipparkhos〉
(BC195-BC125)

傅立葉
〈Joseph Fourier〉
(1768-1830)

　　很多人都會想問三角函數到底是可以做什麼，以前用在哪裡，現在又用在哪裡？三角函數的微積分，在生活上的應用是什麼？

　　三角函數早在西元希臘時期就已經開始發展，討論的角度是 0 到 90 度，又稱狹義三角函數，應用在當時的測量學上：測量山高、水深、地球半徑等等，並使用到 16 世紀。接著為了解決波動等等的問題，角度延伸到 360 度乃至到任何度數，並將其函數圖案畫在平面座標上形成曲線來討論波動的問題，此時期的三角函數又稱廣義三角函數，或稱解析三角函數。

　　三角函數在 20 世紀是非常重要的，有關 3C 產品的通訊（如：電話與電視），以及影音檔的壓縮，都必須利用到三角函數。通訊是電波信號的傳遞，而電波信號是一種波動，波動是周期函數，也就是三角函數構成的。而傳遞電波與壓縮檔案必須利用到微積分以及傅立葉的運算，所以三角函數與微積分在我們的生活是無所不在且非常實用的。事實上，近代數位通訊科技的基礎是建立在三角函數與微積分上。同時，在近代的工程、統計學也會用到大量三角函數的微積分。

　　現在的三角函數不同於希臘時期到十七世紀的狹義三角函數（0 到 90 度的三角學），已經推廣到廣義三角函數（任意角度），而廣義的三角函數的應用在現代科技中是無所不在。

一、三角函數的由來與應用

「一條曲線，將可能聽到的一切描述成最複雜的音樂演奏的效果，我認為這是數學力量的一個極好的證明。」

卡爾·皮爾森（Karl Pearson）

英國數學家和自由思想家。

1.1　三角函數的由來：相似形的故事

埃及人蓋了許多金字塔。在西元前 625-574 年間，埃及法老想知道金字塔的高度，命令祭師測量高度，但不知道如何去測量。一位來自希臘四處遊歷的數學家－泰勒斯 Thales，想到一個好方法。他提到：「太陽下的物體會有影子，影子在某一個時間點，影子長度剛好會跟高物體的高度一樣，並且不是只有那個物體而已，而是在那個時間點，所有的物體的影子長都會與對應物的高度一樣」。所以他們在金字塔旁邊立起了一根木棍，等到影子長度跟木棍一樣長的時後，再去量金字塔的影子就是金字塔的高度，見圖 5-1，最後就順利的解決法老王的問題。

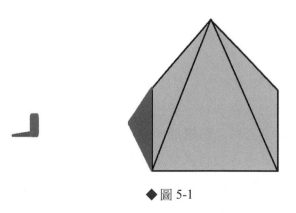

◆圖 5-1

這圖案感覺金字塔影子並沒有跟金字塔高度一樣。

原因是「金字塔頂到地面的垂點」到「影子尖端」有一部分影子被擋住。

用透視圖的長度關係，見圖 5-2，就能得到正確的金字塔高度。

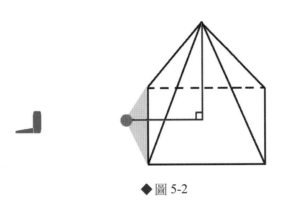

◆圖 5-2

「金字塔高度」＝「影子最長部分」＋「金字塔底邊的一半」

同時柱子長與影子長的關係，被發現不是只有相等而已，而是同一時間點，柱子長與影子長的比例關係，都是一樣的，見圖 5-3。

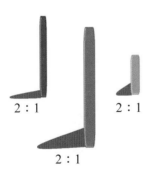

◆圖 5-3

於是開始了研究這些圖案的關係，最後發現了三角形相似形的關係，相似的兩個三角形具有對應角度相等，對應邊長成比例，如圖 5-4。

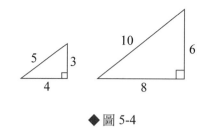

◆圖 5-4

而研究比例的學問就是三角學。

1.2 三角函數是什麼

三角函數就是三角形的函數，不過比較特別的地方是，給角度得到直角三角形的任兩邊的比例，而不同比例給予不同的名子，見圖 5-5。

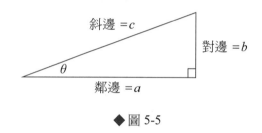

◆圖 5-5

常用的三個三角函數是 $\sin(\theta), \cos(\theta), \tan(\theta)$

為什麼要求這個比值？因為兩個相似三角形具有比例性質

會得到對應邊成比例，根據圖 5-6 就是 $a:b=d:e$

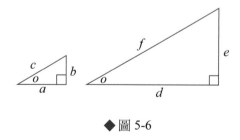

◆圖 5-6

而在國中的時候已經做過很多相關的問題，

所以可以知道相似形可以用在哪裡，

天文：可知道星星距離、地球半徑等，

地理：可知道山有多高，河有多寬等，

但其實所需要的都是要 2 個形狀，並且量出 3 個數字，利用比例來求出答案。

例如：圖 5-7 的邊長 x 為多少？

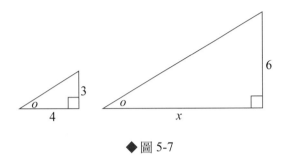

◆ 圖 5-7

$4 : 3 = x : 6 \Rightarrow 3x = 24 \Rightarrow x = 8$

但這樣列式不方便利用，因為要先找到一個參考用的相似形，

還要量出 3 個長度再計算。所以想到一個辦法，

預先作好從 1 度到 90 度，角度不同的直角三角形，

然後記錄長度比例，並製作表格，之後遇到想要測量的距離，

測量該物品的角度與其中一長度，就能快速計算出來。

例如：圖 5-8 的邊長 x, y 是多少？

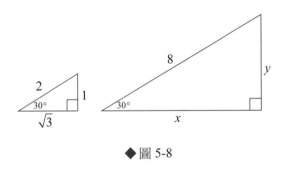

◆ 圖 5-8

固然可以直接用相似形作出答案，$x = 4\sqrt{3}$ 、$y = 4$

但如果利用比例可以知道，在 30 度的直角三角形時，$\dfrac{高}{斜邊} = \dfrac{1}{2}$

要求的直角三角形知道斜邊的情況下，就可以乘法運算出答案，$8 \times \dfrac{1}{2} = 4$ 。

為什麼是這樣算呢？是根據相似形得來的

$$y:8=1:2 \qquad 測量物高：測量物斜邊＝30度的高度：30度的斜邊$$

$$\frac{y}{8}=\frac{1}{2} \quad \Leftrightarrow \quad \frac{測量物高}{測量物斜邊}=30度的高度與斜邊的比值$$

$$y=8\times\frac{1}{2} \qquad 測量物高＝測量物斜邊\times 30度的高度與斜邊的比值$$

雖然答案會相等，但便利性就不一樣了，不是隨時都可以做出另一個相似形，並且量出長度；所以預先作好各角度的直角三角形與邊長，就能利用比例，計算測量物的長度。

而這比例的表格早在希臘時期就已經出現，希臘時期的函數表。見圖 5-9。

Κανόνιον τῶν ἐν κύκλῳ εὐθειῶν			Table of Chords		
περιφερειῶν	εὐθειῶν	ἑξηκοστῶν	arcs	chords	sixtieths
∠′	ō λα κε	ō α β ν	$\frac{1}{2}$°	0;31,25	0;1,2,50
α	α β ν	ō α β ν	1°	1;2,50	0;1,2,50
α∠′	α λδ ιε	ō α β ν	$1\frac{1}{2}$°	1;34,15	0;1,2,50
β	β ε μ	ō α β ν	2°	2;5,40	0;1,2,50
β∠′	β λζ δ	ō α β μη	$2\frac{1}{2}$°	2;37,4	0;1,2,48
γ	γ η κη	ō α β μη	3°	3;8,28	0;1,2,48
γ∠′	γ λθ νβ	ō α β μη	$3\frac{1}{2}$°	3;39,52	0;1,2,48
δ	δ ια ις	ō α β μζ	4°	4;11,16	0;1,2,47
δ∠′	δ μβ μ	ō α β μζ	$4\frac{1}{2}$°	4;42,40	0;1,2,47
ε	ε ιδ δ	ō α β μς	5°	5;14,4	0;1,2,46
ε∠′	ε με κζ	ō α β με	$5\frac{1}{2}$°	5;45,27	0;1,2,45
ς	ς ις μθ	ō α β μδ	6°	6;16,49	0;1,2,44
ς∠′	ς μη ια	ō α β μγ	$6\frac{1}{2}$°	6;48,11	0;1,2,43
ζ	ζ ιθ λγ	ō α β μβ	7°	7;19,33	0;1,2,42
ζ∠′	ζ ν νδ	ō α β μα	$7\frac{1}{2}$°	7;50,54	0;1,2,41
⋮	⋮	⋮	⋮	⋮	⋮
ροδ∠′	ριθ να μγ	ō ō β νγ	$174\frac{1}{2}$°	119;51,43	0;0,2,53
ροε	ριθ νγ ι	ō ō β λς	175°	119;53,10	0;0,2,36
ροε∠′	ριθ νδ κζ	ō ō β κ	$175\frac{1}{2}$°	119;54,27	0;0,2,20
ρος	ριθ νε λη	ō ō β γ	176°	119;55,38	0;0,2,3
ρος∠′	ριθ νς λθ	ō ō α μζ	$176\frac{1}{2}$°	119;56,39	0;0,1,47
ροζ	ριθ νζ λβ	ō ō α λ	177°	119;57,32	0;0,1,30
ροζ∠′	ριθ νη ιη	ō ō α ιδ	$177\frac{1}{2}$°	119;58,18	0;0,1,14
ροη	ριθ νη νε	ō ō ō νζ	178°	119;58,55	0;0,0,57
ροη∠′	ριθ νθ κδ	ō ō ō μα	$178\frac{1}{2}$°	119;59,24	0;0,0,41
ροθ	ριθ νθ μδ	ō ō ō κε	179°	119;59,44	0;0,0,25
ροθ∠′	ριθ νθ νς	ō ō ō θ	$179\frac{1}{2}$°	119;59,56	0;0,0,9
ρπ	ρκ ō ō	ō ō ō ō	180°	120;0,0	0;0,0,0

◆圖 5-9

同時表格的角度是圖 5-10 的 θ，而弦是 θ 對邊部分，不同於現在的三角函數，後來的改成直角三角形，變成我們現在的三角函數。

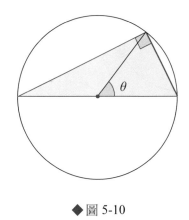

◆圖 5-10

現在常用的三角函數 sin、cos 和 tan 是以角度作為自變數的函數。用希臘字母「θ」代表角度，所以三角函數寫成 $\sin(\theta), \cos(\theta), \tan(\theta)$，此時的角度只用到 0 到 90 度之間，就足夠求全部的情況。希臘時代所應用的三角函數局限在「正數值」的範圍內，因為希臘時代的數學家仍不知「負數」為何物。(負數為印度數學家於西元 9 世紀發明，但歐洲數學家至西元 17 世紀才接受負數的概念。) 這個「局限」三角函數在古代天文測量已發揮極大的價值。以喜帕恰斯的重要結果為例，可求出地球半徑、地球到月球距離。

此刻的三角函數功能，比較類似九九乘法表，說是三角形比例值表可能更為貼切，在當時被稱為「三角學」。而計算規則，如同指數律，沒有討論函數圖形。所以這邊的三角函數又稱狹義三角函數。

1.3　各個三角函數的名稱是什麼意思

觀察各三角函數圖就知道名稱與圖案關係，至於是一半是因直角三角形的關係。

1.sin 稱為正弦：應該稱為半弦長，

　　　　　sin 在單位圓上是隨圓心角的真正弦長一半。見圖 5-11。

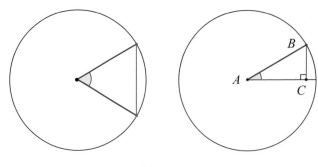

◆圖 5-11

原因：$\sin \angle A = \dfrac{\overline{BC}}{\overline{AB}} = \dfrac{\overline{BC}}{1} = \overline{BC}$，$\overline{BC}$ 是弦的一半。

2.cos 稱為餘弦：相對於正弦，單位圓形內的直角三角形另一邊長度。

原因：$\cos \angle A = \dfrac{\overline{AC}}{\overline{AB}} = \dfrac{\overline{AC}}{1} = \overline{AC}$ 。

3.tan 稱為正切：應該稱為半切線長，

tan 在單位圓上是隨圓心角度的真正切線長一半。見圖 5-12。

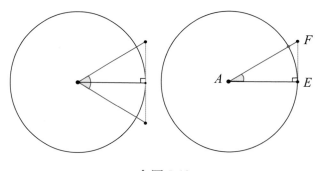

◆圖 5-12

原因：$\tan \angle A = \dfrac{\overline{EF}}{\overline{AE}} = \dfrac{\overline{EF}}{1} = \overline{EF}$ ，$\overline{EF}$ 是切線長的一半。

4.cot 稱為餘切：相對於正切，如果半切線長為 1，可利用餘切算出半徑。

5.sec 正割：在單位圓上是割線長度的 F 點到圓心 A。

F 點是隨圓心角開口的延伸線與切線的交點。見圖 5-13。

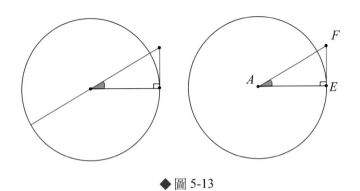

◆圖 5-13

原因：$\sec \angle A = \dfrac{\overline{AF}}{\overline{AE}} = \dfrac{\overline{AF}}{1} = \overline{AF}$。

6.csc 餘割：相對於正割，如果半切線長為 1，可利用餘割算出 $\overline{AF}$ 長度。

1.4　喜帕恰斯如何利用三角函數測量天文

1.4.1　計算地球半徑

　　喜帕恰斯計算地球半徑的過程概述如下：

　　爬上一座 3 英里高的山，向地平線望去，測量視線和垂直線之間的夾角，圖中的 $\angle CAB$，測得這角近似於 87.67°，見圖 5-14。

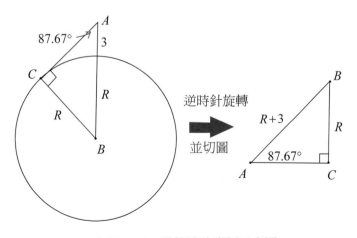

◆圖 5-14　計算地球半徑示意圖

　　而在這需利用三角函數的 sin 函數，也就是 $\dfrac{對邊}{斜邊}$，

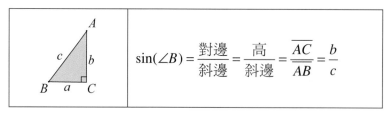

由圖可看出需查 sin 表 87.67 度是多少

$$\sin(87.67°) = \frac{R}{R+3} = 0.99924$$

$$R = 0.99924(R+3)$$

$$R = 0.99924R + 0.99924 \times 3$$

$$0.00076R = 2.99772$$

$$R = 3944.3\overset{7}{6}8\cdots \qquad 四捨五入$$

$$R \approx 3944.37 \qquad 地球半徑約 3944.37 英里$$

喜帕恰斯計算出地球半徑 3944.37 英里。

與現代科技，測量到的地球半徑 3961.3 英里，只差 17 英里，誤差不到 0.4%！

2200 年前喜帕恰斯運用三角測量學，得到如此驚人的結果，簡直是「酷」！

1.4.2 計算地球到月球的距離

假設：1. 從地球中心到月球中心為圖中的 A 點到 B 點 = $\overline{AB}$

　　　2. 由 B 作一條至地球表面的切線

　　　3. 切點為 C，如圖 5-15 所示

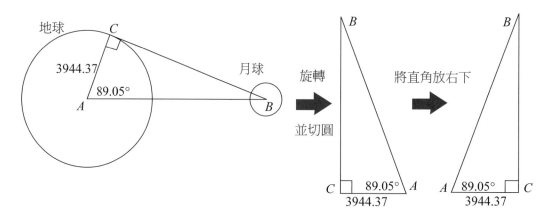

◆ 圖 5-15　計算地球到月球距離示意圖

而在這需利用三角函數的 cos 函數，也就是 $\dfrac{\text{鄰邊}}{\text{斜邊}}$，

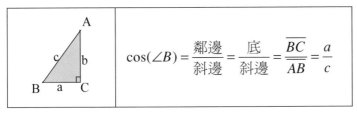

$$\cos(\angle B) = \dfrac{\text{鄰邊}}{\text{斜邊}} = \dfrac{\text{底}}{\text{斜邊}} = \dfrac{\overline{BC}}{\overline{AB}} = \dfrac{a}{c}$$

由圖可看出需查 cos 表 89.05 度是多少

$$\cos(89.05°) = \dfrac{\overline{AC}}{\overline{AB}}$$

由上一個問題已經得到地球半徑 = 3944.37 英里

因為 $\angle A$ 是 C 點的緯度，

喜帕恰斯從他建構的經緯系統得知 $\angle A$ 約等於 89.05°

$$\cos(89.05°) = 0.01658$$

$$0.01658 = \dfrac{3944.37}{\overline{AB}}$$

$$\overline{AB} = \dfrac{3944.37}{0.01658}$$

$$\overline{AB} = 237\overset{8}{9}99.27\cdots \quad \text{四捨五入}$$

$$\overline{AB} \approx 238000 \qquad \text{地球到月球約 238000 英哩}$$

與現代高科技測量到的「平均距離」240000 英里。

相比較之下，誤差不到 0.8% ！所以說三角函數的確可靠。

相似形是三角函數的基礎，三角函數是測量的基礎，所以三角函數很重要。

補充說明

喜帕恰斯－方位天文學之父
喜帕恰斯是古希臘的天文學家，傳說中說視力非常好，是第一個發現巨
蟹座的 M44 蜂巢星團。
除此之外還有以下的貢獻：
1. 星星的亮度，視星等，由他第一個制定，將星星分成 6 個等級。
   而到現在發現更多的星星，喜帕恰斯所做的星等已經無法涵蓋全部，
   所以增加「負星等」，來涵蓋當時沒看到的星星。

2. 並且發現「歲差」地現象，地球自轉地角度偏移現象。
   在後來因牛頓才得以證實。

3. 發現一年有 $365\frac{1}{4}$ 天多，與現在測量只差 14 分鐘。

   月亮的週期 29.53059 天，與現在算出 29.53059 天差不多。

為了紀念他，歐洲太空發射的第一個衛星，就命名為喜帕恰斯衛星。

1.5　三角學到三角函數，現代生活的應用

17 前半世紀，物質世界的描述非常需要用到數學。尤其在力學，航海學的「振動」及「波動」的現象，急需有效的數學工具來分析。三角函數是分析所有波動現象的必要工具。那麼什麼是「波動」呢？從物理特性而言，波動的形狀應有下列特性：有波峰，有波谷並且相同的曲線一再重覆。「一再重覆」的函數稱為週期函數 (Periodic Function)。

所謂週期，就是函數曲線重覆一次時，其相對應的時間長度。以正弦函數而言，每隔 2π 重覆一次，因此是週期為 2π 的週期函數。見圖 5-16。

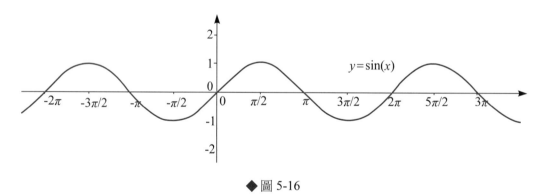

◆圖 5-16

圖 5-17 為一個典型週期函數 (振動波形) 的圖形，這類波動圖形在物理，自然世界非常普遍。

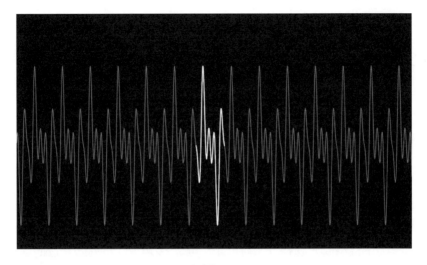

◆圖 5-17

sin(x) 與典型週期函數比較，雖然都是週期函數，然而典型週期函數的波形看來比正弦波形複雜多了，因為是由多個三角函數組成的合成函數

　　事實上，自 17 世紀以來直到現在，所有的生活層面，任何和熱傳導、電波、聲波、光波有關的事物，都是以三角函數作為分析及設計的基本工具。同時近代的通訊及傳播系統從電話、電視、廣播、網際網路、MP3、GPS 定位系統都是廣義三角函數的應用。

1.5.1　生活中的波形

　　為什麼稱為波形？因為就如同水波、繩波一樣，上下震盪波動。如：漣漪，見圖 5-18、5-19。

◆圖 5-18

◆圖 5-19

漣漪截面圖就是波形，而這波形就是 $y = \sin(x)$，見圖 5-20。

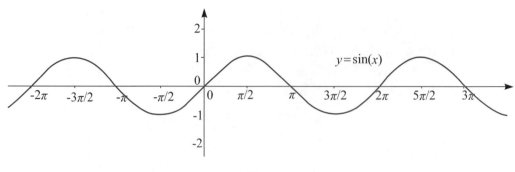

◆圖 5-20

接著介紹其他生活上的波形。

a. 傳聲筒：小時候都玩過杯子傳聲筒，拉緊後就可以傳遞聲音，講話的時候可以看到繩子有振動，而那振動就是一種波形，只是傳的太快看不清楚，聲波的圖案就是三角函數的周期波，見圖 5-21。

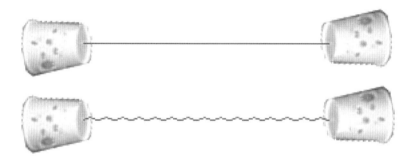

◆圖 5-21

b. 音階：而我們熟知的聲音 Do、Re、Mi，和弦的也是一種波形。 觀察影片 1 。

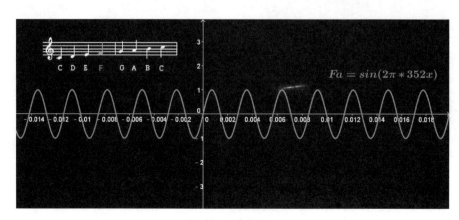

影片示意圖 1

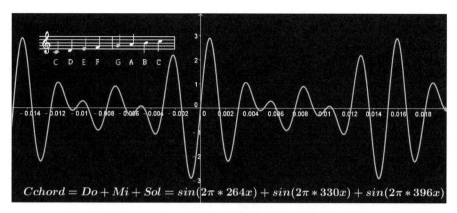

$$Cchord = Do + Mi + Sol = sin(2\pi * 264x) + sin(2\pi * 330x) + sin(2\pi * 396x)$$

影片示意圖 2

補充說明

　　數學家**畢達哥拉斯創立五音音階**，畢達哥拉斯生於西元前 569 年，是古希臘數學家，組成了「畢達哥拉斯學派」，他們認為世界萬物的源頭是數學，數學是神聖的，認為沒有數學，人類就不能思考，宇宙也沒有規律可言。

　　學派成員被要求秘密不得外洩，不能加入其他學派，不準外傳知識。但這學派也是男女平權的先驅，容許貴族婦女來聽課，學派也有十多名女學者，這是其他學派所沒有的。

　　畢達哥拉斯的趣事，他認為所有人都要懂幾何，有一次他看到一個勤勉的窮人，他教他學習幾何，因此對他說學會一個幾何定理，就給他一塊錢幣，於是窮人便學習幾何。過了一段時間後，這窮人卻對幾何產生很大的興趣，反而要求畢達哥拉斯教快一點，並且說多教一個定理，就給畢達哥拉斯一個錢幣，沒多久後，畢達哥拉斯就把以前給窮人的錢幣全都賺回來了。

　　畢達哥拉斯的學生希伯斯，研究畢氏定理時，發現了一個新的數 $\sqrt{2}$，這個數不符合畢達哥拉斯的論點，畢達哥拉斯認為所有的數可寫成分數。因為希伯斯向外洩漏的關係，希伯斯被處死。

　　畢達哥拉斯是有名的數學家，同時也是音階 Do 、Re 、Mi 的創造者。

　　二十多歲的時候曾在埃及留學，學習哲學及天文學，對於埃及的音樂及種類繁多的樂器，也表現出高度的興趣。西元前 500 年，古希臘數學家畢達哥拉斯外出散步，經過一家鐵匠舖，裡面傳來幾位鐵匠，鐵鎚打鐵的聲音，當許多鐵鎚聲疊在一起時，有時會發出悅耳的聲音，也會發出刺耳的聲音。走進打鐵店裡，試著尋找哪些東西是會發出悅耳聲音？發現了幾個材質會發出好聽的聲音，在自製的單絃琴上，一邊移動、一邊進行各式各樣的聲音實驗。根據弦的長度計算出，當時所使用的一切音程，然後發現了，按壓點以整數比來發出來的聲音會，是最美妙的聲音，於是畢達哥拉斯創造了音律，5 個音階，一直到現代延伸出 7 個音階，創造出各式各樣的音樂。

音階	比例	按壓點	圖
Do	C	1	空彈

音階		比例	按壓點	圖
Re	D	8：9	$\frac{8}{9}$ 壓住	
Mi	E	64：81	$\frac{64}{81}$ 壓住	
Fa	F	3：4	$\frac{3}{4}$ 壓住	
Sol	G	2：3	$\frac{2}{3}$ 壓住	
La	A	16：27	$\frac{16}{27}$ 壓住	
Si	B	128：243	$\frac{128}{243}$ 壓住	
高八度 Do	高八度 C	1：2	$\frac{1}{2}$ 壓住	

這也是我們弦樂器按的點的位置，一直沿用至今。

圖 5-22：中世紀的木刻，描述畢氏及其學生用各種樂器，研究音調高低與弦長的比率。

「數字是所有事物的本質」－－－－－－－－－－－畢達哥拉斯 (Pythagoras)
「弦的振動中有幾何學，天體的運行中有音樂」－－畢達哥拉斯 (Pythagoras)

補充說明

愛因斯坦的畢氏定理證明

　　講到畢達哥拉斯就想到畢氏定理，這邊介紹愛因斯坦的畢氏定理證明。愛因斯坦很聰明（阿爾伯特‧愛因斯坦，德語：Albert Einstein，猶太裔理論物理學家），從數學、物理、天文到相對論，但他在小時後並非如大眾所想的每科成績優異，而是常喜歡思考自己有興趣的東西，對其他的則不感興趣。他的才華在數學上，將不容易思考的東西，簡單的把它說明出來，如大家耳熟能詳的畢氏定理：$a^2 + b^2 = c^2$，他用一個方法來證明，我們可以知道相同三個角度的三角形，邊長比例會相同，不論是直角三角形、銳角三角形、鈍角三角形，這邊我們以直角三角形為例。見圖 5-23。

3、4、5 與 6、8、10 的三角形邊長差兩倍，並且每個對應角度都相等。

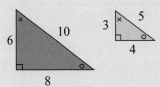

◆圖 5-23

而他是怎樣證明的呢？

步驟 1.　　先把直角三角形斜邊當底。見圖 5-24。

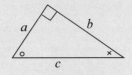

◆圖 5-24

可以看到 $O+X$ 是 90 度。

步驟 2.　　作高，得到兩個直角三角形。見圖 5-25。

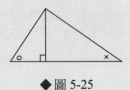

◆圖 5-25

步驟 3.　　而我們知道 $O+X$ 是 90 度，所以其他位置的角度，見圖 5-26。

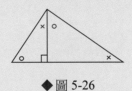

◆圖 5-26

步驟 4.　　將各長度標上去，並拆圖，發現相似形，左邊三角形的邊長，存在一個比例與大三角形相似，如圖 5-27 所示

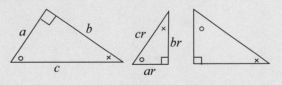

◆圖 5-27

步驟 5.　　因底邊長全長是 C，所以右邊三角形的長度為圖 5-28 所示

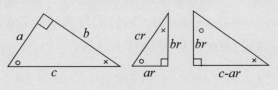

◆圖 5-28

步驟 6.　　所以由圖 5-28 可知 $a=cr$，並且右邊三角形與整個三角形，因相似形關係，比例相
　　　　　　等，$br:(c-ar)=a:b$

$$br:(c-ar)=a:b$$
$$\Rightarrow br \div (c-ar) = a \div b$$
$$b^2r = ac - a^2r$$
$$a^2r + b^2r = ac \qquad 分配律，以及 a=cr$$
$$(a^2+b^2)r = (cr)\times c$$
$$a^2+b^2 = c^2$$

步驟 7.　　得到直角三角形的邊長關係，也就是畢氏定理。

愛因斯坦利用了他觀察的結果，使我們能夠簡單的了解畢氏定理。
這方法比起以往的證明，還要來的省圖案與想像空間，不過較偏重計算的部分。

c. 彈簧反彈時的伸長量，見圖 5-30。

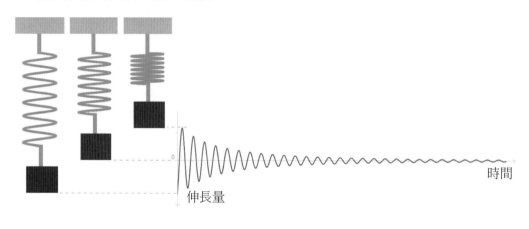

伸長量

時間

◆圖 5-30

d. 生活上的波形

　　電話、網路：通訊的原理也是建立在三角函數上，將說話者的聲音紀錄成三角
函數，傳到另一端，然後再次轉換成聲音輸出。電波、電子訊號也是如此，不過多
了一個階段先送去衛星，再送到另一端。科技的發達可有效的傳遞得更清晰完整，
並且降低雜訊。觀察訊號的波動。見圖 5-31 ～ 5-33。

電波：

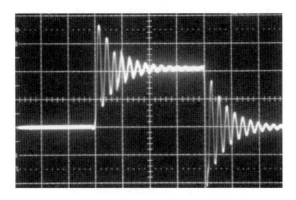

◆圖 5-31

典型的調幅 (AM) 訊號波形 $S_a(t) = (A + Ms(t))\sin(wt)$

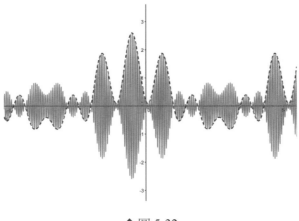

◆圖 5-32

典型的調頻 (FM) 訊號波形

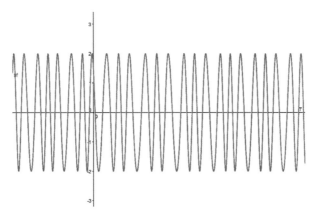

◆圖 5-33

通訊的傳遞電波概念，就是接收電波的頻率，如收音機能調整頻率來接收電波。工程師從示波器觀察波形，而後用頻譜儀分析頻率的組成，最後得到三角函數組成的波形，再將此波形轉譯成聲音。以上的動作如同密碼學的代碼查詢。我們可以看看以下例子可以更清楚通訊的概念。

1. 荒島的燃煙信號－視覺

荒島上燃燒物品製造濃煙，這對空中經過、海上經過的人就是一種信號，濃煙就是有人在求救。

2. 中國長城的狼煙信號－視覺

不同的顏色的煙代表不同的意思，如敵人來襲、集合、等等。

3. 夜晚的港口燈塔燈號－視覺

用明暗交替的時間差來代表其意義。

4. 行軍間的旗語－視覺

由專門的人打出旗語，另一端觀察，並翻議其意義，並打出回復的旗語。

5. 摩斯電碼－聽覺

利用長短音與，代表各個字母，達到傳遞訊息與保密的功能。

6. 通訊信號－電波

發送端，將圖案或是聲音用三角函數紀錄下來，以波動的形式發送出去，也就是電波，接收端收到一連串的波動後，將波動還原成三角函數，再還原成圖案或是聲音。

總結：

通訊的概念就是用三角函數來紀錄電波，以及大量微積分運算和傅立葉轉換才能正確傳送與接收。同時 1. 因為檔案過大，所以檔案需要壓縮，2. 傳遞途中會產生一些雜訊，接收端需要想辦法除去雜訊，才能得到更清晰的聲音品質。檔案的數位化動作(壓縮與清晰)需要用到三角函數的微積分，所以說三角函數對現代通訊以及數位化是非常重要的。

1.6　波形與三角函數

接下來討論波形與三角函數的關係。原本是局限的三角函數（0 到 90 度），但波形是無限延伸，所以有必要先了解廣義三角函數，也就是角度範圍變成任意角度。

觀察動態 2 ☞

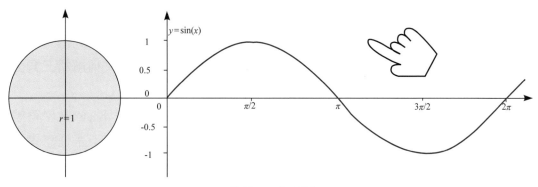

動態 2 示意圖

　　廣義三角函數的波形繪製，θ 從 0 度增加到 360 度。角度用弧度表示，稍後解釋為什麼使用弧度。 如此一來三角函數從直角三角形的 0 到 90 度「推廣」到 0 到 360 度也就是 0 到 2π 的函數。

　　仔細觀察兩個圖形 $y=\sin(x)$ 與 $y=\cos(x)$ 的函數圖形，我們發現一個有趣的現象：如果將 θ 從 2π 繼續增加到 4π，則函數圖形也畫出完全相同的一段曲線，然後不斷重複。

觀察動態 3 ☞

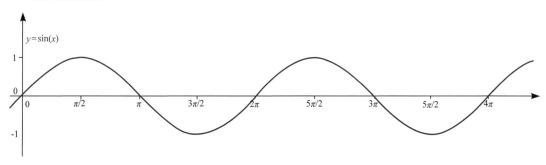

動態 3 示意圖

觀察動態 4

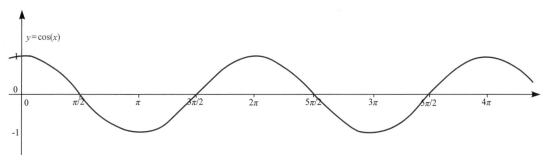

動態 4 示意圖

　　所以可以看到三角函數，從 0 到 90 度推廣到任意角度，並以弧度表示，稱為
廣義三角函數；三角函數在平面座標上，週而復始的重複，在一段期間內，所以又
稱**週期函數** (Periodic Function)；而三角函數有助分析其他科學，又稱**解析三角函數**
(Analytic Trigonometric Function)

　　此外，自變數既然可以是任何實數，就不必要局限在角度。因為依數學符號的
慣例，希臘字 θ 代表角度，會讓人容易聯想是 360 度內的數字，而不是任意實數。
並且我們在畫曲線是在以 x, y 為兩軸的平面座標上，因此，擴展後的正弦函數我們
用 $y = \sin(x)$ 表示，而 $x \in \mathbb{R}$ ，用 x 取代 θ 作為自變數的符號可彰顯正弦函數已「跳
脫」局限在三角形的概念，其他的三角函數亦同。

　　有時侯，我們稱 $\sin(x), \cos(x), \tan(x)$ 等等為「解析三角函數、廣義三角函數、週
期函數」，以區別於傳統的 $\sin(\theta), \cos(\theta), \tan(\theta)$。

補充說明

想問不敢問的問題－弧度
(1) 為什麼角度要改成弧度？
原先角度是用來描述角的開口大小程度，但為了區別圖案上的長度，所以加個小圈圈避免混
淆。見圖 5-34。

◆圖 5-34

但使用小圈圈描述開口大小，其實在數學使用上有著種種不便
1.　對於書寫計算上，有時小圈圈會被誤認為是 0，也就是 15° 寫太醜變成 150，被當成是
　　150 度來計算，
2.　廣義三角函數的作圖，橫軸用角度不易觀察曲線變化。見圖 5-35：

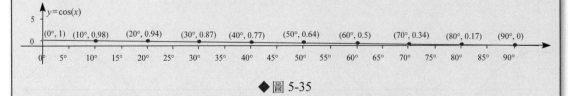

◆圖 5-35

　座標平面已習慣只看到數字，再看到一個角度的小圓圈，畫面會很亂。

　　同時圖案是一格單位是 5，所以如果是 1 比 1 的原始圖案將會更平坦沒有起伏，所以找一個關係式，把角度換數字，此數字的意義為弧度 (稍後說明內容)，用弧度來代替角度來描述開口大小，使圖案方便觀察。

　　觀察圖 5-36，角度與弧度的差異性。

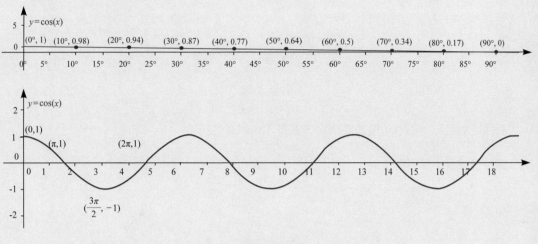

◆圖 5-36

　　可以看到如果用弧度表示的話，可以讓圖案有明顯的變化，並且不用壓縮圖案。

角度換弧度關係式是 $\pi = 180°$。角度換弧度的優點
1.　將作圖變更清晰
2.　使與 π 有關的公式變精簡。

	角度	弧度
弧長公式	$s = \dfrac{x°}{360°}\pi r$	$s = r\theta$
扇形面積公式	$A = \dfrac{x°}{360°}\pi r^2$	$A = \dfrac{1}{2}r^2\theta$

　　所以開口大小有兩個寫法，一個以弧度（實數）表示，一個角度（小圈圈）表示。
(2) 為什麼角度換弧度的關係式是 $180° = \pi$ ？
　　已知角度換弧度是為了方便作三角函數圖，所以找有意義的式子來換算。
　　我們知道正三角形是 3 個角度是 $60°$，並且三個邊長一樣長。見圖 5-37。

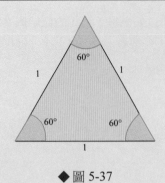

◆ 圖 5-37

而弧度就是思考圓心角度是要幾度，弧長才會跟半徑相等

弧長公式是：參考圖 5-38

弧長
=圓周長×比例
=直徑×圓周率×$\dfrac{圓心角度}{360°}$
=$2r×\pi×\dfrac{\theta}{360°}$

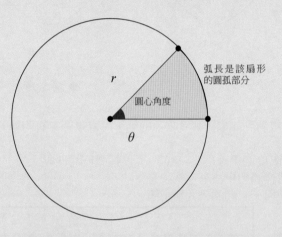

◆ 圖 5-38

所以當弧長＝半徑時，參考圖 5-39

$$2r×\pi×\dfrac{\theta}{360°}=r$$

$$2\pi×\dfrac{\theta}{360°}=1$$

$$\theta=\dfrac{360°}{2\pi}$$

$$\theta=\dfrac{180°}{\pi}$$

$$\theta=\dfrac{180°}{3.14}$$

$$\theta≒57.3°$$

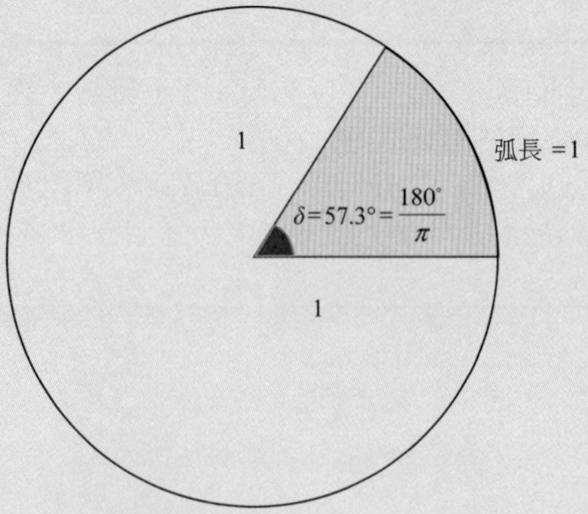

◆ 圖 5-39

可以發現 $\theta = \dfrac{180°}{\pi} \doteq 57.3°$ 時，發現半徑等於弧長，這個角度具有特殊性。

就定這個角度 $\theta = \dfrac{180°}{\pi} \doteq 57.3°$ 為數字 1，因為 $\dfrac{180°}{\pi} \equiv 1$ ，所以 $180° \equiv \pi$ 。

此數字是用弧長描述開口大小，所以稱「弧度」。

同時在單位圓上，弧度的數字等於弧長的數字。

(3) 角度換弧度關係式，不是圓周率等於 180 度

角度換弧度關係式：$\pi = 180°$，大多數人對於圓周率這個比率等於 180 度感到困惑。實際上，不是圓周率等於 180 度。而是開口大小的兩個不同描述方式，弧度數值是圓周率的數值時，恰等於開口的角度表示的 180 度。

所以我們應該唸作，弧度 π ＝角度 $180°$。

此換算如同：一本電子書是 2 美元，也可寫作 60 台幣。

二、三角函數的導函數

「數學，正確地看，不僅擁有真，也擁有至高的美。一種冷而嚴峻的美，一種屹立不搖的美。如雕塑一般，一種不為我們軟弱天性所動搖的美。不像繪畫或音樂那般，有著富麗堂皇的修飾，然而這是極其純淨的美，祇有這個最偉大的藝術才能顯示出最嚴格的完美。」

伯特蘭・羅素

Bertrand Arthur William Russell 英國哲學家、數學家和邏輯學家

利用微分的定義 $f'(a) = \lim\limits_{h \to 0} \dfrac{f(a+h) - f(a)}{h}$ ，計算三角函數的微分

<u>正弦函數 sin(x) 的導函數</u> ，已知 $f'(a) = \lim\limits_{h \to 0} \dfrac{f(a+h) - f(a)}{h}$

$$= \lim_{h \to 0} \frac{\sin(a+h) - \sin(a)}{h}$$

$$= \lim_{h \to 0} \frac{\sin(a)\cos(h) + \cos(a)\sin(h) - \sin(a)}{h} \qquad \text{展開和差化積}$$

$$= \lim_{h \to 0} \frac{\cos(a)\sin(h)}{h} + \lim_{h \to 0} \frac{\sin(a)[\cos(h)-1]}{h} \qquad 分類$$

$$= \cos(a) \lim_{h \to 0} \frac{\sin(h)}{h} + \sin(a) \lim_{h \to 0} \frac{\cos(h)-1}{h}$$

而 $\lim_{h \to 0} \dfrac{\sin(h)}{h}$ 與 $\lim_{h \to 0} \dfrac{\cos(h)-1}{h}$ 各是多少？

1. 觀察 $\lim_{h \to 0} \dfrac{\sin(h)}{h}$ 趨近怎樣的值？ 觀察動態 6 ☞

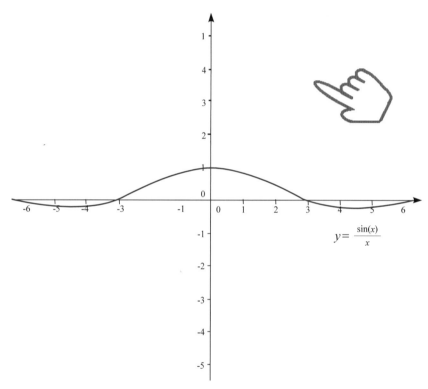

$$y = \frac{\sin(x)}{x}$$

動態 6 示意圖

x	y
-3	0.0470400026866
-2	0.4546487134128
-1	0.8414709848079
-0.5	0.9588510772084
-0.1	0.9983341664683

x	y
3	0.0470400026866
2	0.4546487134128
1	0.8414709848079
0.5	0.9588510772084
0.1	0.9983341664683

x	y
-0.01	0.9999833334167
-0.001	0.9999998333333
-0.0001	0.9999999983333
-0.00001	0.9999999999833
-0.000001	0.9999999999998

x	y
0.01	0.9999833334167
0.001	0.9999998333333
0.0001	0.9999999983333
0.00001	0.9999999999833
0.000001	0.9999999999998

可以看到 x 值趨近 0 時，y 值趨近 1，但這是為什麼呢？ 觀察動態 5 ☞

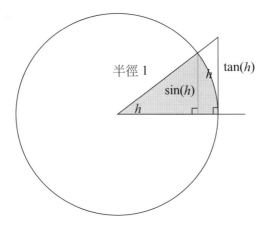

動態 5 示意圖

可看到正弦、弧長、正切，三者長度越來越接近。

利用夾擠定理，

由圖可知　　　　　$\sin(h) < \quad h \quad < \tan(h)$

$\tan(h)$ 可分解　$\sin(h) < \quad h \quad < \dfrac{\sin(h)}{\cos(h)}$

同除 $\sin(h)$ 　　　$1 < \dfrac{h}{\sin(h)} < \dfrac{1}{\cos(h)}$

倒數關係　　　　$1 > \dfrac{\sin(h)}{h} > \cos(h)$

取極限　　　　$\displaystyle\lim_{h \to 0} 1 > \lim_{h \to 0} \dfrac{\sin(h)}{h} > \lim_{h \to 0} \cos(h)$

$$1 > \lim_{h \to 0} \dfrac{\sin(h)}{h} > 1$$

夾擠定埋 $\Rightarrow \lim\limits_{h \to 0} \dfrac{\sin(h)}{h} = 1 ...(*)$

2. 觀察 $\lim\limits_{h \to 0} \dfrac{\cos(h) - 1}{h}$ 趨近怎樣的值？ 觀察動態 7

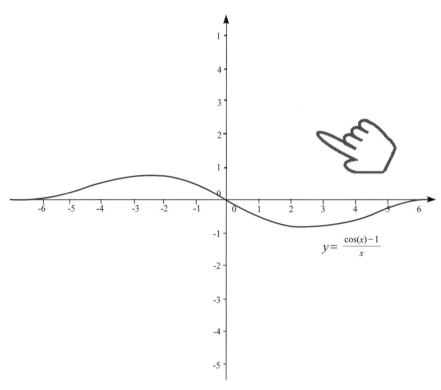

$$y = \dfrac{\cos(x) - 1}{x}$$

動態 7 示意圖

x	y
-3	0.6633308
-2	0.7080734
-1	0.4596977
-0.5	0.2448349
-0.1	0.0499583
-0.01	0.0050000
-0.001	0.0005000
-0.0001	0.0000500
-0.00001	0.0000050
-0.000001	0.0000005

x	y
3	-0.6633308
2	-0.7080734
1	-0.4596977
0.5	-0.2448349
0.1	-0.0499583
0.01	-0.0050000
0.001	-0.0005000
0.0001	-0.0000500
0.00001	-0.0000050
0.000001	-0.0000005

可以看到 x 值趨近 0 時，y 值趨近 0，但這是為什麼呢？

答：

$$\lim_{h \to 0} \frac{\cos(h) - 1}{h}$$

$$= \lim_{h \to 0} (\frac{\cos(h) - 1}{h} \times \frac{\cos(h) + 1}{\cos(h) + 1})$$ 同乘不為 0 的數字

$$= \lim_{h \to 0} \frac{[\cos(h)]^2 - 1}{h[\cos(h) + 1]}$$ 　　　　化簡

$$= \lim_{h \to 0} \frac{-[\sin(h)]^2}{h[\cos(h) + 1]}$$

$$= \lim_{h \to 0} \frac{\sin(h)}{h} \times \lim_{h \to 0} \frac{-\sin(h)}{[\cos(h) + 1]}$$

$$= 1 \times \frac{-0}{2}$$

$$= 0$$

$$\Rightarrow \lim_{h \to 0} \frac{\cos(h) - 1}{h} = 0 ... (**)$$

回到問題

$f'(a) = (\sin(a))'$

$$= \cos(a) \lim_{h \to 0} \frac{\sin(h)}{h} + \sin(a) \lim_{h \to 0} \frac{\cos(h) - 1}{h}$$ 將 (*) 與 (**) 代入

$$= \cos(a) \times 1 + \sin(a) \times 0$$

$$= \cos(a)$$ 對某一點

對每一點 a 都成立，將 a 改成 x，就是對每一點都成立

$\Rightarrow f'(x) = \cos(x)$ 對每一點

正弦函數的導函數：

$$f(x) = \sin(x) \Rightarrow f'(x) = \cos(x)$$

2.1　三角函數的導函數（微分）

三角函數的導函數如下表，證明過程請看附錄。

正弦函數的導函數： $f(x) = \sin(x) \Rightarrow f'(x) = \cos(x)$

餘弦函數的導函數： $f(x) = \cos(x) \Rightarrow f'(x) = -\sin(x)$

正切函數的導函數： $f(x) = \tan(x) \Rightarrow f'(x) = [\sec(x)]^2$

正切函數的導函數： $f(x) = \cot(x) \Rightarrow f'(x) = -[\csc(x)]^2$

正割函數的導函數： $f(x) = \sec(x) \Rightarrow f'(x) = \sec(x)\tan(x)$

餘割函數的導函數： $f(x) = \csc(x) \Rightarrow f'(x) = -\csc(x)\cot(x)$

2.2 三角函數圖的微分動態圖

觀察動態 8：$\sin(x)$ 的微分 👁

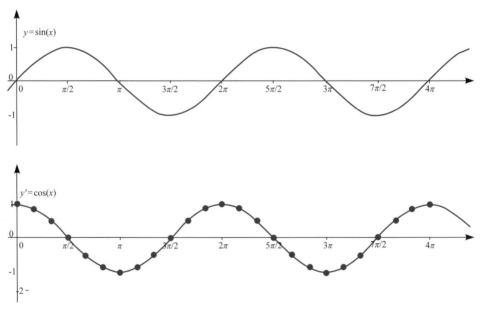

動態 8 示意圖

觀察動態 9：$\cos(x)$ 的微分 👁

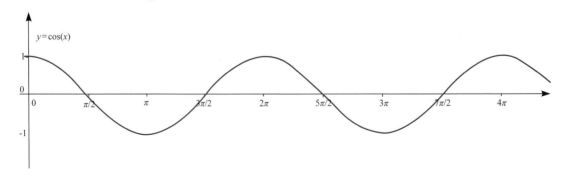

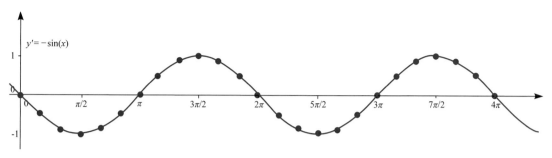

$y' = -\sin(x)$

動態 9 示意圖

觀察動態 10：$\tan(x)$ 的微分

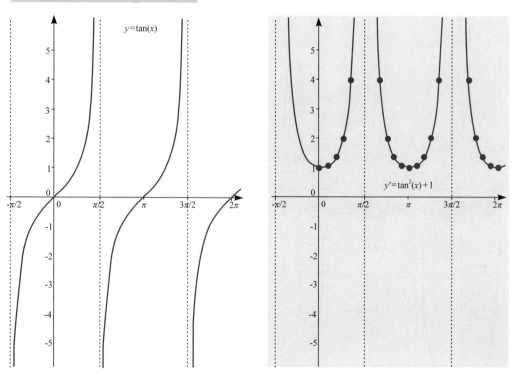

$y = \tan(x)$

$y' = \tan^2(x) + 1$

動態 10 示意圖

觀察動態 11：$\cot(x)$ 的微分

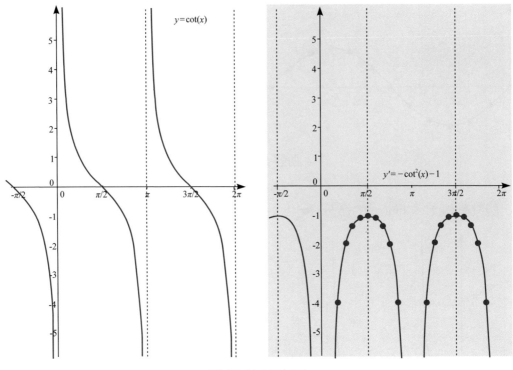

動態 11 示意圖

觀察動態 12：sec$x$ 的微分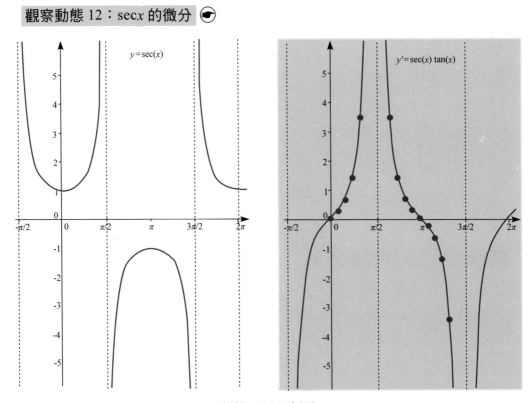

動態 12 示意圖

觀察動態 13：sec(x) 的微分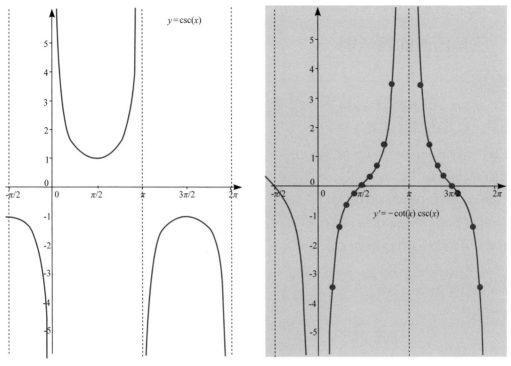

動態 13 示意圖

值得注意的是，三角函數微分不像是 x^p 函數微分，規則是 px^{p-1}，
每一個三角函數的微分，都必須單獨求出。
原因是曲線各不相同，才會差異性這麼大。

快速記憶方法：
由於三角函數彼此之間都是相關的，所以只需要記得兩組就能推出全部。

1. $(\sin(x))' = \cos(x)$
2. $(\cos(x))' = -\sin(x)$

3. $(\tan(x))' = (\sec(x))^2$
4. $(\cot(x))' = -(\csc(x))^2$

5. $(\sec(x))' = \sec(x)\tan(x)$
6. $(\csc(x))' = -\csc(x)\cot(x)$

cos、cot、csc 的微分都是有負號。微分結果是其同組部分的相反部分

所以只要記 3 個，再沿伸另外 3 個，

或是背 sin 與 cos 的導函數，再利用微分公式推導其他 4 個。

2.3 三角函數的鍊法則

例題1

$f(g(x)) = \sin(2x)$ 的導函數為何？

用和差化積方法展開再微分

$(\sin(2x))' = (\sin(x)\cos(x) + \cos(x)\sin(x))'$

$= (2\sin(x)\cos(x))'$

$= 2[(\sin(x))'\cos(x) + \sin(x)(\cos(x))']$

$= 2[(\cos(x))\cos(x) + \sin(x)(-\sin(x))]$

$= 2[(\cos(x))\cos(x) - \sin(x)(\sin(x))]$

$= \cos(2x) \times 2$

$\Rightarrow (\sin(2x))' = 2 \times \cos(2x)$

用鍊法則去解：

令：$u = g(x) = 2x \Rightarrow \dfrac{du}{dx} = 2$

$f(u) = \sin(u) \Rightarrow \dfrac{df}{du} = \cos(u)$

所以 $\dfrac{df}{dx} = \dfrac{du}{dx} \cdot \dfrac{df}{du} = 2 \times \cos(u)$

代入 $u = 2x$，得到 $\dfrac{df}{dx} = 2\cos(2x)$

所以鍊法則正確，並且快速。 ♦

例題2

若 $f(x) = \cos(\sin(x))$，則 $f(x)$ 的導函數為何？

無法展開只能用鍊法則來微分。

令：$u = \sin(x) \Rightarrow \dfrac{du}{dx} = \cos(x)$

$f(u) = \cos(u) \Rightarrow \dfrac{df}{du} = -\sin(u)$

所以 $\dfrac{df}{dx} = \dfrac{du}{dx}\dfrac{df}{du} = \cos(x)(-\sin(u)) = -\cos(x)\sin(u)$

代入 $u = \sin(x)$ ，得到 $\dfrac{df}{dx} = -\cos(x)\sin(\sin(x))$ ◆

三、三角函數的積分

「對自然的深入研究是數學家發現的最豐富的源泉。」

約瑟夫・傅立葉（法語：Joseph Fourier）

法國數學家、物理學家。

利用微積分基本定理，可以得到積分。

1. 已知 $(\sin(x))' = \cos(x)$ 利用微積分基本定理，可知

$\displaystyle\int_0^x \cos(t)\,dt$

$= \sin(t)\,|_0^x$

$= \sin(x) - \sin(0)$

$= \sin(x) - 0$

$= \sin(x)$

$\Rightarrow \displaystyle\int_0^x \cos(t)\,dt = \sin(x)$ 觀察動態 14 ☞

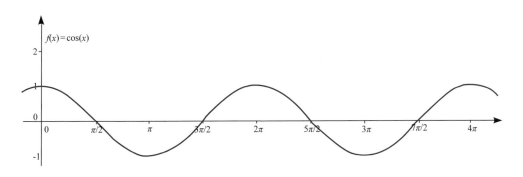

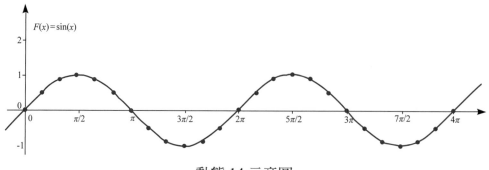

動態 14 示意圖

也可由積分表查到為 $\int \cos(t)\ dt = \sin(x) + c$ ，若需計算積分再加入範圍。

2. 已知 $(\cos(x))' = -\sin(x)$ 利用微積分基本定理，可知

$$\int_0^x -\sin(t)\ dt$$
$$= \cos(t)\ \big|_0^x$$
$$= \cos(x) - \cos(0)$$
$$= \cos(x) - 1$$

$\Rightarrow \int_0^x -\sin(t)\ dt = \cos x - 1$ ，提出 -1 ，可得到 $\int_0^x \sin(t)\ dt = -\cos x + 1$ ，

觀察動態 15 ☞ 。

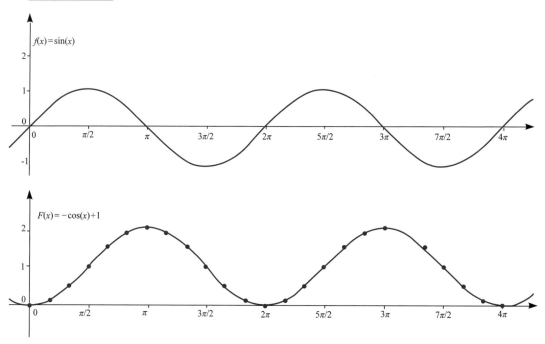

動態示意圖 15

也可由積分表查到為 $\int \sin(t)\ dt = -\cos(x)+c$ 。

3. 已知 $(\tan(x))' = \sec^2(x)$ 利用微積分基本定理，可知

$\displaystyle\int_0^x \sec^2(t)\ dt$

$= \tan(t)\big|_0^x$

$= \tan(x)-\tan(0)$

$= \tan(x)-0$

$= \tan(x)$

$\Rightarrow \displaystyle\int_0^x \sec^2(t)\ dt = \tan(x)$ ，觀察動態 16 ☞ 。

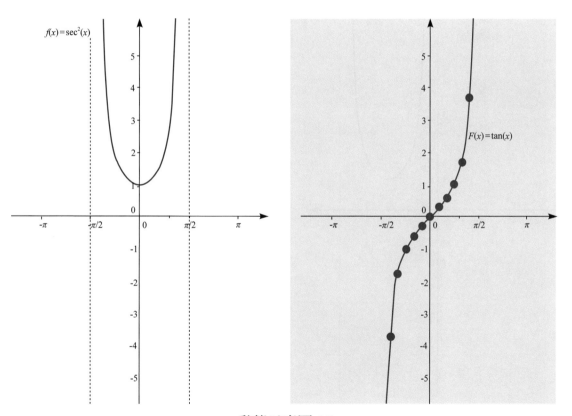

動態示意圖 16

也可由積分表查到為 $\int \sec^2(t)\ dt = \tan(x)+c$ 。

4. 已知 $(\cot(x))' = -\csc^2(x)$ 利用微積分基本定理，可知

$$\int_{\frac{\pi}{2}}^{x} -\csc^2(t) \, dt$$

$$= \cot(t) \,|_{\frac{\pi}{2}}^{x}$$

$$= \cot(x) - \cot(\frac{\pi}{2})$$

$$= \cot(x) - 0$$

$$= \cot(x)$$

$$\Rightarrow \int_{\frac{\pi}{2}}^{x} -\csc^2(t) \, dt = \cot(x) \quad , \text{提出} -1 \text{，可得到} \int_{\frac{\pi}{2}}^{x} \csc^2(t) \, dt = -\cot(x) \quad ,$$

觀察動態 17 ☞ 。

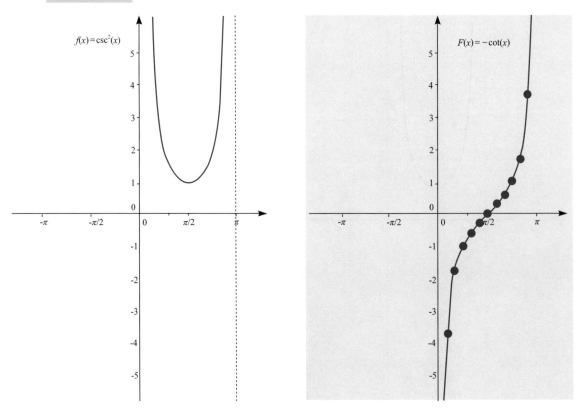

動態示意圖 17

也可由積分表查到為 $\int \csc^2(t) \, dt = -\cot(x) + c$ 。

5. 已知 $(\sec(x))' = \sec(x)\tan(x)$ 利用微積分基本定理，可知

$$\int_0^x \sec(t)\tan(t)\,dt$$

$$= \sec(t)\,|_0^x$$

$$= \sec(x) - \sec(0)$$

$$= \sec(x) - 0$$

$$= \sec(x)$$

$$\Rightarrow \int_0^x \sec(t)\tan(t)\,dt = \sec(x) \quad , \text{觀察動態 18} \; \text{☞} \; 。$$

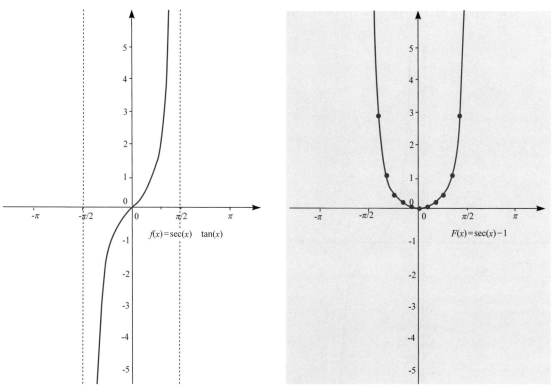

動態示意圖 18

也可由積分表查到為 $\int \sec(t)\tan(t)\,dt = \sec(x) + c$ 。

6. 已知 $(\csc(x))' = -\csc(x)\cot(x)$ 利用微積分基本定理，可知

$$\int_{\frac{\pi}{2}}^{x} -\csc(t)\cot(t) \ dt$$

$$= \csc(t)\mid_{\frac{\pi}{2}}^{x}$$

$$= \csc(x) - \csc(\frac{\pi}{2})$$

$$= \csc(x) - 1$$

$$\Rightarrow \int_{\frac{\pi}{2}}^{x} -\csc(t)\cot(t) \ dt = \csc(x) - 1 \text{,}$$

積分的運算，可得到 $\Rightarrow \int_{\frac{\pi}{2}}^{x} \csc(t)\cot(t) \ dt = -\csc(x) + 1$，觀察動態 19。

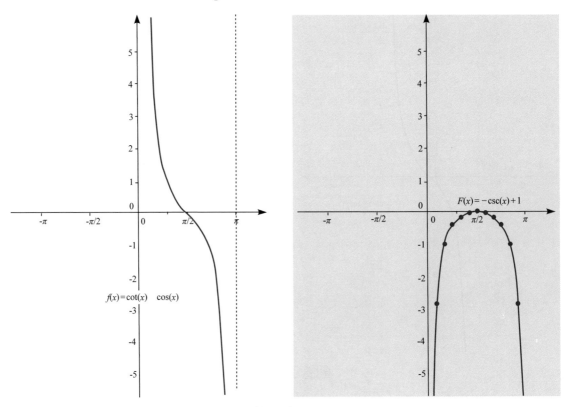

動態示意圖 19

也可由積分表查到為 $\int \csc(t)\cot(t) \ dt = -\csc(x) + c$ 。

得到了下列的的積分

1. $\int \sin(t) \, dt = -\cos(x) + c$

2. $\int \cos(t) \, dt = \sin(x) + c$

3. $\int \sec^2(t) \, dt = \tan(x) + c$

4. $\int \csc^2(t) \, dt = -\cot(x) + c$

5. $\int \sec(t) \tan(t) \, dt = \sec(x) + c$

6. $\int \csc(t) \cot(t) \, dt = -\csc(x) + c$

但我們可以發現沒有 $\tan(x)$、$\cot(x)$、$\sec(x)$、$\csc(x)$ 的積分，
這邊要用到對數積分與代數變換的部分。

以及可以發現

1. $\int_0^x \sec^2(t) \, dt = \tan(x)$

2. $\int_{\frac{\pi}{2}}^x -\csc^2(t) \, dt = \cot(x)$

3. $\int_0^x \sec(t) \tan(t) \, dt = \sec(x)$

4. $\int_{\frac{\pi}{2}}^x \csc(t) \cot(t) \, dt = -\csc(x) + 1$

可以發現動態圖中的範圍並不是都從 0 開始，這是因為遇到無限大的緣故，
所以圖案只作一部分，而這邊的內容在瑕積分會有更清楚的介紹。

這兩部份的內容將在「積分的計算技巧」章節說明。

四、三角函數的微分與積分總整理

「為什麼貝多芬第九號交響樂曲很美。如果你看不出原因，就沒有人能告訴你。我知道數字很美。如果數字不美，就沒有美的東西。」

保羅‧艾狄胥(Paul Erdős)，匈牙利　數學家。

「數學是人類唯一永無止境的活動。我們可以想見，人類最後會完全理解物理學和生物學。但是，人類永遠沒有辦法完全理解數學，因為這門科目無窮無盡。數字本身就是無窮無盡。」

保羅‧艾狄胥(Paul Erdős)，匈牙利　數學家。

　　我們已經學會三角函數的微分與部分的積分，而仍然有部分的積分必須在之後章節學會幾個技巧才能處理，但到現在有關於 $f(x) = x^p$、指數函數、對數函數、三角函數，基本的函數微積分都已經能夠計算，並且了解微分與積分的關係，有關微分與積分的應用，就變得相當的容易，之後的章節將會介紹綜合技巧與應用。

各三角函數的微分：

1. 正弦函數：$f(x) = \sin(x) \Rightarrow f'(x) = \cos(x)$

2. 餘弦函數：$f(x) = \cos(x) \Rightarrow f'(x) = -\sin(x)$

3. 正切函數：$f(x) = \tan(x) \Rightarrow f'(x) = [\sec(x)]^2$

4. 正切函數：$f(x) = \cot(x) \Rightarrow f'(x) = -[\csc(x)]^2$

5. 正割函數：$f(x) = \sec(x) \Rightarrow f'(x) = \sec(x)\tan(x)$

6. 餘割函數：$f(x) = \csc(x) \Rightarrow f'(x) = -\csc(x)\cot(x)$

各三角函數的積分：

1. 正弦函數：$\int \sin(t)\, dt = -\cos(x) + c$

2. 餘弦函數：$\int \cos(t)\, dt = \sin(x) + c$

3. $\int \sec^2(t)\, dt = \tan(x) + c$

4. $\int \csc^2(t)\, dt = -\cot(x) + c$

5. $\int \sec(t)\tan(t)\, dt = \sec(x) + c$

6. $\int \csc(t)\cot(t)\, dt = -\csc(x) + c$

五、習題

計算出下列微分

1. $\sin(2x+1)$

2. $\cos(x^2+3)$

3. $\tan(3x)$

4. $(\sin(x))^2$

5. $\dfrac{\sin(x)}{x}$

6. $\sec(x+2)$

7. $\csc(3x)$

8. $\cot(x^2)$

9. $(\cos(x))^3$

10. $\dfrac{\cos x}{x}$

計算出下列反導函數

1. $\int \sin x + \cos x \, dx$

2. $\int \sec^2 x + \csc^2 x \, dx$

3. $\int \sec x + \tan x \, dx$

4. $\int \csc x + \cot x \, dx$

計算出下列積分值

1. $\int_0^{\pi} \sin x + \cos x \, dx$

2. $\int_{\frac{\pi}{4}}^{\frac{\pi}{3}} \sec^2 x + \csc^2 x \, dx$

3. $\int_{\frac{\pi}{3}}^{\frac{\pi}{6}} \sec x + \tan x \, dx$

4. $\int_{\frac{\pi}{6}}^{\frac{\pi}{4}} \csc x + \cot x \, dx$

計算出下列微分

1. $\dfrac{d}{dx} \int_2^x \dfrac{\sin u}{u} \, du$

2. $\dfrac{d}{dx} \int_1^{x^2} \dfrac{\cos u}{u} \, du$

5.1　答案

計算出下列微分

1. $(\sin(2x+1))' = 2\cos(2x+1)$

2. $(\cos(x^2+3))' = -2x\sin(x^2+3)$

3. $(\tan(3x))' = 3\sec^2(3x)$

4. $((\sin(x))^2)' = 2\sin(x)\cos(x)$

5. $(\dfrac{\sin(x)}{x})' = \dfrac{x\cos(x) - \sin(x)}{x^2}$

6. $(\sec(x+2))' = \sec(x+2)\tan(x+2)$

7. $(\csc(3x))' = -3\cot(3x)\csc(3x)$

8. $(\cot(x^2))' = -2(\cot(x^2))^2 - 2x$

9. $((\cos(x))^3)' = -3(\cos(x))^2\sin(x)$

10. $(\dfrac{\cos x}{x})' = \dfrac{-\cos(x) - x\sin(x)}{x^2}$

計算出下列反導函數

1. $\int \sin x + \cos x \, dx = -\cos x + \sin x + c$

2. $\int \sec^2 x + \csc^2 x \, dx = \tan x + \cot x + c$

3. $\int \sec x + \tan x \, dx = \sec x + c$

4. $\int \csc x + \cot x \, dx = -\csc + c$

計算出下列積分值

1. $\int_0^\pi \sin x + \cos x \, dx = 2$

2. $\int_{\frac{\pi}{4}}^{\frac{\pi}{3}} \sec^2 x + \csc^2 x \, dx = \sqrt{3} + \dfrac{1}{\sqrt{3}} - 2$

3. $\int_{\frac{\pi}{3}}^{\frac{\pi}{6}} \sec x + \tan x \, dx = \dfrac{2}{\sqrt{3}} - 2$

4. $\int_{\frac{\pi}{6}}^{\frac{\pi}{4}} \csc x + \cot x \, dx = 2 - \sqrt{2}$

計算出下列微分

1. $\dfrac{d}{dx} \int_2^x \dfrac{\sin u}{u} \, du = \dfrac{\sin x}{x}$

2. $\dfrac{d}{dx} \int_1^{x^2} \dfrac{\cos u}{u} \, du = 2x(\dfrac{\cos(x^2)}{x^2})$

6 羅必達法則

勒內・笛卡兒
〈René Descartes〉
(1596-1650)

約翰・白努利
〈Johann Bernoulli〉
(1655-1705)

紀堯姆・羅必達
〈Guillaume de L'Hôpital〉
(1661-1704)

本章節介紹微分的應用「羅必達法則」，此規則可以幫助比較各函數的曲線變化。

一、羅必達法則

「數學給了各種精密自然科學一定程度的可靠性，沒有數學，它們不可能獲得這樣的可靠性。」

愛因斯坦

　　我們知道微積分它是數學史上很重要的數學突破，其中歷經了各位數學家的智慧結晶。而第一本微積分的書是誰所編寫？是羅必達 (L' hospital) 所進行編寫。

　　羅必達生於西元 1661 年，是法國的一位數學家，他是瑞士數學家約翰‧白努利的學生，是當時法國的學術團體：新解析的主要成員。羅必達撰寫「無限小分析」一書，在十八世紀時成為模範著作，書中創造一種算法：羅必達法則，用以尋找滿足特定條件的兩函數相除的極限，其結果是微積分重要的一大基石。

　　同時羅必達計劃出版微積分教科書，但太早過世，過世後遺留的手稿於 1720 年在巴黎出版，名為《圓錐曲線分析論》。

　　羅必達法則是討論兩函數相除的極限情形，羅必達法則怎麼使用。舉例說明：兩個函數：$y=x$ 與 $y=\ln x$ 哪一個函數比較快到達無限大，應該如何來比較？利用羅必達法則，可以比較快慢，其中會利用到微分。所以羅必達法則就是微分運算的應用。

1.1 羅必達法則的直覺意義

　　學會極限後，可以注意到 $\lim\limits_{x \to 2}\dfrac{3x-6}{x-2}$ ，一定要約分才能計算 $\lim\limits_{x \to 2}\dfrac{3(x-2)}{x-2}=\lim\limits_{x \to 2}3=3$ ，而這答案似乎是分子與分母的斜率比，分子斜率是 3，分母是 1。見圖 6-1。

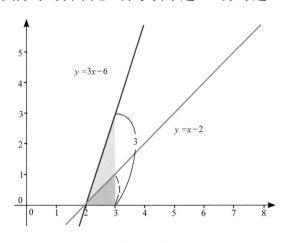

◆ 圖 6-1

如果把分子、分母各自求斜率，也就是微分，就可以很快的得到斜率比，

$\frac{(3x-6)'}{(x-2)'} = \frac{3}{1} = 3$，就可以更快的得到答案，但這對有理函數都是這樣的情形嗎？

1.1.1　觀察 $\lim\limits_{x \to 2} \frac{x^2-4}{x-2}$ 的圖案

$\lim\limits_{x \to 2} \frac{x^2-4}{x-2} = \lim\limits_{x \to 2} \frac{(x+2)(x-2)}{x-2} = \lim\limits_{x \to 2}(x+2) = 4$。如果把分子分母各自微分，可以很快的

得到斜率，$\frac{(x^2-4)'}{(x-2)'} = \frac{2x}{1}$，而 $\lim\limits_{x \to 2} \frac{2x}{1} = 4$，也可以得到相同答案。

所以直線能分子分母各自微分後，計算 $\lim\limits_{x \to 2} \frac{3x-6}{x-2} = \lim\limits_{x \to 2} \frac{(3x-6)'}{(x-2)'} = \frac{3}{1} = 3$，曲線也能分

子分母各自微分後，計算 $\lim\limits_{x \to 2} \frac{x^2-4}{x-2} = \lim\limits_{x \to 2} \frac{(x^2-4)'}{(x-2)'} = \lim\limits_{x \to 2} \frac{2x}{1} = 4$。也就是 $\lim\limits_{x \to 2} \frac{f(x)}{g(x)} = \lim\limits_{x \to 2} \frac{f'(x)}{g'(x)}$。

原本 x 逼近 2，分子分母各自微分後，一定要逼近 2，才具有 $\lim\limits_{x \to 2} \frac{f(x)}{g(x)} = \lim\limits_{x \to 2} \frac{f'(x)}{g'(x)}$

嗎？觀察圖 6-2。

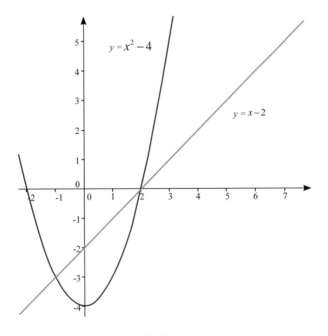

◆圖 6-2

$\lim\limits_{x \to 3} \frac{x^2-4}{x-2} = \frac{5}{1} = 5$，計算可知是 5。如果把分子分母各自微分，利用斜率比求解，

$\lim\limits_{x \to 3} \frac{(x^2-4)'}{(x-2)'} = \lim\limits_{x \to 3} \frac{2x}{1} = 6$，發現答案不同。並且觀察圖案也可發現分子部分 $y = x^2 - 4$ 每個

位置的斜率都不同，所以 x 一定要逼近 2，微分後才具有 $\lim\limits_{x\to 2}\dfrac{f(x)}{g(x)}=\lim\limits_{x\to 2}\dfrac{f'(x)}{g'(x)}$ 。

除此之外還有什麼限制？此圖只有 $\lim\limits_{x\to 2}\dfrac{f(x)}{g(x)}=\lim\limits_{x\to 2}\dfrac{f'(x)}{g'(x)}$ 的地方。而這位置兩函數值都是 0，也就是 $\lim\limits_{x\to 2}\dfrac{x^2-4}{x-2}$ 時，不約分會變成 $\dfrac{0}{0}$ 的形式。符合條件後才有 $\lim\limits_{x\to a}\dfrac{f'(x)}{g'(x)}=\lim\limits_{x\to a}\dfrac{f(x)}{g(x)}$ 的性質。

由上述可知兩個有理函數相除的極限具有 $\lim\limits_{x\to a}\dfrac{f'(x)}{g'(x)}=\lim\limits_{x\to a}\dfrac{f(x)}{g(x)}$ 性質，猜測任意兩函數 $f(x),\ g(x)$，如果存在 $\lim\limits_{x\to a}\dfrac{f(x)}{g(x)}$ 是 $\dfrac{0}{0}$ 的形式時，也可得到：$\lim\limits_{x\to a}\dfrac{f'(x)}{g'(x)}=\lim\limits_{x\to a}\dfrac{f(x)}{g(x)}$，而 $g'(x)\neq 0$ 。

此猜測已被證明是正確的，此性質稱為羅必達法則，羅必達法則的證明請看附錄 3.1。

羅必達法則：

若 $\lim\limits_{x\to a}f(x)=0$ 且 $\lim\limits_{x\to a}g(x)=0$ 時，則 $\lim\limits_{x\to a}\dfrac{f(x)}{g(x)}=\lim\limits_{x\to a}\dfrac{f'(x)}{g'(x)}$ ，$g'(x)\neq 0$ 。

1.2 羅必達法則用在何時

回想求三角函數的微分時，需要計算極限，例如：$\lim\limits_{x\to 0}\dfrac{\sin x}{x}=?$ 在之前利用夾擠定理，已經得到答案是 1。但這情況恰符合羅必達法則的規定，分子 $\lim\limits_{x\to 0}\sin x=0$ 與分母 $\lim\limits_{x\to 0}x=0$ ，都是趨近 0，($\dfrac{0}{0}$ 型)。試著用羅必達法法則計算，$\lim\limits_{x\to 0}\dfrac{\sin x}{x}=\lim\limits_{x\to 0}\dfrac{(\sin x)'}{(x)'}=\lim\limits_{x\to 0}\dfrac{\cos x}{1}=\dfrac{1}{1}=1$ ，可快速得到答案。

同樣還計算另外一個式子，$\lim\limits_{x\to 0}\dfrac{\cos x-1}{x}=?$ 已知答案為 0。也符合羅必達法則的規定，分子 $\lim\limits_{x\to 0}\cos x-1=0$ 與分母 $\lim\limits_{x\to 0}x=0$，都是趨近 0，($\dfrac{0}{0}$ 型)。試著用羅必達法法則計算，$\lim\limits_{x\to 0}\dfrac{\cos x-1}{x}=\lim\limits_{x\to 0}\dfrac{(\cos x-1)'}{(x)'}=\lim\limits_{x\to 0}\dfrac{-\sin x}{1}=\dfrac{0}{1}=0$ ，可快速得到答案。

所以羅必達法則可以幫助計算極限。

1.3　適用羅必達法則的題型

羅必達利用的型態只侷限在 $\dfrac{0}{0}$ 型嗎？

答案是否定的，它還有其他幾種形態，

$\dfrac{0}{0}$ 、 $\dfrac{\infty}{\infty}$ 、 $0 \times \infty$ 、 $\infty - \infty$ 、 ∞^0 、 0^0 、 1^∞

但都是同一個形態，而這些形態都稱為不定型。

而為什麼說是同一個形態？請看下述說明：

已知 $\lim\limits_{x \to a} f(x) = 0$，則 $\lim\limits_{x \to a} \dfrac{1}{f(x)}$ 會趨近 ∞

已知 $\lim\limits_{x \to a} g(x) = 0$，則 $\lim\limits_{x \to a} \dfrac{1}{g(x)}$ 會趨近 ∞

根據這個結果，確認以下的形式正確。

i. $\dfrac{\infty}{\infty}$ 型

$\lim\limits_{x \to a} \dfrac{f(x)}{g(x)}$ 為 $\dfrac{0}{0}$ 的不定型

調整 $\lim\limits_{x \to a} \dfrac{f(x)}{g(x)} = \lim\limits_{x \to a} \dfrac{\dfrac{1}{g(x)}}{\dfrac{1}{f(x)}}$ ，就得到的 $\dfrac{\infty}{\infty}$ 不定型

例題1

$\dfrac{\infty}{\infty}$ 型：$\lim\limits_{x \to \infty} \dfrac{\ln x}{e^x} = ?$

先觀察圖 6-3，可發現 x 在靠近無窮遠的位置時，y 靠近 0。

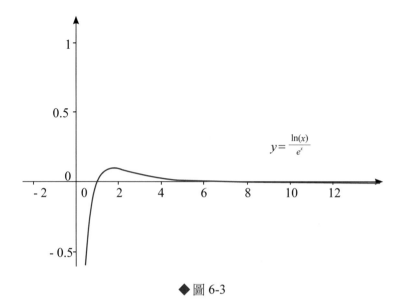

$y = \frac{\ln(x)}{e^x}$

◆ 圖 6-3

計算

$$\lim_{x \to \infty} \frac{\ln x}{e^x}$$

$$\overset{(\frac{\infty}{\infty})}{=} \lim_{x \to \infty} \frac{(\ln x)'}{(e^x)'}$$

$$= \lim_{x \to \infty} \frac{\dfrac{1}{x}}{e^x}$$

$$= 0$$

由此也可得知分子分母兩個函數到無限大的速度，

雖然兩個函數 $y = \ln x$、$y = e^x$ 都會趨近 ∞

但是 $y = e^x$ 的到無限大的速度比較快，見圖 6-4，所以才會導致 $\lim\limits_{x \to \infty} \dfrac{\ln x}{e^x}$ 趨近 0。　　◆

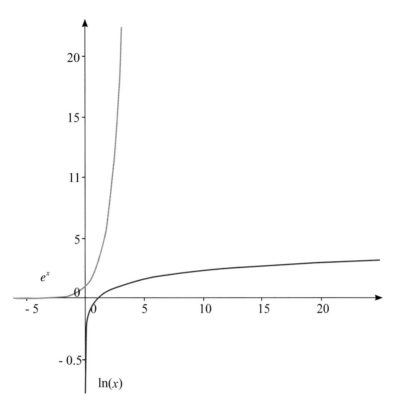

◆圖 6-4

例題2

$\frac{\infty}{\infty}$型：$\lim\limits_{x\to\infty}\dfrac{x^n}{e^x}=?$

此題要討論不同 n 的情形，已知分母 e^x 的微分是自己。

情況 a.　分子 n 如果是大於 1 的整數，不管取多少，$\lim\limits_{x\to\infty}x^n=\infty$ 。如：$n=3$

$$\lim_{x\to\infty}\frac{x^3}{e^x}\overset{(\frac{\infty}{\infty})}{=}\lim_{x\to\infty}\frac{(x^3)'}{(e^x)'}=\lim_{x\to\infty}\frac{3x^2}{e^x}\overset{(\frac{\infty}{\infty})}{=}\lim_{x\to\infty}\frac{(3x^2)'}{(e^x)'}=\lim_{x\to\infty}\frac{6x}{e^x}\overset{(\frac{\infty}{\infty})}{=}\lim_{x\to\infty}\frac{(6x)'}{(e^x)'}=\lim_{x\to\infty}\frac{6}{e^x}=0$$

所以 n 是大於 1 的整數時，不管 n 是多少，微分 n 次後，

最後得到 $\lim\limits_{x\to\infty}\dfrac{n!}{e^x}=0$ 。

情況 b.　分子 n 如果是正有理數，$\lim\limits_{x\to\infty}x^n=\infty$ 。如：$n=\dfrac{3}{2}$

$$\lim_{x\to\infty}\frac{x^{\frac{3}{2}}}{e^x}\overset{(\frac{\infty}{\infty})}{=}\lim_{x\to\infty}\frac{(x^{\frac{3}{2}})'}{(e^x)'}=\lim_{x\to\infty}\frac{\frac{1}{2}x^{\frac{1}{2}}}{e^x}\overset{(\frac{\infty}{\infty})}{=}\lim_{x\to\infty}\frac{(\frac{1}{2}x^{\frac{1}{2}})'}{(e^x)'}=\lim_{x\to\infty}\frac{\frac{1}{4}x^{\frac{-1}{2}}}{e^x}=\frac{0}{\infty}=0$$

所以分子 n 是有理數時，不管 n 是多少，微分 $[n]+1$ 次後，

最後得到 $\lim\limits_{x\to\infty}\dfrac{ax^n}{e^x}$ ，a 是某常數，n 是負數，而 $\lim\limits_{x\to\infty}x^n=0$ ，

所以 $\lim_{x \to \infty} \dfrac{ax^n}{e^x} = 0$ 。

情況 c.　分子 n 如果是負數，$\lim_{x \to \infty} x^n = 0$ 。

所以 $\lim_{x \to \infty} \dfrac{ax^n}{e^x} = 0$ 。

$\lim_{x \to \infty} \dfrac{x^n}{e^x}$ 的結論：

所有的 n 都會得到 $\lim_{x \to \infty} \dfrac{x^n}{e^x} = 0$，所以函數 $y = e^x$ 到無限大比 $y = x^n$ 快。　　◆

ii. $0 \times \infty$ 型

$\lim_{x \to a} \dfrac{f(x)}{g(x)}$ 為 $\dfrac{0}{0}$ 的不定型

調整 $\lim_{x \to a} \dfrac{f(x)}{g(x)} = \lim_{x \to a} f(x) \times \lim_{x \to a} \dfrac{1}{g(x)}$，就得到 $0 \times \infty$ 的不定型

| 例題3 |

$0 \times \infty$ 型：$\lim_{x \to 0^+} x \ln x = ?$

先觀察圖 6-5，可發現 x 在靠近 0 的位置時，y 靠近 0。

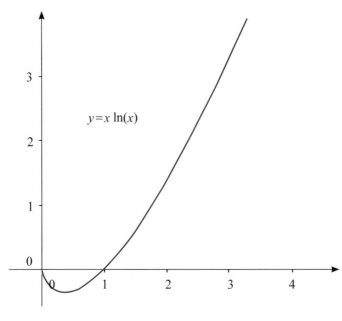

◆ 圖 6-5

計算：

$\lim\limits_{x \to 0^+} x \ln x$

$\overset{(0 \times (-\infty))}{=} \lim\limits_{x \to 0^+} \dfrac{\ln x}{\dfrac{1}{x}}$

$\overset{(\frac{\infty}{\infty})}{=} \lim\limits_{x \to 0^+} \dfrac{(\ln x)'}{(\dfrac{1}{x})'}$

$= \lim\limits_{x \to 0^+} \dfrac{\dfrac{1}{x}}{-(\dfrac{1}{x})^2}$

$= \lim\limits_{x \to 0^+} \dfrac{\dfrac{1}{x}}{-(\dfrac{1}{x})^2}$

$= \lim\limits_{x \to 0^+} (-x) = 0$

由圖 6-6 可知分子分母兩個函數靠近 0 的地方，

$y = \dfrac{1}{x}$ 比 $y = \ln x$ 快到負數的無限大。

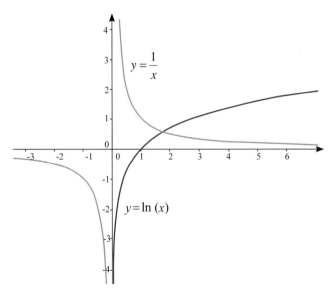

◆ 圖 6-6

iii. $\infty - \infty$型

$\infty - \infty$的不定型，可寫作$\lim\limits_{x \to a}(\dfrac{1}{f(x)} - \dfrac{1}{g(x)})$

化簡$\lim\limits_{x \to a}(\dfrac{1}{f(x)} - \dfrac{1}{g(x)}) = \lim\limits_{x \to a}\dfrac{g(x) - f(x)}{f(x)g(x)}$，就得到$\dfrac{0}{0}$的不定型。 ◆

例題4

$\infty - \infty$型：$\lim\limits_{x \to 0^+}\left(\csc x - \cot x\right) = ?$

先觀察圖 6-7，可發現 x 在靠近 0 的位置時，y 靠近 0。

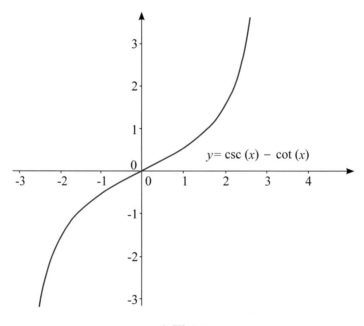

◆圖 6-7

計算：

$\lim\limits_{x \to 0^+}\left(\csc x - \cot x\right)$

$\overset{(\infty - \infty)}{=} \lim\limits_{x \to 0^+}\left(\dfrac{1}{\sin x} - \dfrac{\cos x}{\sin x}\right)$

$= \lim\limits_{x \to 0^+}\dfrac{1 - \cos x}{\sin x}$

$\overset{(\frac{0}{0})}{=} \lim\limits_{x \to 0^+}\dfrac{(1 - \cos x)'}{(\sin x)'}$

$= \lim\limits_{x \to 0^+}\dfrac{\sin x}{\cos x}$

$= \dfrac{0}{1}$

$= 0$

由圖 6-8 可知分子分母兩個函數，靠近 0 的地方，$y=1-\cos x$ 到 0 比 $y=\sin x$ 快。

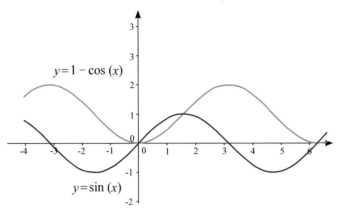

◆ 圖 6-8

見放大圖，圖 6-9、6-10

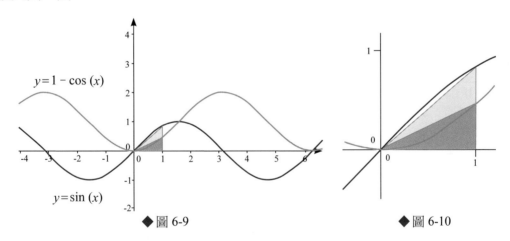

◆ 圖 6-9　　　　　　　　◆ 圖 6-10

◆

例題5

$\infty-\infty$ 型： $\lim\limits_{x\to 0^+}\dfrac{1}{\ln(x+1)}-\dfrac{1}{x}=?$

先觀察圖 6-11，可發現 x 在靠近 0 的位置時，y 靠近 0.5。

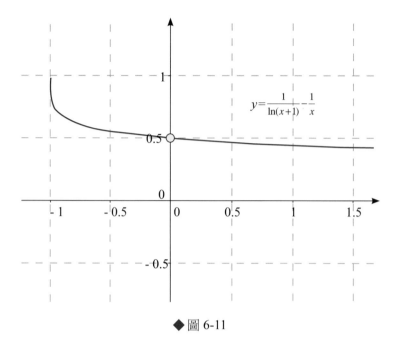

$$y = \frac{1}{\ln(x+1)} - \frac{1}{x}$$

◆ 圖 6-11

計算：

$$\lim_{x \to 0^+} \frac{1}{\ln(x+1)} - \frac{1}{x}$$

$$\overset{(\infty - \infty)}{=} \lim_{x \to 0^+} \frac{1}{\ln(x+1)} - \frac{1}{x}$$

$$= \lim_{x \to 0^+} \frac{x - \ln(x+1)}{x\ln(x+1)}$$

$$\overset{(\frac{0}{0})}{=} \lim_{x \to 0^+} \frac{(x - \ln(x+1))'}{(x\ln(x+1))'}$$

$$= \lim_{x \to 0^+} \frac{1 - \dfrac{1}{x+1}}{\ln(x+1) + x \times \dfrac{1}{x+1}}$$

$$= \lim_{x \to 0^+} \frac{x+1-1}{(x+1)\ln(x+1) + x}$$

$$= \lim_{x \to 0^+} \frac{x}{(x+1)\ln(x+1) + x}$$

$$\overset{(\frac{0}{0})}{=} \lim_{x \to 0^+} \frac{1}{\ln(x+1) + 1 \times \dfrac{1}{x+1} + 1}$$

$$= \frac{1}{2}$$

iv. ∞^0 型

假設 $\lim\limits_{x \to a}(\dfrac{1}{g(x)})^{f(x)} = c$

$\lim\limits_{x \to a}(\dfrac{1}{g(x)})^{f(x)} = c$ 取對數

$\lim\limits_{x \to a}\ln(\dfrac{1}{g(x)})^{f(x)} = \ln c$

$\lim\limits_{x \to a}\underbrace{f(x)}_{\text{趨近}0} \times \lim\limits_{x \to a}\ln(\overbrace{\underbrace{\dfrac{1}{g(x)}}_{\text{趨近}\infty}}^{\text{趨近}\infty}) = \ln c$

$0 \times \infty$ 的不定可計算之後，可以知道 $\ln c$ 為多少，便能找出 c 為多少，也就是 ∞^0 不定型的題目答案為何？

所以 ∞^0 為 $0 \times \infty$ 的不定型，也就是 $\dfrac{0}{0}$ 的不定型。

例題6

∞^0 型： $\lim\limits_{x \to 0^+}(\dfrac{1}{x})^x = ?$

先觀察圖 6-12，可發現 x 在靠近 0 的位置時，y 靠近 1。

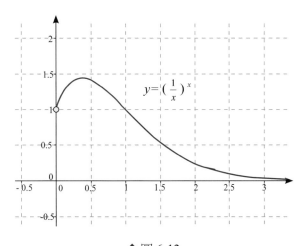

$y = \left(\dfrac{1}{x}\right)^x$

◆圖 6-12

$\lim\limits_{x \to 0^+}(\dfrac{1}{x})^x$ 是 ∞^0 的不定形

令 $\lim\limits_{x \to 0^+}(\dfrac{1}{x})^x = c$

$$\lim_{x \to 0^+} \ln(\frac{1}{x})^x = \ln c$$

$$\lim_{x \to 0^+} x \ln(\frac{1}{x}) = \ln c$$

$$\lim_{x \to 0^+} \frac{\ln(\frac{1}{x})}{\frac{1}{x}} = \ln c$$

而

$$\lim_{x \to 0^+} \frac{\ln(\frac{1}{x})}{\frac{1}{x}}$$

$$\overset{(\frac{\infty}{\infty})}{=} \lim_{x \to 0^+} \frac{\left(\ln(\frac{1}{x})\right)'}{\left(\frac{1}{x}\right)'}$$

$$= \lim_{x \to 0^+} \frac{x \times \left(\frac{1}{x}\right)'}{\left(\frac{1}{x}\right)'}$$

$$= \lim_{x \to 0^+} x$$

$$= 0$$

所以 $0 = \ln c$

$$e^0 = e^{\ln c}$$

$$1 = c$$

故 $\displaystyle\lim_{x \to 0^+} (\frac{1}{x})^x = 1$

◆

v. 0^0 型

設 $\displaystyle\lim_{x \to a}(g(x))^{f(x)} = c$

$\displaystyle\lim_{x \to a}(g(x))^{f(x)} = c$　　取對數

$\displaystyle\lim_{x \to a}\ln(g(x))^{f(x)} = \ln c$

$$\lim_{x \to a} \underbrace{f(x)}_{\text{趨近}0} \times \lim_{x \to a} \ln(\underbrace{\overbrace{g(x)}^{\text{趨近}0}}_{\text{趨近}-\infty}) = \ln c$$

$0 \times (-\infty) = 0 \times (-1) \times \infty$　，

也就是 $0 \times \infty$ 的不定型計算之後，可以知道 $\ln c$ 為多少，便能找出 c 為多少，也就是該 0^0 不定型的題目答案為何？

所以 ∞^0 為 $0 \times \infty$ 的不定型。

例題7

0^0 型：$\lim\limits_{x \to 0^+} x^x = ?$

先觀察圖 6-13，可發現 x 在靠近 0 的位置時，y 靠近 1。

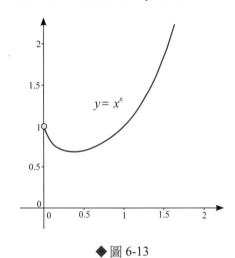

$y = x^x$

◆ 圖 6-13

$\lim\limits_{x \to 0^+} x^x$ 是 0^0 的不定形

令 $\lim\limits_{x \to 0^+} x^x = c$

$\lim\limits_{x \to 0^+} \ln x^x = \ln c$

$\lim\limits_{x \to 0^+} x \ln x = \ln c$

$\lim\limits_{x \to 0^+} \dfrac{\ln x}{\dfrac{1}{x}} = \ln c$

而 $\lim\limits_{x \to 0^+} \dfrac{\ln x}{\dfrac{1}{x}}$

$\overset{(\frac{\infty}{\infty})}{=} \lim\limits_{x \to 0^+} \dfrac{(\ln x)'}{\left(\dfrac{1}{x}\right)'}$

$= \lim\limits_{x \to 0^+} \dfrac{\dfrac{1}{x}}{-\left(\dfrac{1}{x}\right)^2}$

$= \lim\limits_{x \to 0^+} (-x)$

$= 0$

所以 $0 = \ln c$

$e^0 = e^{\ln c}$

$1 = c$

故 $\displaystyle\lim_{x \to 0^+}(x)^x = 1$ ◆

vi. 1^∞ 型

設 $\displaystyle\lim_{x \to a}(1 + g(x))^{\frac{1}{f(x)}} = c$

對 $\displaystyle\lim_{x \to a}(1 + g(x))^{\frac{1}{f(x)}} = c$ 取對數

$\displaystyle\lim_{x \to a}\ln(1 + g(x))^{\frac{1}{f(x)}} = \ln c$

$\displaystyle\lim_{x \to a}\underbrace{\frac{1}{f(x)}}_{\text{趨近} \infty}\lim_{x \to a}\underbrace{\ln(1 + g(x))}_{\text{等於} 0} = \ln c$

$0 \times \infty$ 的不定型計算之後，可以知道 $\ln c$ 為多少，便能找出 c 為多少，也就是該 0^0 不定型的題目答案為何？

所以 1^∞ 為 $0 \times \infty$ 的不定型。

例題8

1^∞ 型：$\displaystyle\lim_{x \to \infty}(1 + \frac{1}{x})^x = ?$

如果還有印象的話，這個就是尤拉數的定義：$\displaystyle\lim_{x \to \infty}(1 + \frac{1}{x})^x = e$，見圖 6-14。

但我們也可以再由羅必達推導一次，看會不會得到一樣的結果，

如果正確，代表沒有出現錯誤。

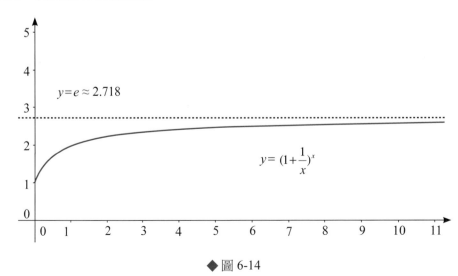

◆ 圖 6-14

$\lim\limits_{x\to\infty}(1+\dfrac{1}{x})^x$ 是 1^∞ 的不定形

令 $\lim\limits_{x\to\infty}(1+\dfrac{1}{x})^x=c$

$\lim\limits_{x\to\infty}\ln(1+\dfrac{1}{x})^x=\ln c$

$\lim\limits_{x\to\infty}x\lim\limits_{x\to\infty}\ln(1+\dfrac{1}{x})=\ln c$

$\lim\limits_{x\to\infty}\dfrac{\ln(1+\dfrac{1}{x})}{\dfrac{1}{x}}=\ln c$

而 $\lim\limits_{x\to\infty}\dfrac{\ln(1+\dfrac{1}{x})}{\dfrac{1}{x}}$

$\overset{(\frac{0}{0})}{=}\lim\limits_{x\to\infty}\dfrac{\left(\ln(1+\dfrac{1}{x})\right)'}{\left(\dfrac{1}{x}\right)'}$

$=\lim\limits_{x\to\infty}\dfrac{\dfrac{1}{1+\dfrac{1}{x}}\times\left(\dfrac{1}{x}\right)'}{\left(\dfrac{1}{x}\right)'}$

$=\lim\limits_{x\to\infty}\dfrac{1}{1+\dfrac{1}{x}}$

$=1$

所以 $1=\ln c$

$1=\ln c$

$e^1=e^{\ln c}$

$e=c$

故 $\lim\limits_{x\to\infty}(1+\dfrac{1}{x})^x=e$　　所以用羅必達也得到正確答案。　　　　　　　　◆

1.3.1　還有其他的不定形嗎

　　只要有符合羅必達法則定義的 $\dfrac{0}{0}$，就可以使用 $\lim\limits_{x\to a}\dfrac{f(x)}{g(x)}=\lim\limits_{x\to a}\dfrac{f'(x)}{g'(x)}$。但要注意有很像的類型，卻不是可以使用的情況。

例題9

2^∞ 的型： $\displaystyle\lim_{x\to\infty}(2+\frac{1}{x})^x = ?$

先觀察圖 6-15，可發現 x 在靠近無窮遠的位置時，y 靠近無限大。

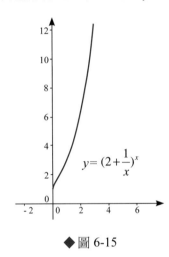

$y= (2+\dfrac{1}{x})^x$

◆ 圖 6-15

計算：

$\displaystyle\lim_{x\to\infty}(2+\frac{1}{x})^x$ 是趨向 2^∞

令 $\displaystyle\lim_{x\to\infty}(2+\frac{1}{x})^x = c$

$\displaystyle\lim_{x\to\infty}\ln(2+\frac{1}{x})^x = \ln c$

$\displaystyle\lim_{x\to\infty}x\lim_{x\to\infty}\ln(2+\frac{1}{x}) = \ln c$

$\displaystyle\lim_{x\to\infty}\frac{\ln(2+\frac{1}{x})}{\frac{1}{x}} = \ln c$

而 $\displaystyle\lim_{x\to\infty}\frac{\ln(2+\frac{1}{x})}{\frac{1}{x}}$

$\overset{(\frac{0}{0})}{=}\displaystyle\lim_{x\to\infty}\frac{\left(\ln(2+\frac{1}{x})\right)'}{\left(\frac{1}{x}\right)'}$ ？

很多人會當作 $\dfrac{0}{0}$ 後，繼續計算，但其實是錯的，其實 $\displaystyle\lim_{x\to\infty}(2+\frac{1}{x})^x = \infty$ 。 ◆

結論：

對於羅必達的使用性，我們不需要去觀察是否符合哪一個不定形，

$$\frac{0}{0} \text{、} \frac{\infty}{\infty} \text{、} 0 \times \infty \text{、} \infty - \infty \text{、} \infty^0 \text{、} 0^0 \text{、} 1^\infty$$

只需要作一件最簡單的動作，將其作成分數形式觀

察是否符合 $\dfrac{0}{0}$ ，$\dfrac{\infty}{\infty}$

再進行分子分母各自微分便能得到該極限的答案。

> **補充說明**
>
> 附錄 4.2 有用羅必達法則來
> 證明 $\lim\limits_{n \to \infty}(1+\dfrac{x}{n})^n$ 的流程。

1.4　曲線到達無限大的快慢比

我們可以知道有很多曲線，在 x 軸的右方，最後都會到達無限大，但總有個先後順序，利用種類來區分，這邊我們選幾類函數來比較，多項式函數 $y=x$、$y=x^2$，根式函數 $y=\sqrt{x}$ 、$y=\sqrt[3]{x}$ ，指數函數 $y=2^x$、$y=3^x$，對數函數以 $y=\log_{10} x$ 、$y=\ln x$ ，三角函數因為會無窮上下波動所以不加入討論。

例題1

多項式函數 $y=x$、$y=x^2$ 誰比較先到無限大

觀察圖 6-16

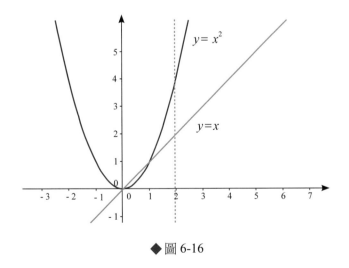

◆ 圖 6-16

可以發現在 $x=2$ 右方，$y=x^2$ 的數值，都比 $y=x$ 來的高，

所以 $y=x^2$ 到達無限大比 $y=x$ 快。

同理 $y = x^3$ 與 $y = x^2$，乃至更高指數，就是指數數值越大越快到達無限大。　　　◆

分式函數 $y = \sqrt{x}$ 、 $y = \sqrt[3]{x}$ 比較誰先到無限大

觀察圖 6-17

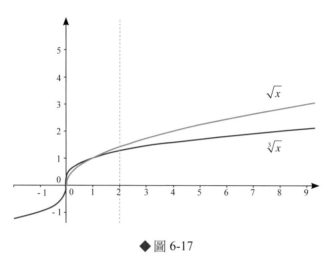

◆ 圖 6-17

可以發現在 $x=2$ 右方， $y = \sqrt{x}$ 的數值，都比 $y = \sqrt[3]{x}$ 來的高，

所以 $y = \sqrt{x}$ 到達無限大比 $y = \sqrt[3]{x}$ 快。

同理 $y = \sqrt[4]{x}$ 與 $y = \sqrt[3]{x}$ ，乃至更高開方，就是越小的開方越快到達無限大。　　　◆

指數函數 $y=2^x$ 、 $y=3^x$ 比較誰先到無限大

觀察圖 6-18

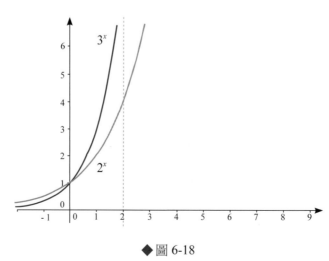

◆ 圖 6-18

可以發現在 $x=2$ 右方，$y=3^x$ 的數值，都比 $y=2^x$ 來的高，

所以 $y=3^x$ 到達無限大比 $y=2^x$ 快。

同理 $y=4^x$ 與 $y=3^x$，乃至更大的底數就是越快到達無限大。　　　　　◆

例題4

對數函數 $y=\ln x$、$y=\log 10\ x$ 比較誰先到無限大

觀察圖 6-19

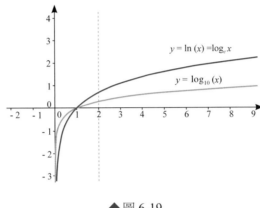

◆圖 6-19

可以發現在 $x=2$ 右方，$y=\ln x$ 的數值，都比 $y=\log_{10} x$ 來的高，

所以 $y=\ln x$ 到達無限大比 $y=\log_{10} x$ 快。

同理 $y=\log_2 x$ 與 $y=\log_{10} x$，乃至更小的底數，只要大於 1，就越快到達無限大。

為什要大於 1 ？因為對數函數小於 1 的圖案會到 $-\infty$，如圖 6-20。　　　◆

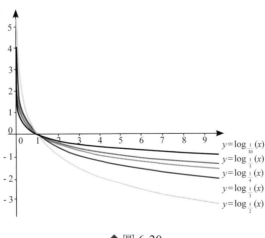

◆圖 6-20

例題5

對數函數 $y=\ln x$、$y=\ln(\ln x)$ 比較誰先到無限大

觀察圖 6-21

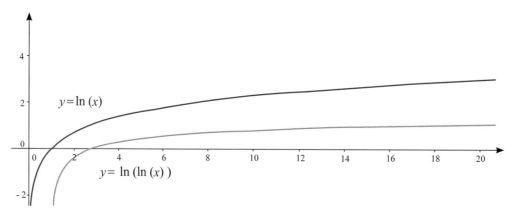

◆圖 6-21

可以發現在 $x=2$ 右方，$y=\ln x$ 的數值，都比 $y=\ln(\ln x)$ 來的高，由圖可知，對數函數中 $y=\ln(\ln x)$、$y=\ln x$ 到無限大，是 $y=\ln(\ln x)$ 慢。

但這是看圖才知道，然而 $y=\ln(\ln x)$ 並不像其他函數容易繪畫，那要如何比較才能得知誰比較快到無限大呢？可以用羅必達計算，

$\lim\limits_{x\to\infty}\dfrac{\ln(\ln x)}{\ln x}$ 是羅必達 $\dfrac{\infty}{\infty}$ 形，

$\lim\limits_{x\to\infty}\dfrac{\ln(\ln x)}{\ln x}$

$\overset{(L(\frac{\infty}{\infty}))}{=}\lim\limits_{x\to\infty}\dfrac{(\ln(\ln x))'}{(\ln x)'}$

$=\lim\limits_{x\to\infty}\dfrac{\dfrac{1}{\ln x}\times\dfrac{1}{x}}{\dfrac{1}{x}}$

$=\lim\limits_{x\to\infty}\dfrac{1}{\ln x}$

$=0$

分母比較大，所以 $y=\ln x$ 在 x 無限大的時候，遠大於 $y=\ln(\ln x)$。　　　　◆

例題6

不同函數間 $y=x^x$、$y=e^x$ 比較誰先到無限大

觀察圖 6-22

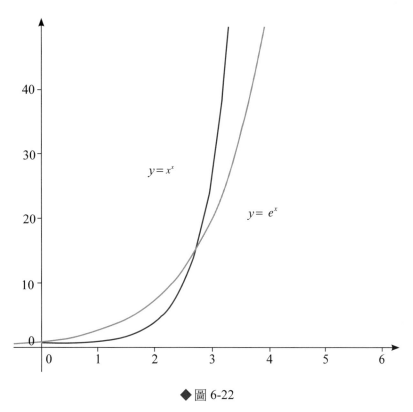

◆圖 6-22

可以發現在 $x=3$ 右方，$y=x^x$ 的數值，都比 $y=e^x$ 來的高，由圖可知，對數函數中 $y=x^x$、$y=e^x$ 到無限大，是 $y=e^x$ 慢。

但這是看圖才知道，然而這兩個函數並不像其他函數容易繪畫，那要如何比較才能得知誰比較快到無限大呢？

計算極限 $\lim\limits_{x\to\infty}\dfrac{e^x}{x^x}$，發現是羅必達的 $\dfrac{\infty}{\infty}$ 不定形

令 $\lim\limits_{x\to\infty}\dfrac{e^x}{x^x}=c$

$\lim\limits_{x\to\infty}(\dfrac{e}{x})^x=\ln c$

$\lim\limits_{x\to\infty}\ln(\dfrac{e}{x})^x=\ln c$

而 $\lim\limits_{x\to\infty}\ln(\dfrac{e}{x})^x$

$$= \lim_{x \to \infty} x \lim_{x \to \infty} \ln(\frac{e}{x})$$

$$= \lim_{x \to \infty} x \lim_{x \to \infty} (\ln e - \ln x)$$

$$= \lim_{x \to \infty} x \lim_{x \to \infty} (1 - \ln x)$$

$$= \infty \times (-\infty)$$

$$= -\infty$$

$$\Rightarrow \lim_{x \to \infty} \ln(\frac{e}{x})^x = \ln c$$

$$-\infty = \ln c$$

$$e^{-\infty} = e^{\ln c}$$

$$1 = \ln c$$

$$0 = c$$

在 x 接近 ∞ 時，c 很接近 0，也就是 $\lim\limits_{x \to \infty} \dfrac{e^x}{x^x} = 0$

分母比較大，所以 $y = x^x$ 在 x 接近無限大的時候，遠大於 $y = e^x$。　　　◆

1.4.1　$y = \ln x$ 很慢到達無限大

由先前例題已比較各函數改變數字後，到無限大快慢，現在來比較不同種類函數到無限大快慢，比較對象有 $y = x$，$y = \sqrt{x}$，$y = 2^x$，$y = \ln x$。

先觀察圖 6-23

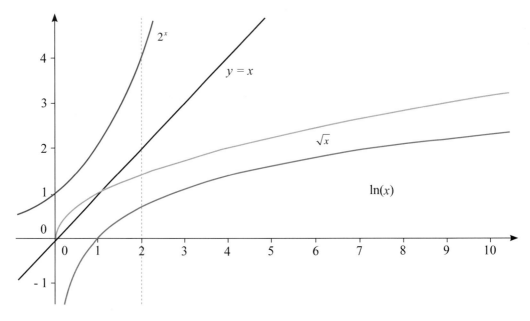

◆ 圖 6-23

由圖可知，到達無限大的順序分別是

1. $y = 2^x$
2. $y = x$
3. $y = \sqrt{x}$
4. $y = \ln x$

但我們應該如何用數學的方式，來證明其到達無限大的快慢，我們可以用除法的方式，直接除觀察其數值是多少，就可以判斷何者比較大，而這時就可利用到羅必達法則。

i 比較 $y = 2^x$、$y = x$ 在 x 無限大的時候，何者數值大，

$\lim\limits_{x \to \infty} \dfrac{2^x}{x}$ 是羅必達 $\dfrac{\infty}{\infty}$ 形，

$\lim\limits_{x \to \infty} \dfrac{2^x}{x}$

$\overset{(L(\frac{\infty}{\infty}))}{=} \lim\limits_{x \to \infty} \dfrac{(2^x)'}{(x)'}$

$= \lim\limits_{x \to \infty} \dfrac{\dfrac{2^x}{\ln 2}}{1}$

$= \infty$

分子比較大，所以 $y = 2^x$ 在 x 無限大的時候，遠大於 $y = x$

所以 $y = 2^x$ 比 $y = x$ 先到無限大。

ii 比較 $y = x$、$y = \sqrt{x}$ 在 x 無限大的時候，何者數值大，

$\lim\limits_{x \to \infty} \dfrac{\sqrt{x}}{x}$ 是羅必達 $\dfrac{\infty}{\infty}$ 形，

$\lim\limits_{x \to \infty} \dfrac{\sqrt{x}}{x}$

$\overset{(L(\frac{\infty}{\infty}))}{=} \lim\limits_{x \to \infty} \dfrac{(\sqrt{x})'}{(x)'}$

$= \lim\limits_{x \to \infty} \dfrac{\dfrac{1}{2}x^{-\frac{1}{2}}}{1}$

$= 0$

分母比較大，所以 $y=x$ 在 x 無限大的時候，遠大於 $y=\sqrt{x}$

所以 $y=x$ 比 $y=\sqrt{x}$ 先到無限大。

iii　比較 $y=\ln x$、$y=\sqrt{x}$ 在 x 無限大的時候，何者數值大，

$\lim\limits_{x\to\infty}\dfrac{\sqrt{x}}{\ln x}$ 是羅必達 $\dfrac{\infty}{\infty}$ 形，

$\lim\limits_{x\to\infty}\dfrac{\sqrt{x}}{\ln x}$

$\overset{(L(\frac{\infty}{\infty}))}{=}\lim\limits_{x\to\infty}\dfrac{(\sqrt{x})'}{(\ln x)'}$

$=\lim\limits_{x\to\infty}\dfrac{\dfrac{1}{2}x^{-\frac{1}{2}}}{\dfrac{1}{x}}$

$=\lim\limits_{x\to\infty}\dfrac{1}{2}x^{\frac{1}{2}}$

$=\infty$

分子比較大，所以 $y=\sqrt{x}$ 在 x 無限大的時候，遠大於 $y=\ln x$

所以 $y=\sqrt{x}$ 比 $\ln x$ 先到無限大。

iv　所以可以利用羅必達法則在無限大的位置比較大小，也就是可以得知到無限大的
順序是，1. $y=2^x$　2. $y=x$　3. $y=\sqrt{x}$　4. $y=\ln x$，符合圖 6-24。

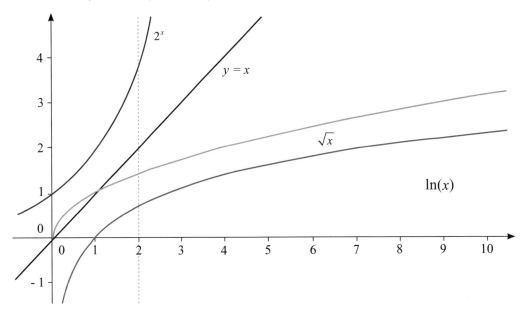

◆ 圖 6-24

並且可以發現 $y=\ln x$ 是在這四個中，最慢到達無限大的函數，

1.4.2 「$y=\ln x$ 到達無限大很慢，慢到曲線像水平線」

有趣的是 $y=\ln x$ 是一個最不想到無限大的函數，我們可以觀察圖 6-25 得知 $y=\ln x$ 非常接近水平線。也可 操作動態 1 ☜ 觀察 $y=\ln x$ 的曲線。

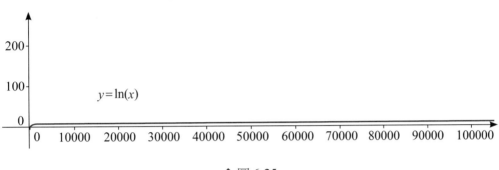

◆ 圖 6-25

1.5　公式整理

羅必達法則對於計算極限有著便利性的幫助，並且可利用羅必達法則比較 y 值大小關係。

羅必達法則：

若 $\lim\limits_{x \to a} f(x) = f(a) = 0$ 且 $\lim\limits_{x \to a} g(x) = g(a) = 0$ 時，

則 $\lim\limits_{x \to a} \dfrac{f(x)}{g(x)} = \lim\limits_{x \to a} \dfrac{f'(x)}{g'(x)}$，$g'(x) \neq 0$。

適用羅必達法則的不定型：

$\dfrac{0}{0}$ 、 $\dfrac{\infty}{\infty}$ 、 $0 \times \infty$ 、 $\infty - \infty$ 、 ∞^0 、 0^0 、 1^∞

1.6 習題

1. $\lim\limits_{x\to 3}\dfrac{x-3}{x^2-9}$

2. $\lim\limits_{x\to\infty}\dfrac{2x^2+1}{x^2+2}$

3. $\lim\limits_{x\to 0}x^x$

4. $\lim\limits_{x\to 1}\dfrac{\ln x}{x-1}$

5. $\lim\limits_{x\to 0}\dfrac{e^x-1}{x}$

6. $\lim\limits_{x\to\infty}\dfrac{\ln x}{x}$

7. $\lim\limits_{x\to\infty}\dfrac{2^x}{x}$

8. $\lim\limits_{x\to\infty}\dfrac{\ln x}{2^x}$

9. $\lim\limits_{x\to 0}\dfrac{\sin x}{\tan x}$

10. $\lim\limits_{x\to 2}\dfrac{\sqrt{x}-\sqrt{2}}{x-2}$

1.6.1 解答

1. $\lim\limits_{x\to 3}\dfrac{x-3}{x^2-9}=\dfrac{1}{6}$

2. $\lim\limits_{x\to\infty}\dfrac{2x^2+1}{x^2+2}=2$

3. $\lim\limits_{x\to 0}x^x=1$

4. $\lim\limits_{x\to 1}\dfrac{\ln x}{x-1}=1$

5. $\lim\limits_{x\to 0}\dfrac{e^x-1}{x}=1$

6. $\lim\limits_{x\to\infty}\dfrac{\ln x}{x}=0$

7. $\lim\limits_{x\to\infty}\dfrac{2^x}{x}=$不存在

8. $\lim\limits_{x\to\infty}\dfrac{\ln x}{2^x}=0$

9. $\lim\limits_{x\to 0}\dfrac{\sin x}{\tan x}=1$

10. $\lim\limits_{x\to 2}\dfrac{\sqrt{x}-\sqrt{2}}{x-2}=\dfrac{1}{2\sqrt{2}}$

二、微分總結論

「數學是一種理性的精神，使人類的思維得以運用到最完善的程度。」

克萊因(Morris Kline)

美國數學史學家，數學哲學家，數學教育家。

在先前的章節已經學會很多函數的微分，如：$f(x)=x^p$、指數函數、對數函數、三角函數、合成函數，以上形式的函數是初等函數。並且我們可以對這些函數的組合微分，不管是函數的加減乘除後的微分，還是合成函數的微分。也了解積分

形式的函數，可以利用微積分基本定理 $F' = f$ 微分，如：$\dfrac{d}{dx}\displaystyle\int_a^x u^2\, du = x^2$。以及了解

有一些函數不能以初等函數表示，如：$F(x) = \displaystyle\int_a^x \dfrac{\sin u}{u}\, du$，如果要對這些非初等函數

微分可以利用微積分基本定理 $F' = f$，$\dfrac{d}{dx}\displaystyle\int_a^x \dfrac{\sin u}{u}\, du = \dfrac{\sin x}{x}$。

　　微分是了解斜率的變化，比較抽象，但很幸運的是後面的運算技巧不多，可微分函數一定可以利用微分技巧計算出封閉形式的導函數。而積分則反過來：一開始瞭解面積的意義，很直觀，但後面的運算技巧卻一直不斷的增加，而且可積分函數不一定可以利用積分技巧計算出封閉形式的反導函數，也就是不能以初等函數的組合表示的反導函數。

　　對於微分的認識已經大致上講解完畢，下一章將會介紹其他的積分的技巧與應用。

2.1　微分公式總整理

i. 多項式函數的微分，如：$f(x) = x^p \xrightarrow{\text{微分}} f'(x) = px^{p-1}$。

ii 指數函數的微分，如：$f(x) = 2^x \xrightarrow{\text{微分}} f'(x) = 2^x \ln 2$。

iii 對數函數的微分，如：$f(x) = \ln x \xrightarrow{\text{微分}} f'(x) = \dfrac{1}{x}$。

iv 函數的加減乘除的微分，如：$f + g \xrightarrow{\text{微分}} f' + g'$、

$\quad f \times g \xrightarrow{\text{微分}} f'g + fg'$、$\dfrac{f}{g} \xrightarrow{\text{微分}} \dfrac{f'g - fg'}{g^2}$、

$\quad f(x) \xrightarrow{\text{改自變數}} f(u)$，$f(g(x)) \xrightarrow{\text{微分}} \dfrac{df}{dx} = \dfrac{du}{dx}\dfrac{df}{du}$。

v 合成函數的微分，利用鍊法則，如：$f(x)$ 與 $g(x)$ 的合成函數 $f(g(x))$

$\quad$令 $u = g(x)$、$f(x) \xrightarrow{\text{改自變數}} f(u)$，$f(g(x)) \xrightarrow{\text{微分}} \dfrac{df}{dx} = \dfrac{du}{dx}\dfrac{df}{du}$。

$\quad$如：$f(g(x)) = (2x^3 + 1)^4$，令 $u = g(x) = 2x^3 + 1 \rightarrow \dfrac{du}{dx} = 6x^2$、

$\quad f(u) = u^4 \rightarrow \dfrac{df}{du} = 4u^3$，$\dfrac{df}{dx} = \dfrac{du}{dx}\dfrac{df}{du} = 6x^2 \times 4u^3 = 24x^2(2x^3 + 1)^3$。

vi 積分形式的微分，利用微積分基本定理進行微分，

若 $F(x) = \int_a^x f(u)\ du$，則 $F'(x) = f(x)$。

如：$F(x) = \int_a^x u^2\ du \xrightarrow{\text{微分}} F'(x) = f(x) = x^2$。

vii 積分形式的微分，範圍不是 a 到 x，利用微積分基本定理與鍊法則

進行微分，如：$F(x) = \int_a^{x^2} (t^3 + 1)\ dt$，

$F(x)$ 是 $h(x) = \int_a^x t^3 + 1\ dt$ 與 $g(x) = x^2$ 的合成函數，$F(x) = h(g(x))$。

令 $u = g(x) = x^2 \rightarrow \dfrac{du}{dx} = 2x$ 、 $h(x) \rightarrow h(u) = \int_a^u (t^3 + 1)\ dt \rightarrow \dfrac{dh}{du} = u^3 + 1$ ，

$F(x) = h(g(x)) \xrightarrow{\text{微分}} \dfrac{dF}{dx} = \dfrac{dh}{dx} = \dfrac{du}{dx}\dfrac{dh}{du} = 2x \times (u^3 + 1) = 2x((x^2)^3 + 1)$ ，

$\dfrac{dF}{dx} = 2x(x^6 + 1) = 2x^7 + 2x$ 。

viii 非初等函數的微分，可利用微積分基本定理進行微分，

若 $F(x) = \int_a^x f(u)\ du$，則 $F'(x) = f(x)$，

如：$F(x) = \int_a^x \dfrac{\sin u}{u}\ du \xrightarrow{\text{微分}} F'(x) = f(x) = \dfrac{\sin x}{x}$。

ix 非初等函數的微分，範圍不是 a 到 x，可利用微積分基本定理與鍊法則

進行微分，如：$F(x) = \int_a^{x^2} \dfrac{\sin t}{t}\ dt$，

$f(x)$ 是 $h(x) = \int_a^x \dfrac{\sin t}{t}\ dt$ 與 $g(x) = x^2$ 的合成函數 $F(x) = h(g(x))$。

令 $u = g(x) = x^2 \rightarrow \dfrac{du}{dx} = 2x$ 、 $h(x) \rightarrow h(u) = \int_a^u \dfrac{\sin t}{t}\ dt \rightarrow \dfrac{dh}{du} = \dfrac{\sin u}{u}$ ，

$F(x) = h(g(x)) \xrightarrow{\text{微分}} \dfrac{dF}{dx} = \dfrac{dh}{dx} = \dfrac{du}{dx}\dfrac{dh}{du} = 2x \times (\dfrac{\sin u}{u}) = 2x(\dfrac{\sin x^2}{x^2})$ ，

$$\frac{dF}{dx} = \frac{2\sin x^2}{x} \quad 。$$

x. 隱函數的微分的技巧，需注意 y 的微分，

（請參考光碟第十章：隱函數的微分）

如： $x^3 + y^3 - 3xy = 0$

$3x^2 + 3y^2 y' - 3(y + xy') = 0$

$y' = \dfrac{x^2 - y}{x - y^2}$

7 積分的計算技巧與旋轉體

阿基米德
〈Archimedes〉
(BC287-BC212)

拉普拉斯
〈Laplace〉
(1749-1827)

　　微分是了解斜率的變化，比較抽象，但很幸運的是後面的運算技巧不多，可微分函數一定可以利用微分技巧計算出封閉形式的導函數。而積分則反過來：一開始瞭解面積的意義，很直觀，但後面的運算技巧卻一直不斷的增加，而且可積分函數不一定可以利用積分技巧計算出封閉形式的反導函數，也就是不能以初等函數的組合表示反導函數。

　　本章節將介紹其餘的基礎積分技巧，但很不幸的，我們的基礎積分技巧在現實應用中是不夠使用的，幸運的是現在有很多完善的積分表，如：「Table of integrals, Series, and Product」，作者是 Gradshteyn and Ryzhik。我們只要會使用積分表就可以解決一部分的問題。實際應用上絕大多數的積分，都是無法以初等函數表示，只能以積分形式表示反導函數，如：$\int_a^x \frac{\sin u}{u}\, du$。此反導函數是非初等函數，只能用數值積分計算積分值。

　　我們可以知道積分技巧不夠用，但可以利用積分表。而可微分函數都可利用微分技巧找到封閉形式的導函數，所以不需要微分表。

　　此章節將會介紹積分的運算與應用，如：計算旋轉體的表面積與體積，可以更認識積分的實用性。

一、每個可積分函數積分都能以初等函數形式表示嗎？

「在寒冷的冬夜裡，當貓準備睡覺時，牠收捲起小腳，儘可能讓身體捲成球團一般。貓已經證明了這個定理：在給定一體積下，所有立體中，球面具有最小的表面積。」

波里亞(George Pólya)

美國數學家和數學教育家。

我們已經學會很多的積分技巧，如：函數相加的積分、函數相乘的積分、微積分基本定理。甚至是猜看看，只要可以微分回原函數就是積分函數，如：$\ln x$ 的積分，用猜測的方式來找積分函數，猜 $\ln x$ 的積分是 $x\ln x - x + c$，發現 $x\ln x - x + c$ 的微分是 $\ln x$，所以 $\int_a^x \ln u \; du = x\ln x - x + c$。但我們還是有很多函數的積分無法處理。如：自變數被改變的函數 $f(x) = \cos(x^2)$、$f(x) = \ln(x+3)$、有理數函數的積分 $f(x) = \dfrac{1}{1+x}$、高次方的函數 $f(x) = (2x+1)^{30}(x+2)$、三角函數的積分 $f(x) = \tan(x)$、混合情況的函數 $f(x) = \dfrac{\sin x}{x}$、$f(x) = e^{\sin x}$、統計的函數積分：$f(x) = e^{-x^2}\sin x$、常態分布 $f(x) = \dfrac{e^{-\frac{x^2}{2}}}{\sqrt{2\pi}}$、$f(x) = \dfrac{e^{-x}}{x}$。

上述可積分函數一部分可利用積分技巧來進行計算反導函數，部分則不行，如：$f(x) = \dfrac{\sin x}{x}$ 的反導函數，無法以初等函數表示，只能以積分形式表示，記作：$\int_a^x \dfrac{\sin u}{u} \; du$，此函數特別定義為 $\mathrm{Si}(x) = \int_a^x \dfrac{\sin u}{u} \; du$。在統計學有些重要的函數積分也無法以初等函數形式表示，如：$\mathrm{E}i(x) = \int_a^x \dfrac{e^{-u}}{u} \; du$。

而這些不能以簡單積分技巧處理的可積分函數，在應用中占絕大多數，如：工程、電力學、統計、機率、等等。所以我們學完積分技巧後，必須理解在絕大多數的應用中是依靠積分表、或是用數值積分來求反導函數與積分值。

> 註：初等函數是多項式函數、指對數函數、有理式函數、三角函數，反三角函數，或是上述的合成函數。

註：數值積分：其中一種方法是利用電腦來切很多的長條算出積分值。

1.1　可微分函數都可算出導函數

我們已經學過各種初等函數的微分：

---

i.　多項式函數的微分，如：$f(x) = x^p \xrightarrow{\text{微分}} f'(x) = px^{p-1}$。

ii　指數函數的微分，如：$f(x) = 2^x \xrightarrow{\text{微分}} f'(x) = 2^x \ln 2$。

iii　對數函數的微分，如：$f(x) = \ln x \xrightarrow{\text{微分}} f'(x) = \dfrac{1}{x}$。

iv　函數的加減乘除的微分，如：$f + g \xrightarrow{\text{微分}} f' + g'$、

$f \times g \xrightarrow{\text{微分}} f'g + fg'$、$\dfrac{f}{g} \xrightarrow{\text{微分}} \dfrac{f'g - fg'}{g^2}$。

v　合成函數的微分，利用鍊法則，如：$f(x)$ 與 $g(x)$ 的合成函數 $f(g(x))$

令 $u = g(x)$、$f(x) \xrightarrow{\text{改自變數}} f(u)$，$f(g(x)) \xrightarrow{\text{微分}} \dfrac{df}{dx} = \dfrac{du}{dx}\dfrac{df}{du}$。

如：$f(g(x)) = (2x^3 + 1)^4$，令 $u = g(x) = 2x^3 + 1 \rightarrow \dfrac{du}{dx} = 6x^2$、

$f(u) = u^4 \rightarrow \dfrac{df}{du} = 4u^3$，$\dfrac{df}{dx} = \dfrac{du}{dx}\dfrac{df}{du} = 6x^2 \times 4u^3 = 24x^2(2x^3 + 1)^3$。

vi　積分形式的微分，利用微積分基本定理進行微分，

若 $F(x) = \displaystyle\int_a^x f(u)\ du$，則 $F'(x) = f(x)$。

如：$F(x) = \displaystyle\int_a^x u^2\ du \xrightarrow{\text{微分}} F'(x) = f(x) = x^2$。

vii　積分形式的微分，範圍不是 a 到 x，利用微積分基本定理與鍊法則

進行微分，如：$F(x) = \displaystyle\int_a^{x^2} (t^3 + 1)\ dt$，

$F(x)$ 是 $h(x) = \displaystyle\int_a^x t^3 + 1\ dt$ 與 $g(x) = x^2$ 的合成函數，$F(x) = h(g(x))$。

令 $u = g(x) = x^2 \rightarrow \dfrac{du}{dx} = 2x$、$h(x) \rightarrow h(u) = \displaystyle\int_a^u (t^3 + 1)\ dt \rightarrow \dfrac{dh}{du} = u^3 + 1$，

$F(x) = h(g(x)) \xrightarrow{\text{微分}} \dfrac{dF}{dx} = \dfrac{dh}{dx} = \dfrac{du}{dx}\dfrac{dh}{du} = 2x \times (u^3 + 1) = 2x((x^2)^3 + 1)$，

$\dfrac{dF}{dx} = 2x(x^6 + 1) = 2x^7 + 2x$。

viii 非初等函數的微分，可利用微積分基本定理進行微分，

若 $F(x) = \int_a^x f(u)\ du$ ，則 $F'(x) = f(x)$ ，

如： $F(x) = \int_a^x \dfrac{\sin u}{u}\ du \xrightarrow{\ 微分\ } F'(x) = f(x) = \dfrac{\sin x}{x}$ 。

ix 非初等函數的微分，範圍不是 a 到 x，可利用微積分基本定理與鍊法則

進行微分，如： $F(x) = \int_a^{x^2} \dfrac{\sin t}{t}\ dt$ ，

$F(x)$ 是 $h(x) = \int_a^x \dfrac{\sin t}{t}\ dt$ 與 $g(x) = x^2$ 的合成函數 $F(x) = h(g(x))$ 。

令 $u = g(x) = x^2 \to \dfrac{du}{dx} = 2x$ 、 $h(x) \to h(u) = \int_a^u \dfrac{\sin t}{t}\ dt \to \dfrac{dh}{du} = \dfrac{\sin u}{u}$ ，

$F(x) = h(g(x)) \xrightarrow{\ 微分\ } \dfrac{dF}{dx} = \dfrac{dh}{dx} = \dfrac{du}{dx}\dfrac{dh}{du} = 2x \times (\dfrac{\sin u}{u}) = 2x(\dfrac{\sin x^2}{x^2})$ ，

$\dfrac{dF}{dx} = \dfrac{2\sin x^2}{x}$ 。

x. 隱函數的微分的技巧，需注意 y 的微分，

如： $x^3 + y^3 - 3xy = 0$

$3x^2 + 3y^2 y' - 3(y + xy') = 0$

$y' = \dfrac{x^2 - y}{x - y^2}$

　　所以初等函數的組合都能微分，即便是合成函數也可以微分，更甚至積分形式的非初等函數（ 如： $\int_a^x \dfrac{\sin u}{u}\ du$ ）也可以微分，故可微分函數都可以利用微分技巧找到導函數。

1.2　可積分函數不一定有初等函數形式的反導函數

　　因為有些可積分函數的反導函數，學到的積分技巧無法以初等函數表示反導函數。但是明明有面積，理論上是存在一個積分值，但就是找不到。

　　在數學中「存在卻找不到」很常見。如：勘根定理。任意連續函數的兩位置的函數值相乘， $f(a)f(b) < 0$ 時， a 到 b 之間至少有一根，但我們不知道那一根的數值。如：連續函數 $y = f(x) = x^3 - 2x^2 - x + 1$ ，2 與 3 之間有一根，但我們不知道其數值為何。見圖 7-1。

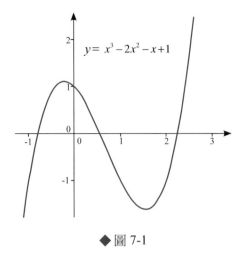

◆ 圖 7-1

如：$y = \dfrac{\sin x}{x}$ ，3 與 4 之間有一根，但我們不知道其數值為何。見圖 7-2。

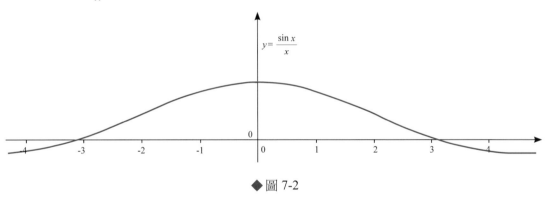

◆ 圖 7-2

　　同理可積分函數的反導函數，也具有「存在卻找不到」的情況。可積分函數不一定可以利用積分技巧計算出封閉形式的反導函數，也就是不能以初等函數的組合表示的反導函數。

　　可以發現不是每個可積分函數都能用積分技巧計算出以初等函數表示的反導函數。實際應用上絕大多數的函數，或是工程師所遇到的函數，大多必須使用積分表，或是數值積分計算反導函數與積分值。

如何使用積分表？例題：若 $f(x) = x^2(2+3x)^5$，計算從 1 到 3 的積分？
利用積分表的反導函數來計算積分值，由積分表 014 可知

$$\int u^2 (a+bu)^n\, du = \frac{1}{b^3}\left[\frac{(a+bu)^{n+3}}{n+3} - 2a\frac{(a+bu)^{n+2}}{n+2} + a^2\frac{(a+bu)^{n+1}}{n+1}\right] + C$$

填上積分函數的 a、b、n 的數字，

$$\int u^2 (2+3u)^5 \, du = \frac{1}{3^3}\left[\frac{(2+3u)^{5+3}}{5+3} - 2\times 2\times\frac{(2+3u)^{5+2}}{5+2} + 2^2\times\frac{(2+3u)^{5+1}}{5+1}\right]+C$$

再填上起終點範圍，

$$\int_1^3 u^2(2+3u)^5 \, du = \left[\frac{1}{27}\left(\frac{(2+3x)^8}{8} - 4\times\frac{(2+3x)^7}{7} + 4\times\frac{(2+3x)^6}{6}\right)+C\right]_{x=1}^{x=3}$$

$$= \left[\frac{1}{27}\left(\frac{(2+3\times3)^8}{8} - 4\times\frac{(2+3\times3)^7}{7} + 4\times\frac{(2+3\times3)^6}{6}\right)+C\right]$$

$$- \left[\frac{1}{27}\left(\frac{(2+3\times1)^8}{8} - 4\times\frac{(2+3\times1)^7}{7} + 4\times\frac{(2+3\times1)^6}{6}\right)+C\right]$$

$$= \frac{2826729792}{4536}$$

所以可利用積分表來計算積分值。

補充說明

函數的係數 a、b，跟積分範圍起終點 a、b 的意義是不同的。
背公式時，符號的意義要一起記憶。
否則將會在多個公式的組合時，符號的重複使用，將會混淆其意義。

小結：

　　所以我們要多利用積分表找出反導函數，再求出積分值。

　　而積分表是怎麼來的，是由積分的技巧計算來方便計算積分值。

　　接著我們來看基本的積分技巧。

二、變數變換積分法

　　「只要一門科學能提出大量的問題，它就充滿著生命力；問題缺乏則預示著獨立發展的終止或衰亡。」

大衛・希爾伯特（David Hilbert）

德國數學家。

已經學會很多的積分技巧，但有理式函數要如何積分？

如：$f(x) = \dfrac{1}{1+x}$ 的積分？先算簡單函數積分 $f(x) = 4x(2x^2+1)$，

再思考如何算 $f(x) = \dfrac{1}{1+x}$ 的積分。

例題1

$4x(2x^2+1)$ 要怎麼求反導函數？

方法一：展開求反導函數

$$\int_a^x 4t(2t^2+1)\ dt$$

$$= \int_a^x 8t^3 + 4t\ dt$$

$$= \left[2t^4 + 2t^2 \right]_a^x$$

$$= \left[2x^4 + 2x^2 \right] - \underbrace{\left[2a^4 + 2a^2 \right]}_{某常數}$$

$$= 2x^4 + 2x^2 + c$$

方法二：我們可以利用「變數變換」來計算 $\int_a^x 4t(2t^2+1)\ dt$

令 $u = 2t^2 + 1 \overset{微分}{\Rightarrow} \dfrac{du}{dt} = 4t$，

已知鍊法則具有分數移項的性質，所以 $\dfrac{du}{dt} = 4t \overset{移項}{\Rightarrow} \dfrac{du}{4t} = dt$

$\int_a^x 4t(2t^2+1)\ dt$　　　將 $u = 2t^2 + 1$、$dt = \dfrac{du}{4t}$ 代入

代入後，會改變起終點，當 $t = a$ 時，$u = 2a^2 + 1$，當 $t = x$ 時，$u = 2x^2 + 1$，

$$= \int_{2a^2+1}^{2x^2+1} 4t \times u \times \dfrac{du}{4t}$$

$$= \int_{2a^2+1}^{2x^2+1} u\ du$$

$$= \left[\dfrac{1}{2} w^2 \right]_{2a^2+1}^{2x^2+1}$$

$$= \dfrac{1}{2}(2x^2+1)^2 - \dfrac{1}{2}(2a^2+1)^2$$

$$= 2x^4 + 2x^2 + \underbrace{\dfrac{1}{2} - \dfrac{1}{2}(2a^2+1)^2}_{某常數}$$

$$= 2x^4 + 2x^2 + c$$

可以發現答案相同，所以此方法可以使用。

方法三：簡化方法二

因寫上起終點相當的繁鎖，所以用以下方法書寫，可以比較簡潔。但我們在計算積分時，需要注意起終點，不要涵蓋到無限大的部分。以及變數部份不要混淆其意義。

計算 $4x(2x^2+1)$ 的反導函數：$\int 4x(2x^2+1)\ dx$

令 $u = 2x^2 + 1 \overset{微分}{\Rightarrow} \dfrac{du}{dx} = 4x \overset{移項}{\Rightarrow} \dfrac{du}{4x} = dx$ ，

$\int 4x(2x^2+1)\ dx \qquad$ 將 $u = 2x^2+1$ 、 $dx = \dfrac{du}{4x}$ 代入

$$= \int 4x \times u \times \frac{du}{4x}$$

$$= \int u\ du$$

$$= \frac{1}{2}u^2 + c \qquad 而\ u = 2x^2 + 1$$

$$= \frac{1}{2}(2x^2+1)^2 + c$$

$$= 2x^4 + 2x^2 + \underbrace{1+c}_{某常數}$$

$$= 2x^4 + 2x^2 + c_1$$

可以發現答案相同，所以可以使用此方法，來加快計算。

故 $4x(2x^2+1)$ 反導函數是 $2x^4 + 2x^2 + c_1$ 。

或可寫作，若 $f(x) = 4x(2x^2+1)$ ，則 $F(x) = 2x^4 + 2x^2 + c_1$ 。 ◆

例題 2
_____

$\dfrac{1}{1+x}$ 要怎麼求反導函數？

無法展開計算積分，利用「變數變換」來計算這個問題。

計算 $\dfrac{1}{1+x}$ 的反導函數：$\int \dfrac{1}{1+x}\ dx$

令 $u = 1 + x \overset{微分}{\Rightarrow} \dfrac{du}{dx} = 1 \overset{移項}{\Rightarrow} du = dx$ ，

$$\int \frac{1}{1+x} \, dx \qquad 將 \ u=1+x \ 、 \ dx=du \ 代入$$

$$= \int \frac{1}{u} \, du$$

$$= \ln |u| + c \qquad 而 \ u=1+x$$

$$= \ln |1+x| + c$$

故 $\dfrac{1}{1+x}$ 反導函數是 $\ln |1+x| + c$ 。

或可寫作，若 $f(x)=\dfrac{1}{1+x}$ ，則 $F(x)=\ln|1+x|+c$

也可在積分表查到 $\displaystyle \int \frac{1}{1+t} \, dt = \ln |1+x| + c$ 。

「確認積分是否正確」

已知微積分基本定理 $F'=f$，將 F 微分，看是否能還原成原函數。

$$F(x)=\ln|1+x|+c \quad , 而 \ F'=\frac{dF}{dx}=\frac{du}{dx}\times\frac{dF}{du}$$

$$令 \ u=1+x \overset{微分}{\Rightarrow} \frac{du}{dx}=1$$

$$F=\ln|u|+c \overset{微分}{\Rightarrow} \frac{dF}{du}=\frac{1}{u}$$

所以 $\dfrac{dF}{dx}=\dfrac{du}{dx}\times\dfrac{dF}{du}$

$$= 1\times\frac{1}{u} \qquad 而 \ u=1+x$$

$$= \frac{1}{1+x}$$

所以若 $f(x)=\dfrac{1}{1+x}$ ，則 $F(x)=\ln|1+x|+c$ 。

「如何計算積分值」

已知可在積分表查到 $\displaystyle \int \frac{1}{1+t} \, dt = \ln|1+x|+c$ ，

那麼該如何利用此反導函數，來求範圍 2 到 7 的積分值。

$$\int \frac{1}{1+t} \, dt = \ln|1+x|+c$$

加上範圍

$$\int_3^7 \frac{1}{1+t} \, dt$$

$$= \left[\ln|1+x| + c \right]_3^7$$

$$= \left[\ln|1+7| + c \right] - \left[\ln|1+3| + c \right]$$

$$= \ln|8| + c - \ln|4| - c$$

$$= 3\ln|2| - 2\ln|2|$$

$$= \ln|2|$$

$$= \ln 2$$

◆

例題3

$\dfrac{1}{1-x}$ 要怎麼求反導函數？

利用「變數變換」來計算這個問題。

計算 $\dfrac{1}{1-x}$ 的反導函數：$\displaystyle\int \frac{1}{1-x} \, dx$

令 $u = 1-x \overset{微分}{\Rightarrow} \dfrac{du}{dx} = -1 \overset{移項}{\Rightarrow} -du = dx$ ，

$\displaystyle\int \frac{1}{1-x} \, dx$　　　將 $u = 1-x$、 $dx = -du$ 代入

$$= \int \frac{-1}{u} \, du$$

$$= -\ln|u| + c \qquad 而\ u = 1-x$$

$$= -\ln|1-x| + c$$

故 $\dfrac{1}{1-x}$ 反導函數是 $-\ln|1-x| + c$ 。

或可寫作，若 $f(x) = \dfrac{1}{1-x}$ ，則 $F(x) = -\ln|1-x| + c$

也可在積分表查到 $\displaystyle\int \frac{1}{1-t} \, dt = -\ln|1-x| + c$ 。

「確認積分是否正確」

已知微積分基本定理 $F' = f$，將 F 微分，看是否能還原成原函數。

$$F(x) = -\ln|1-x| + c \ ，而\ F' = \frac{dF}{dx} = \frac{du}{dx} \times \frac{dF}{du}$$

令 $u = 1 - x \overset{微分}{\Rightarrow} \dfrac{du}{dx} = -1$

$F = -\ln|u| + c \overset{微分}{\Rightarrow} \dfrac{dF}{du} = \dfrac{-1}{u}$

所以 $\dfrac{dF}{dx} = \dfrac{du}{dx} \times \dfrac{dF}{du}$

$= -1 \times \dfrac{-1}{u} \qquad 而\, u = 1 - x$

$= \dfrac{1}{1-x}$

所以若 $f(x) = \dfrac{1}{1-x}$ ，則 $F(x) = -\ln|1-x| + c$

「如何計算積分值」

已知可在積分表查到 $\displaystyle\int \dfrac{1}{1-t}\, dt = -\ln|1-x| + c$ ，

那麼該如何利用此反導函數，來求範圍 5 到 9 的積分值。

$\displaystyle\int \dfrac{1}{1-t}\, dt = -\ln|1-x| + c$

加上範圍

$\displaystyle\int_5^9 \dfrac{1}{1-t}\, dt$

$= \left[\ln|1-x| + c \right]_5^9$

$= \left[\ln|1-9| + c \right] - \left[\ln|1-5| + c \right]$

$= \ln|-8| + c - \ln|-4| - c$

$= 3\ln|-2| - 2\ln|-2|$

$= \ln|-2|$

$= \ln 2$ ◆

2.1　變數變換積分法重點整理

　　熟悉變數變換流程後，就能計算一部分函數積分。但我們也可以用積分表來計算積分值，因為不是每一個可積分函數都能利用積分的技巧，找到以初等函數表示的反導函數。實際應用上絕大多數的函數，或是工程師所遇到的函數，大多必須使用積分表，或是數值積分計算出反導函數與積分值。

1. $\int \dfrac{1}{1+t}\,dt = \ln|1+x|+c$

2. $\int \dfrac{1}{1-t}\,dt = -\ln|1-x|+c$

2.2　習題

1. $\int \sin 5x\ dx$

2. $\int e^{2-4x}\ dx$

3. $\int (x^2+4)^2\ dx$

2.2.1　「解答」

1. $\int \sin 5x\ dx = \dfrac{-1}{5}\cos 5x + c$

2. $\int e^{2-4x}\ dx = -\dfrac{1}{4}e^{2-4x} + c$

3. $\int (x^2+4)^2\ dx = \dfrac{1}{5}x^5 + \dfrac{8}{3}x^3 + 16x + c$

三、部分積分法

　　「對數學問題無法抵擋的誘惑與追求，能讓人全神貫注，在無止盡的挑戰中得到心靈寧靜，這是沒有衝突的戰鬥，是擺脫纏身雜物的避難所，在今日令人應接不暇的花花世界，這就像不變的高山美景可供欣賞。」

莫理斯・克萊恩(Morris Kline）

美國數學史學家，數學哲學家，數學教育家。

　　$(2x+1)(x+2)$ 要怎麼求反導函數，固然可以展開後再求反導函數，但速度太慢，如果指數數字變大的情況呢？如：$\int (2x+1)^{30}(x+2)dx$ 難道也展開計算嗎？或是不能展開的函數 $\int x\cos x\ dx$ 又該如何計算呢？ 這邊介紹另一個方法，來計算有關函數相乘

的反導函數。

若 $u(x)$ 與 $v(x)$ 是函數

函數乘法的微分 $\quad\quad\quad (uv)' = (u')v + u(v')$

由微積分基本定理可知 $\quad uv = \int \left[v(u') + u(v') \right] dx$

也就是 $\quad\quad\quad\quad\quad uv = \int v(u')dx + \int u(v')dx$

而 $\quad u' = \dfrac{du}{dx}$ 、 $v' = \dfrac{dv}{dx}$

代入得到 $\quad\quad\quad\quad uv = \int v(\dfrac{du}{dx})dx + \int u(\dfrac{dv}{dx})dx$

已知鍊法則具有分數性質 $\quad uv = \int v du \quad\quad + \int u dv$

移項 $\quad\quad\quad uv \quad - \int v du = \int u dv$

> 得到 $\int u dv = uv - \int v du$ 這個積分公式，稱作：部分積分。

例題1

使用部分積分的方法計算： $\int (2x+1)(x+2)dx$

先觀察誰是 u、誰是 dv， $\int \underbrace{(2x+1)}_{u}\underbrace{(x+2)dx}_{dv}$

利用部分積分，先算出 u 與 du、v 與 dv

$u = 2x + 1 \quad \overset{微分}{\Rightarrow} \quad \dfrac{du}{dx} = 2 \quad \overset{移項}{\Rightarrow} \quad du = 2dx$

$dv = (x+2)dx \overset{移項}{\Rightarrow} \dfrac{dv}{dx} = x + 2 \overset{找出v}{\Rightarrow} v = \dfrac{1}{2}x^2 + 2x$

代入部分積分公式： $\int u dv = uv - \int v du$

$\int (2x+1)(x+2)dx$

$= (2x+1)(\dfrac{1}{2}x^2 + 2x) - \int (\dfrac{1}{2}x^2 + 2x)2dx$

$= (2x+1)(\dfrac{1}{2}x^2 + 2x) - \int x^2 + 4x \ dx$

$= (2x+1)(\dfrac{1}{2}x^2 + 2x) - (\dfrac{1}{3}x^3 + 2x^2 + c)$

$$= x^3 + 4x^2 + \frac{1}{2}x^2 + 2x - \frac{1}{3}x^3 - 2x^2$$

$$= \frac{2}{3}x^3 + \frac{3}{2}x^2 + 2x - c$$

「確認積分是否正確」

而我們直接展開來作積分，觀察答案是否相同。

$$\int (2x+1)(x+2)dx$$

$$= \int (2x^2 + 3x + 2)dx$$

$$= \frac{2}{3}x^3 + \frac{3}{2}x^2 + 2x + c$$

答案是一樣的，所以部分積分的方法正確，具有可行性。　　　　◆

> **補充說明**
>
> 可以看到部分積分是減去 c，而展開後積分是加上 c，這邊有所不同，但 c 是一個任意常數，寫加 c 減 c 是一樣的。

> **補充說明**
>
> 找 v 的時候為什麼不加上常數，因為如果加上最後還是會消去。
>
> 我們來看看如果寫上的情況，$\int \underbrace{(2x+1)}_{u}\underbrace{(x+2)dx}_{dv}$
>
> 利用部分積分，先算出 u 與 du、v 與 dv
>
> $$u = 2x+1 \quad \overset{微分}{\Rightarrow} \quad \frac{du}{dx} = 2 \quad \overset{移項}{\Rightarrow} \quad du = 2dx$$
>
> $$dv = (x+2)dx \quad \overset{移項}{\Rightarrow} \quad \frac{dv}{dx} = x+2 \quad \overset{找出v}{\Rightarrow} \quad v = \frac{1}{2}x^2 + 2x + c$$
>
> 代入部分積分公式：$\int u\,dv = uv - \int v\,du$
>
> $$= (2x+1)(\frac{1}{2}x^2 + 2x + c) - \int (\frac{1}{2}x^2 + 2x + c)2dx$$
>
> $$= (2x+1)(\frac{1}{2}x^2 + 2x + c) - \int x^2 + 4x + 2c \ dx$$
>
> $$= (2x+1)\frac{1}{2}x^2 + 2x + c) - (\frac{1}{3}x^3 + 2x^2 + 2cx + c_1)$$
>
> $$= x^3 + 4x^2 + \frac{1}{2}x^2 + 2cx + c - \frac{1}{3}x^3 - 2x^2 - 2cx - c_1$$
>
> $$= \frac{2}{3}x^3 + \frac{3}{2}x^2 + 2x + c - c_1$$
>
> $$= \frac{2}{3}x^3 + \frac{3}{2}x^2 + 2x + c_2$$
>
> 我們可以發現答案仍然一樣，但計算的變的很繁瑣。

┌ **補充說明** ─────────────────────────

$\int (2x+1)(x+2)dx$ 提到要先觀察誰是 u、誰是 dv，$\int \underset{u}{\underbrace{(2x+1)}} \underset{dv}{\underbrace{(x+2)dx}}$ 但要怎要知道誰是 u、誰是

dv，就是先隨意假設一組，如果算不出來就換另一組。

可觀察例題 3。

└──────────────────────────────────────

例題2

利用部分積分計算 $\ln x$ 的積分

已知部分積分是 $\int u\ dv = uv - \int v\ du$ ，計算：$\int \underset{u}{\underbrace{\ln x}}\ \underset{dv}{\underbrace{dx}}$

令 $u = \ln x \overset{微分}{\Rightarrow} \dfrac{du}{dx} = \dfrac{1}{x} \overset{移項}{\Rightarrow} du = \dfrac{1}{x}dx$

$dv = dx \overset{移項}{\Rightarrow} \dfrac{dv}{dx} = 1 \overset{找出v}{\Rightarrow} v = x$

所以 $\int \ln x\ dx$

$= \underset{u}{\underbrace{(\ln x)}} \times \underset{v}{\underbrace{x}} - \int \underset{v}{\underbrace{x}} \underset{du}{\underbrace{\dfrac{1}{x}dx}}$

$= x\ln x - \int 1\ dx$

$= x\ln x - x + c$

故 $\ln x$ 反導函數是 $x\ln x - x + c$ 。

或可寫作，若 $f(x) = \ln x$ ，則 $F(x) = x\ln x - x + c$

也可在積分表查到 $\int \ln t\ dt = x\ln x - x + c$ 。

確認積分是否正確

已知微積分基本定理 $F' = f$，將 F 微分，看是否能還原成原函數。

$F(x) = x\ln x - x + c$ ，

而 $F' = (x\ln x - x + c)'$

$= (x\ln x)' - (x)' + (c)'$

$= 1 \times \ln x + x \times \dfrac{1}{x} - 1 + 0$

$= \ln x + 1 - 1 + 0$

$= \ln x$

所以若 $f(x) = \ln x$ ，則 $F(x) = x\ln x - x + c$ 。　◆

例題3

利用部分積分計算 $x \ln x$ 的積分

已知部分積分是 $\int u\,dv = uv - \int v\,du$ ，計算 $\int \underset{u}{x} \underset{dv}{\ln x\,dx}$

令 $u = x \overset{微分}{\Rightarrow} \dfrac{du}{dx} = 1 \overset{移項}{\Rightarrow} du = dx$

$dv = \ln x\,dx \overset{移項}{\Rightarrow} \dfrac{dv}{dx} = \ln x \overset{找出v}{\Rightarrow} v = x\ln|x| - x$

所以 $\int x\ln x\,dx = \underset{u}{x} \times \underset{v}{(x\ln x - x)} - \int \underset{v}{x\ln x - x}\ \underset{du}{dx}$

$\qquad = x(x\ln x - x) - \int x\ln x\,dx + \int x\,dx$

$\qquad = x^2\ln x - x^2 - \int x\ln x\,dx + \dfrac{x^2}{2} + c$

$\qquad = x^2\ln x - \dfrac{x^2}{2} + c - \int x\ln x\,dx$

發現 $\int x\ln x\,dx$ 又出現在式子中，該怎麼計算？

將假設的 u、v 改變再重算一次， $\int x\ln x\,dx = \int \underset{u}{(\ln x)} \underset{dv}{x\,dx}$

令 $u = \ln x \overset{微分}{\Rightarrow} \dfrac{du}{dx} = \dfrac{1}{x} \overset{移項}{\Rightarrow} du = \dfrac{1}{x}dx$

$dv = x\,dx \overset{移項}{\Rightarrow} \dfrac{dv}{dx} = x \overset{找出v}{\Rightarrow} v = \dfrac{1}{2}x^2$

所以　$\int (\ln x)\,x\,dx = \underset{u}{\ln x} \times \underset{v}{\dfrac{1}{2}x^2} - \int \underset{v}{\dfrac{1}{2}x^2}\ \underset{du}{\dfrac{1}{x}dx}$

$\qquad = \dfrac{1}{2}x^2\ln x - \dfrac{1}{2}\int x\,dx$

$\qquad = \dfrac{1}{2}x^2\ln x - \dfrac{x^2}{4} + c$

故 $x\ln x$ 反導函數是 $\dfrac{x^2}{2}\ln x - \dfrac{x^2}{4} + c$ 。

或可寫作，若 $f(x) = x\ln x$ ，則 $F(x) = \dfrac{x^2}{2}\ln x - \dfrac{x^2}{4} + c$

也可在積分表查到 $\int t \ln t \, dt = \dfrac{x^2}{2} \ln x - \dfrac{x^2}{4} + c$ 。 ◆

例題4

利用部分積分計算 $x \sin x$ 的積分

已知部分積分是 $\int u \, dv = uv - \int v \, du$ ，計算 $\int \underset{u}{x} \underset{dv}{\sin x \, dx}$

令 $u = x \overset{微分}{\Rightarrow} \dfrac{du}{dx} = 1 \overset{移項}{\Rightarrow} du = dx$

$dv = \sin x \, dx \overset{移項}{\Rightarrow} \dfrac{dv}{dx} = \sin x \overset{找出v}{\Rightarrow} v = -\cos x$

所以 $\int x \sin x \, dx = \underset{u}{x} \times \underset{v}{(-\cos x)} - \int \underset{v}{-\cos x} \ \underset{du}{dx}$

$\qquad\qquad\qquad = x(-\cos x) + \int \cos x \, dx$

$\qquad\qquad\qquad = -x \cos x + \sin x + c$

確認積分是否正確

已知微積分基本定理 $F' = f$，將 F 微分，看是否能還原成原函數。

$F(x) = -x \cos x + \sin x + c$ ，

而 $F' = (-x \cos x + \sin x + c)'$

$\quad = (-x \cos x)' - (\sin x)' + (c)'$

$\quad = -\cos x + (-x)(-\sin x) + \cos x + 0$

$\quad = x \sin x$

所以若 $f(x) = x \sin x$ ，則 $F(x) = -x \cos x + \sin x + c$ 。 ◆

3.1 部分積分法重點整理

部分積分公式是 $\int u dv = uv - \int v du$ ，熟悉流程後就便能進行一部分積分。但我們也可以用積分表來計算積分值，因為不是每一個可積分函數都能利用積分的技巧，找到以初等函數表示的反導函數。實際應用上絕大多數的函數，或是工程師所遇到的函數，大多必須使用積分表，或是數值積分計算出反導函數與積分值。

1. $\int u\,dv = uv - \int v\,du$

2. $\int \ln t\; dt = x \ln x - x + c$

3.2 習題

1. $\int x \cos x\; dx$

2. $\int x^2 \ln x\; dx$

3. $\int x^2 \cos 2x\; dx$

4. $\int (\ln x)^2\; dx$

3.2.1 解答

1. $\int x \cos x\; dx = \cos x + x \sin x + c$

2. $\int x^2 \ln x\; dx = \dfrac{x^3}{3}(\ln x - \dfrac{1}{9}) + c$

3. $\int x^2 \cos 2x\; dx = \dfrac{x}{2}\cos(2x) + \dfrac{x^2}{2}\sin(2x) - \dfrac{1}{4}\sin(2x) + c$

4. $\int (\ln x)^2\; dx = x(\ln x)^2 - 2\ln x + 2x + c$

四、部份分式積分法

「一門科學，只有當它成功地運用數學時，才能達到真正完善的地步。」

卡爾‧海因里希‧馬克思（德語：Karl Marx）

馬克思主義創始人。德國政治學家、哲學家、經濟學家、

社會學家、革命理論家、記者、歷史學者、革命社會主義者。

例題1

計算有理式 $f(x) = \dfrac{1}{x(x-1)}$ 的積分

$\int \dfrac{1}{x(x-1)} dx$ 沒辦法直接算，需要拆成 2 個分式來運算，

已知 $\dfrac{2}{x(x-1)} = \dfrac{1}{x-1} - \dfrac{1}{x}$ ，這樣就能繼續運算

$$\int \dfrac{1}{x(x-1)} dx = \int (\dfrac{1}{x-1} - \dfrac{1}{x}) dx$$

$$= \int \dfrac{1}{x-1} dx - \int \dfrac{1}{x} dx$$

$$= \ln|x-1| - \ln|x| + c$$

$$= \ln|\dfrac{x-1}{x}| + c$$

這樣的方法稱為「部分分式積分」。故 $\dfrac{1}{x(x-1)}$ 的反導函數是 $\ln|\dfrac{x-1}{x}| + c$ 。

或可寫作，若 $f(x) = \dfrac{1}{x(x-1)}$ ，則 $F(x) = \ln|\dfrac{x-1}{x}| + c$

確認積分是否正確

已知微積分基本定理 $F' = f$，將 F 微分，看是否能還原成原函數。

$$F(x) = \ln|\dfrac{x-1}{x}| + c \quad ，而 F' = \dfrac{dF}{dx} ，$$

$$令 u = \dfrac{x-1}{x} \Rightarrow \dfrac{du}{dx} = \dfrac{x-(x-1)}{x^2} = \dfrac{1}{x^2}$$

$$F = \ln|u| + c \Rightarrow \dfrac{dF}{du} = \dfrac{1}{u}$$

$$F' = \dfrac{dF}{dx} = \dfrac{du}{dx} \times \dfrac{dF}{du}$$

$$= \dfrac{1}{x^2} \times \dfrac{1}{u} \quad ，而 u = x-1$$

$$= \dfrac{1}{x^2} \times \dfrac{1}{\dfrac{x-1}{x}}$$

$$= \dfrac{1}{x(x-1)}$$

所以若 $f(x) = \dfrac{1}{x(x-1)}$ ，則 $F(x) = \ln|\dfrac{x-1}{x}| + c$ ◆

4.1 如何把分式拆開

由前面內容可知要計算分式的積分時，必須拆開各個分式，要如何拆開呢？

方法是源自於分數的通分，我們可知 $\frac{1}{a}+\frac{1}{b}$ 是 $\frac{b+a}{ab}$ ，

所以 $\frac{1}{x(x-1)}$ 拆開後的分母是 x、$x-1$，故 $\frac{1}{x(x-1)}=\frac{a}{x}+\frac{b}{x-1}$ ，而 a、b 要如何找？

將 $\frac{a}{x}+\frac{b}{x-1}$ 通分，得到 $\frac{a(x-1)}{x(x-1)}+\frac{bx}{x(x-1)}=\frac{ax-a+bx}{x(x-1)}=\frac{(a+b)x-a}{x(x-1)}$

而 $\frac{1}{x(x-1)}=\frac{(a+b)x-a}{x(x-1)}$ ，比較係數得到：$\begin{cases}a+b=0\\-a=1\end{cases}$ ，$a=-1$，$b=1$ 。

這樣就拆出分式了，$\frac{1}{x(x-1)}=\frac{-1}{x}+\frac{1}{x-1}$ ，如此一來就能各自積分。

*4.2 如何把更複雜的分式拆開

拆開 $\frac{2}{x(x+1)(x+2)}$ 的各個分式。

設：$\dfrac{2}{x(x+1)(x+2)}=\dfrac{a}{x}+\dfrac{b}{x+1}+\dfrac{c}{x+2}$

$\qquad\qquad\quad = \dfrac{a(x+1)(x+2)}{x(x+1)(x+2)}+\dfrac{bx(x+2)}{x(x+1)(x+2)}+\dfrac{cx(x+1)}{x(x+1)(x+2)}$

$\qquad\qquad\quad = \dfrac{a(x+1)(x+2)+bx(x+2)+cx(x+1)}{x(x+1)(x+2)}$

$\qquad\qquad\quad = \dfrac{(a+b+c)x^2+(3a+2b+c)x+2a}{x(x+1)(x+2)}$

比較係數 $\begin{cases}a+b+c=0\text{................(*)}\\3a+2b+c=0\text{.............(**)}\\2a=2\text{..........................(***)}\end{cases}$

(***) 得到 $a=1$

$a=1$ 代入（*），得 $1+b+c=0$

$a=1$ 代入（**），得 $3+2b+c=0$

解聯立方程式，可得 $b=-2$，$c=1$

這樣就拆出分式了，$\dfrac{1}{x(x+1)(x+2)} = \dfrac{1}{x} + \dfrac{-2}{x+1} + \dfrac{1}{x+2}$

如此一來就能對 $\dfrac{1}{x(x+1)(x+2)}$ 積分。

例題2

計算 $\dfrac{1}{x(x+1)(x+2)}$ 的積分

由 *4.2 已知 $\dfrac{1}{x(x+1)(x+2)} = \dfrac{1}{x} + \dfrac{-2}{x+1} + \dfrac{1}{x+2}$

$$\int \dfrac{1}{x(x+1)(x+2)}\, dx = \int (\dfrac{1}{x} + \dfrac{-2}{x+1} + \dfrac{1}{x+2})\, dx$$

$$= \int \dfrac{1}{x}\, dx - 2\int \dfrac{1}{x+1}\, dx + \int \dfrac{1}{x+2}\, dx$$

$$= \ln|x| - 2\ln|x+1| + \ln|x+2| + c$$

$$= \ln|\dfrac{x(x+2)}{(x+1)^2}| + c$$

所以若 $f(x) = \dfrac{2}{x(x+1)(x+2)}$ ，則 $F(x) = \ln|\dfrac{x(x+2)}{(x+1)^2}| + c$

確認積分是否正確

已知微積分基本定理 $F' = f$，將 F 微分，看是否能還原成原函數。

$F(x) = \ln|\dfrac{x(x+2)}{(x+1)^2}| + c$ ，而 $F' = \dfrac{dF}{dx}$ ，

令 $u = \dfrac{x(x+2)}{(x+1)^2} \Rightarrow \dfrac{du}{dx} = \dfrac{(2x+2)(x+1)^2 - x(x+2)(2x+2)}{(x+1)^4} = \dfrac{2}{(x+1)^3}$

$F = \ln|u| + c \Rightarrow \dfrac{dF}{du} = \dfrac{1}{u}$

$F' = \dfrac{dF}{dx} = \dfrac{du}{dx} \times \dfrac{dF}{du}$

$\qquad = \dfrac{2}{(x+1)^3} \times \dfrac{1}{u}$ ，而 $u = \dfrac{x(x+2)}{(x+1)^2}$

$$= \frac{2}{(x+1)^3} \times \frac{1}{\dfrac{x(x+2)}{(x+1)^2}}$$

$$= \frac{2}{x(x+1)(x+2)}$$

所以若 $f(x) = \dfrac{2}{x(x+1)(x+2)}$ ，則 $F(x) = \ln|\dfrac{x(x+2)}{(x+1)^2}| + c$ ◆

4.3　部分分式積分法重點整理

　　部分分式積分，並無公式，主要是要熟悉拆解分式的流程，然後就便能各自積分。但我們也可以用積分表來計算積分值，因為不是每一個可積分函數都能利用積分的技巧，找到以初等函數表示的反導函數。實際應用上絕大多數的函數，或是工程師所遇到的函數，大多必須使用積分表，或是數值積分計算出反導函數與積分值。

4.4　習題

分解分式

1. $\dfrac{1}{x(x+5)}$

2. $\dfrac{x-5}{x^2-1}$

3. $\dfrac{x+7}{x^2-x-6}$

4.4.1　「解答」

1. $\dfrac{1}{x(x+5)} = \dfrac{1}{5}(\dfrac{1}{x} - \dfrac{1}{x+5})$

2. $\dfrac{x-5}{x^2-1} = \dfrac{3}{x+1} + \dfrac{-2}{x-1}$

3. $\dfrac{x+7}{x^2-x-6} = \dfrac{x+7}{(x+2)(x-3)} = \dfrac{-1}{x+2} + \dfrac{2}{x-3}$

五、瑕積分

　　「給我一個立足點，我就可以移動地球。」

阿基米德

　　與人比較熟悉後，就會開始比較隨便不去注重基本該注意的禮節，比如說吃飯

公筷夾菜、別人在講電話我們的音量等等，進而發生糾紛與錯誤，在微積分的同樣的也有相同的問題，當我們了解積分如何計算後，就會卯起來直接計算，卻沒仔細觀察圖案，是否會有錯誤的狀況，忘記積分的一些限制而導致錯誤。

5.1　積分不存在的情形

當我們學會積分之後，我們可以開始對很多函數積分，

但是也發現積分會出現一些奇怪的現象，見例題 1、例題 2。

例題1

$\int_0^1 \frac{1}{x} dx = (\ln|x|)_0^1 = \ln 1 - \ln 0 = 0 - 不存在$，可是它圖案有面積，見圖 7-3

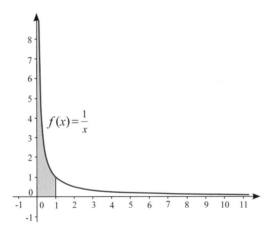

$f(x) = \frac{1}{x}$

◆圖 7-3

即使是到無限大，那計算出來的答案也應該是無限大才對。也不該是 0 減不存在，到底是發生什麼問題？ 5.2 會解釋。　　　　　　　　　　　　　　　　　◆

例題2

$\int_{-5}^1 \frac{1}{x^2} dx = (\frac{-1}{x})_{-5}^1 = (-1) - (\frac{-1}{-5}) = -\frac{6}{5}$

這題雖然計算的很順暢，但是作圖後，發現面積都是正數，怎麼積分出來會得到負數的面積數值，見圖 7-4

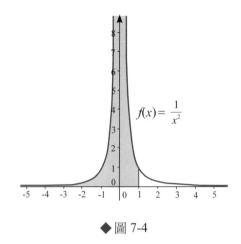

$$f(x) = \frac{1}{x^2}$$

◆圖 7-4

到底是發生什麼問題？5.2 節會解釋。　　　　　　　　　　　　　　　◆

5.2　如何計算涵蓋無窮大的值的積分

我們可以發現例題一、例題二因為涵蓋無窮大的值，導致不能計算。

所以避開該位置再計算。式子應該如何改寫，我們利用極限的概念來改寫。

如果能計算出極限，就代表積分值存在，如果不能就代表無法積分。

如何計算 5.1 的例題 1：$\int_0^1 \frac{1}{x}dx$

> 如果 f 在區間 $(a,b]$ 是連續的，並且當 $x \to a^+$，則 $|f(x)| \to \infty$
>
> 定義 f 在區間 $[a,b]$ 的積分值為 $\lim\limits_{R \to a^+} \int_R^b f(x)\,dx$
>
> 如果極限值存在，稱此積分是收斂的。若不存在，稱此積分是發散的。

將 $\int_0^1 \frac{1}{x}dx$ 的積分，改寫為 $\lim\limits_{R \to 0^+} \int_R^1 \frac{1}{x}dx$，

先觀察 R 在不同數值的積分情況，**觀察動態 2** ☛

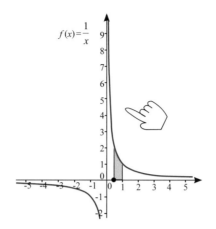

動態示意圖 2

R	$\displaystyle\lim_{R\to 0^+}\int_R^1 \frac{1}{x}dx$
0.5	0.69315
0.4	0.91629
0.3	1.20397
0.2	1.60944
0.1	2.30258
0.01	4.60517
0.001	6.90775
0.0001	9.21034
0.00001	11.51293

可以看到積分的結果不斷放大。而這數值如何計算？

$$\lim_{R\to 0^+}\int_R^1 \frac{1}{x}dx$$
$$=\lim_{R\to 0^+}(\ln|x|)_R^1$$
$$=\lim_{R\to 0^+}(0-\ln|R|)$$
$$=0-(-\infty)$$
$$=\infty$$

最後得到的答案也是無限大，不存在一個面積值。

例題1.1

$\displaystyle\int_{-1}^{0}\frac{1}{x}\,dx$的處理方式

觀察圖 4

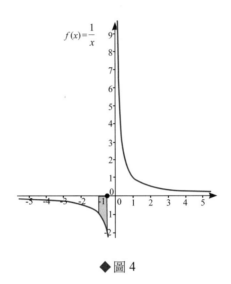

◆圖 4

如果 f 在區間 $[a,b)$ 是連續的，並且當 $x \to b^-$，則 $|f(x)| \to \infty$

定義 f 在區間 $[a,b]$ 的積分值為 $\displaystyle\lim_{R \to b^-}\int_{a}^{R} f(x)\,dx$

如果極限值存在，稱此積分是收斂的。若不存在，稱此積分是發散的。

將 $\displaystyle\int_{-1}^{0}\frac{1}{x}\,dx$ 的積分，改寫為 $\displaystyle\lim_{R \to 0^-}\int_{-1}^{R}\frac{1}{x}\,dx$，

$$\lim_{R \to 0^-}\int_{-1}^{R}\frac{1}{x}dx$$
$$= \lim_{R \to 0^-}(\ln|x|)_{-1}^{R}$$
$$= \lim_{R \to 0^-}(\ln|R|-\ln|-1|)$$
$$= (-\infty)-0$$
$$= -\infty$$

最後答案是發散，不存在一個面積值。　　　　　　　　　　　　◆

例題2

如何計算 5.1 的例題 2：$\int_{-5}^{1} \dfrac{1}{x^2} dx$

如果 f 在區間 $[a,b]$ 是連續的，除了某些點 $c \in (a,b)$ ，當 $x \to c$ ，則 $|f(x)| \to \infty$

定義 f 在區間 $[a,b]$ 的積分值為 $\displaystyle\lim_{R_1 \to c^-} \int_{a}^{R_1} f(x)\, dx + \lim_{R_2 \to c^+} \int_{R_2}^{b} f(x)\, dx$

如果極限值存在，稱此積分是收斂的。若不存在，稱此積分是發散的。

將 $\int_{-5}^{1} \dfrac{1}{x^2} dx$ 的積分，改寫為 $\displaystyle\lim_{R_1 \to 0^-} \int_{-5}^{R_1} \dfrac{1}{x^2} dx + \lim_{R_2 \to 0^+} \int_{R_2}^{1} \dfrac{1}{x^2} dx$

先觀察 R 在不同數值的積分情況，　觀察動態 1　☞

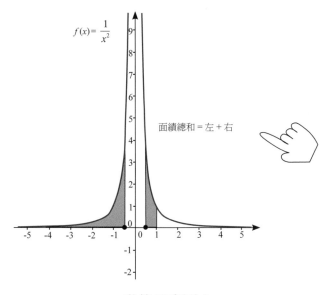

動態示意圖 1

可以看到，

R_1	R_2	$\displaystyle\lim_{R_1 \to 0^-} \int_{-5}^{R_1} \dfrac{1}{x^2} dx + \lim_{R_2 \to 0^+} \int_{R_2}^{1} \dfrac{1}{x^2} dx$
-0.5	0.5	2.8
-0.4	0.4	3.8
-0.3	0.3	5.4
-0.2	0.2	8.8

R_1	R_2	$\lim_{R_1 \to 0^-} \int_{-5}^{R_1} \frac{1}{x^2}dx + \lim_{R_2 \to 0^+} \int_{R_2}^{1} \frac{1}{x^2}dx$
-0.1	0.1	18.8
-0.01	0.01	198.8
-0.001	0.001	1998.8
-0.0001	0.0001	19998.8
-0.00001	0.00001	199998.8

可以看到積分的結果不斷放大。而這數值如何計算？

$$\lim_{R_1 \to 0^-} \int_{-5}^{R_1} \frac{1}{x^2}dx + \lim_{R_2 \to 0^+} \int_{R_2}^{1} \frac{1}{x^2}dx$$

$$= \lim_{R_1 \to 0^-} [(\frac{-1}{x})_{-5}^{R}] + \lim_{R_2 \to 0^+} [(\frac{-1}{x})_{R}^{1}]$$

$$= \lim_{R_1 \to 0^-} [(\frac{-1}{R}) - (\frac{-1}{-1})] + \lim_{R_2 \to 0^+} [(\frac{-1}{1}) - (\frac{-1}{R})]$$

$$= \infty$$

最後得到的答案是發散，不存在一個面積值。

推理：

　　所以根據例題一、例題二，可以推論有涵蓋到無限大的值，答案都會是發散嗎？這答案是錯誤的，因為還是有部分積分可以得到收斂的數字。　　　　◆

例題3

$$\int_{0}^{1} \frac{1}{\sqrt{x}}dx$$

從圖 5 觀察到有涵蓋到無限大的值情況，也就是 x 靠近 0 的部分會趨近無限大。

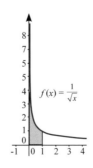

◆圖 5

改寫積分的式子為 $\lim\limits_{R \to 0^+} \int_R^1 \frac{1}{\sqrt{x}} dx$ ，先觀察 R 在不同數值的積分情況，**觀察動態 3** ☞

R	$\lim\limits_{R \to 0^+} \int_R^1 \frac{1}{\sqrt{x}} dx$
0.5	0.58579
0.4	0.73509
0.3	0.90455
0.2	1.10557
0.1	1.36754
0.01	1.80000
0.001	1.93675
0.0001	1.98000
0.00001	1.99368
0.000001	1.99800
0.0000001	1.99937
0.00000001	1.99980
0.000000001	1.99994

$f(x) = \frac{1}{\sqrt{x}}$

動態示意圖 3

可以看到積分的結果雖然不斷放大，但放大的速度越來越小，最後趨近一個數值。
而這數值如何計算？

$$\lim\limits_{R \to 0^+} \int_R^1 \frac{1}{\sqrt{x}} dx$$
$$= \lim\limits_{R \to 0^+} (2\sqrt{x})_R^1$$
$$= \lim\limits_{R \to 0^+} (2\sqrt{1} - 2\sqrt{R})$$
$$= 2 - 0$$
$$= 2$$

得到積分值是 2 。 ✦

例題4

計算 $\int_{-2}^{3} \dfrac{1}{x^{\frac{1}{3}}} dx$

先觀察圖 7-5

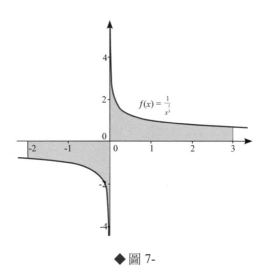

◆ 圖 7-

將 $\int_{-2}^{3} \dfrac{1}{x^{\frac{1}{3}}} dx$ 改寫為 $\displaystyle\lim_{R_1 \to 0^-} \int_{-2}^{R_1} \dfrac{1}{x^{\frac{1}{3}}} dx + \lim_{R_2 \to 0^+} \int_{R_2}^{3} \dfrac{1}{x^{\frac{1}{3}}} dx$

$\displaystyle\lim_{R_1 \to 0^-} \int_{-2}^{R_1} \dfrac{1}{x^{\frac{1}{3}}} dx + \lim_{R_2 \to 0^+} \int_{R_2}^{3} \dfrac{1}{x^{\frac{1}{3}}} dx$

$= \displaystyle\lim_{R_1 \to 0^-} (\dfrac{3}{2} \sqrt[3]{x^2})_{-2}^{R_1} + \lim_{R_2 \to 0^+} (\dfrac{3}{2} \sqrt[3]{x^2})_{R_2}^{3}$

$= (0 - \dfrac{3}{2} \sqrt[3]{(-2)^2}) + (\dfrac{3}{2} \sqrt[3]{3^2} - 0)$

$= \dfrac{3}{2} \sqrt[3]{9} - \dfrac{3}{2} \sqrt[3]{4}$

得到積分值是 $\dfrac{3}{2} \sqrt[3]{9} - \dfrac{3}{2} \sqrt[3]{4}$ 。　　　　　　　　　　　◆

5.3　如何計算範圍到無窮遠的積分

例題1

$\int_{1}^{\infty} \frac{1}{x^2}\, dx$

可從圖 7-6 觀察會不斷的增加面積，但面積會是無限大嗎？

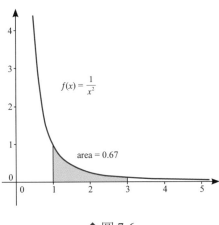

$f(x) = \frac{1}{x^2}$

area = 0.67

◆ 圖 7-6

如果 f 在區間 $[a, \infty)$ 是連續的，定義 $\int_{a}^{\infty} f(x)\, dx$ 積分值為 $\displaystyle\lim_{R \to \infty} \int_{a}^{R} f(x)\, dx$
如果極限值存在，稱此積分是收斂的。若不存在，稱此積分是發散的。

$\int_{1}^{\infty} \frac{1}{x^2}\, dx$ 改寫積分的式子為 $\displaystyle\lim_{R \to \infty} \int_{1}^{R} \frac{1}{x^2} dx$，觀察 R 在不同數值的積分情況，

觀察動態 4 ☞

R	$\displaystyle\lim_{R \to \infty} \int_{1}^{R} \frac{1}{x^2} dx$	
2	0.50000	$f(x) = \frac{1}{x^2}$
3	0.66667	
4	0.75000	
5	0.80000	
10	0.90000	
100	0.99000	
1000	0.99900	
10000	0.99990	動態示意圖 4
100000	0.99999	

可以看到積分的結果雖然不斷放大，但放大的速度越來越小，最後趨近一個數值。
而這數值如何計算？

$$\lim_{R \to \infty} \int_1^R \frac{1}{x^2} dx$$

$$= \lim_{R \to \infty} (\frac{-1}{x} + c)_1^R$$

$$= \lim_{R \to \infty} (\frac{-1}{R} - (-1))$$

$$= 0 - (-1)$$

$$= 1$$

得到積分值是 1。可以發現面積雖然不斷增加卻不會發散。 ✦

┌─────────┐
│ 例題2 │
└─────────┘

$$\int_1^\infty \frac{1}{x} \, dx$$

可從圖 7 觀察會不斷的增加面積，但面積也會是無限大嗎？

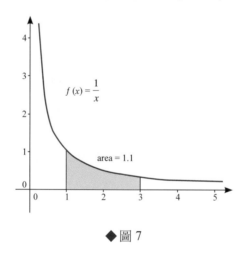

◆ 圖 7

改寫積分的式子為 $\lim_{R \to \infty} \int_1^R \frac{1}{x} dx$，先觀察 R 在不同數值的積分情況，**觀察動態 5** ☞

R	$\displaystyle\lim_{R\to\infty}\int_1^R \frac{1}{x}dx$
2	0.69315
3	1.09861
4	1.38629
5	1.60944
10	2.30259
100	4.60517
1000	6.90776
10000	9.21034
100000	11.51293

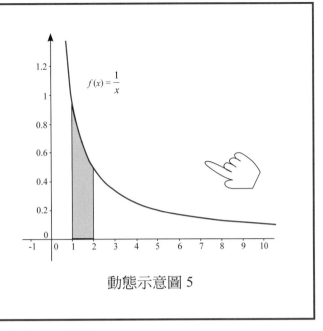

動態示意圖 5

可以看到積分的結果不斷放大。而這數值如何計算？

$$\lim_{R\to\infty}\int_1^R \frac{1}{x}dx$$

$$=\lim_{R\to\infty}(\ln|x|+c)\Big|_1^R$$

$$=\lim_{R\to\infty}(\ln|R|-\ln(1))$$

$$=\infty-0$$

$$=\infty$$

得到積分值趨向無限大。 ✦

例題3

常態分布函數 $f(x)=\dfrac{e^{-\frac{x^2}{2}}}{\sqrt{2\pi}}$ 的積分，$\displaystyle\int_0^\infty \frac{e^{-\frac{x^2}{2}}}{\sqrt{2\pi}}\,dx$

可從圖 7-8 觀察會不斷的增加面積，但面積也會是無限大嗎？

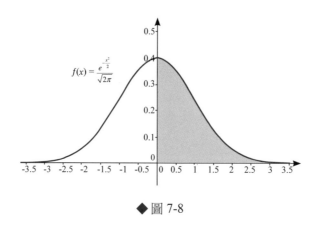

$$f(x) = \frac{e^{-\frac{x^2}{2}}}{\sqrt{2\pi}}$$

◆ 圖 7-8

改寫積分的式子為 $\displaystyle\lim_{R \to \infty} \int_0^R \frac{e^{-\frac{x^2}{2}}}{\sqrt{2\pi}}\, dx$ ，觀察 R 在不同數值的積分情況，**觀察動態 6** ☞

R	$\displaystyle\lim_{R \to \infty} \int_0^R \frac{e^{-\frac{x^2}{2}}}{\sqrt{2\pi}}\, dx$	
0.5	0.19146	$f(x) = \dfrac{e^{-\frac{x^2}{2}}}{\sqrt{2\pi}}$
1	0.34134	
1.5	0.43319	
2	0.47725	
2.5	0.49379	
3	0.49865	
3.5	0.49976	
5	0.49999	
1000	0.50000	動態示意圖6

可以看到積分的結果雖然不斷放大，但放大的速度越來越小，最後趨近一個數值。
而這數值如何計算？本題無法利用積分技巧、積分表，必須利用數值積分來計算，
由電腦可得知 0 到無窮遠處的積分是 0.5。可發現面積不斷增加卻不會發散。同時可
以發現常態分布左右兩邊加起來的確等於 1。

同理

> 如果 f 在區間 $(-\infty, b]$ 是連續的，定義 $\int_{-\infty}^{b} f(x)\,dx$ 積分值為 $\lim\limits_{R \to -\infty} \int_{R}^{b} f(x)\,dx$
>
> 如果極限值存在，稱此積分是收斂的。若不存在，稱此積分是發散的。

> 如果 f 在區間 $(-\infty, \infty)$ 是連續的，
>
> 定義 $\int_{-\infty}^{\infty} f(x)\,dx$ 積分值為 $\lim\limits_{R_1 \to -\infty} \int_{R_1}^{a} f(x)\,dx + \lim\limits_{R_2 \to \infty} \int_{a}^{R_2} f(x)\,dx$ ，a 為任意常數，
>
> 如果極限值存在，稱此積分是收斂的。若不存在，稱此積分是發散的。

5.4　瑕積分的定義與重點整理

由以上例題可知，我們可以計算靠近無限大值的積分，如：$\int_{0}^{1} \dfrac{1}{\sqrt{x}}\,dx$ 改寫為 $\lim\limits_{R \to 0^{+}} \int_{R}^{1} \dfrac{1}{\sqrt{x}}\,dx$ 。以及也能利用極限計算到無窮遠處的積分，如：$\int_{1}^{\infty} \dfrac{1}{x}\,dx$ 改寫為 $\lim\limits_{R \to \infty} \int_{1}^{R} \dfrac{1}{x}\,dx$ 。我們稱這兩類的函數積分作「瑕積分」。如果極限值存在，稱此積分是收斂的。若不存在，稱此積分是發散的。

瑕積分是廣義的積分。瑕積分並無公式，計算反導函數都是用先前的積分技巧，或是利用積分表，瑕積分主要是要熟悉流程，便能求出正確積分值。以下為瑕積分在不同情形的定義。

> 如果 f 在區間 $[a, b)$ 是連續的，並且當 $x \to b^{-}$，則 $|f(x)| \to \infty$
>
> 定義 f 在區間 $[a, b]$ 的積分值為 $\lim\limits_{R \to b^{-}} \int_{a}^{R} f(x)\,dx$
>
> 如果極限值存在，稱此積分是收斂的。若不存在，稱此積分是發散的。

> 如果 f 在區間 $[a, b]$ 是連續的，除了某些點 $c \in (a, b)$，當 $x \to c$，則 $|f(x)| \to \infty$
>
> 定義 f 在區間 $[a, b]$ 的積分值為 $\lim\limits_{R_1 \to c^{-}} \int_{a}^{R_1} f(x)\,dx + \lim\limits_{R_2 \to c^{+}} \int_{R_2}^{b} f(x)\,dx$
>
> 如果極限值存在，稱此積分是收斂的。若不存在，稱此積分是發散的。

> 如果 f 在區間 $[a,\infty)$ 是連續的，定義 $\int_a^\infty f(x)\,dx$ 積分值為 $\lim\limits_{R\to\infty}\int_a^R f(x)\,dx$
>
> 如果極限值存在，稱此積分是收斂的。若不存在，稱此積分是發散的。
>
> ---
>
> 如果 f 在區間 $(-\infty,b]$ 是連續的，定義 $\int_{-\infty}^b f(x)\,dx$ 積分值為 $\lim\limits_{R\to\infty}\int_R^b f(x)\,dx$
>
> 如果極限值存在，稱此積分是收斂的。若不存在，稱此積分是發散的。
>
> ---
>
> 如果 f 在區間 $(-\infty,\infty)$ 是連續的，
>
> 定義 $\int_{-\infty}^\infty f(x)\,dx$ 積分值為 $\lim\limits_{R_1\to\infty}\int_{R_1}^a f(x)\,dx+\lim\limits_{R_2\to\infty}\int_a^{R_2} f(x)\,dx$，$a$ 為任意常數，
>
> 如果極限值存在，稱此積分是收斂的。若不存在，稱此積分是發散的。

5.5　習題

利用瑕積分的方式，計算出下列積分

1. $\int_0^5 \dfrac{1}{x}\,dx$

2. $\int_{-1}^2 \dfrac{1}{x^2}\,dx$

3. $\int_0^3 \dfrac{1}{\sqrt{x^3}}\,dx$

4. $\int_{-2}^1 \dfrac{1}{\sqrt{x-1}}\,dx$

5. $\int_0^\infty e^{-3x}\,dx$

6. $\int_1^\infty \dfrac{1}{x^p}\,dx \quad,\quad p>1$

5.4.1　解答

1. $\int_0^5 \dfrac{1}{x}\,dx =$ 不存在

2. $\int_{-1}^2 \dfrac{1}{x^2}\,dx =$ 不存在

3. $\int_0^3 \dfrac{1}{\sqrt{x^3}}\,dx =$ 不存在

4. $\int_1^2 \dfrac{1}{\sqrt{x-1}}\,dx =$ 不存在

5. $\int_0^\infty e^{-3x}\,dx = \dfrac{1}{3}$

6. $\int_1^\infty \dfrac{1}{x^p}\,dx \quad,\quad p>1$ 。 $\int_1^\infty \dfrac{1}{x^p}\,dx = \dfrac{1}{1-p}$

六、三角函數積分

「邏輯用於證明，直覺用於發明，沒有直覺，就像按語法寫詩，語法都對，卻沒有特色。」

亨利・龐加萊（法語： Henri Poincaré）
法國數學家，理論科學家和科學哲學家。

　　已知 tan、cot、sec、csc、等函數的積分，無法直接以微積分基本定理來計算積分是因為它需要「變數變換」、「部分分式積分」的技巧才能計算。同時四個三角函數有涵蓋無限大的部分，如果要計算某範圍的積分值時，需要狹積分的概念。

例題1

tan 的積分

方法一：標上起終點

$$\int_0^x \tan(t)\ dt = \int_0^x \frac{\sin(t)}{\cos(t)}\ dt$$

變數變換 $u = \cos(t) \overset{微分}{\Rightarrow} \dfrac{du}{dt} = -\sin(t) \overset{移項}{\Rightarrow} \dfrac{du}{-\sin(t)} = dt$

積分起點是 0，而 $\cos(0) = 1$，故以 u 當變數時，起點遇是 1

積分終點是任意數 x，故以 u 當變數時，終點是任意數 x

$$= \int_1^x \frac{\sin(t)}{u} \times \frac{du}{-\sin(t)}$$

$$= -\int_1^x \frac{1}{u}\ du$$

$$= -\left(\ln|u|\right)_1^x$$

$$= \left(-\ln|u|\right)_1^x$$

$$= \left(-\ln|\cos(t)|\right)_1^x$$

$$= \left(\ln(|\cos(t)|)^{-1}\right)_1^x$$

$$= \left(\ln|\frac{1}{\cos(t)}|\right)_1^x$$

$$= \left(\ln|\sec(t)|\right)_1^x$$

$$= \ln|\sec(x)| - \ln|1|$$

$$= \ln|\sec(x)| - 0$$

$$= \ln|\sec(x)|$$

故 $\tan(x)$ 反導函數是 $\ln|\sec(x)| + c$。

或可寫作，若 $f(x) = \tan(x)$，則 $F(x) = \ln|\sec(x)| + c$

也可在積分表查到 $\int \tan(t)\ dt = \ln|\sec(x)| + c$。

方法二：簡化方法一，不寫起終點

$$\int \tan(x)\, dx$$

$$= \int \frac{\sin(x)}{\cos(x)}\, dx \qquad \boxed{\text{變數變換 } u = \cos(x) \overset{\text{微分}}{\Rightarrow} \frac{du}{dx} = -\sin(x) \overset{\text{移項}}{\Rightarrow} \frac{du}{-\sin(x)} = dx}$$

$$= \int \frac{\sin(x)}{u} \times \frac{du}{-\sin(x)}$$

$$= -\int \frac{1}{u}\, du$$

$$= -\ln|u| + c$$

$$= -\ln|\cos(x)| + c$$

$$= \ln(|\cos(x)|)^{-1} + c$$

$$= \ln\left|\frac{1}{\cos(x)}\right| + c$$

$$= \ln|\sec(x)| + c$$

故 $\tan(x)$ 反導函數是 $\ln|\sec(x)| + c$ 。

我們可以發現兩種方式都可以得到相同的答案，所以我們就不標上起終點，但我們要知道其原理，不要被變數混淆。

「利用微積分基本定理 $F' = f$，看看是否微分後是 $\tan(x)$」

對 $F(x) = \ln|\sec(x)| + c$ 微分，是求 $\dfrac{dF}{dx}$

$$令 u = \sec(x) \Rightarrow \frac{du}{dx} = \sec(x)\tan(x)$$

$$F = \ln|u| + c \Rightarrow \frac{dF}{du} = \frac{1}{u}$$

$$而 \frac{dF}{dx} = \frac{dF}{du} \times \frac{du}{dx}$$

$$= \frac{1}{u} \times \sec(x)\tan(x) \qquad ， 而 u = \sec(x)$$

$$= \frac{1}{\sec(x)} \times \sec(x)\tan(x)$$

$$= \tan(x)$$

微分可發現還原為 $\tan(x)$，所以 $\int \tan(t)\, dt = \ln|\sec(x)| + c$ 正確。　　◆

例題2

cot 的積分

$\int \cot(x)\ dx$

$= \int \dfrac{\cos(x)}{\sin(x)}\ dx$ $\boxed{變數變換\ u = \sin(x) \overset{微分}{\Rightarrow} \dfrac{du}{dx} = \cos(x) \overset{移項}{\Rightarrow} \dfrac{du}{\cos(x)} = dx}$

$= \int \dfrac{\cos(x)}{u} \times \dfrac{du}{\cos(x)}$

$= \int \dfrac{1}{u}\ du$

$= \ln|u| + c$

$= \ln|\sin(x)| + c$

故 $\cot(x)$ 的反導函數是 $\ln|\sin(x)| + c$。

或可寫作，若 $f(x) = \cot(x)$，則 $F(x) = \ln|\sin(x)| + c$

也可在積分表查到 $\int \cot(t)\ dt = \ln|\sin(x)| + c$。

「利用微積分基本定理 $F' = f$，看看是否微分後是 $\cot(x)$。」

對 $F(x) = \ln|\sin(x)| + c$ 微分，是求 $\dfrac{dF}{dx}$

令 $u = \sin(x) \Rightarrow \dfrac{du}{dx} = \cos(x)$

$\quad F = \ln|u| + c \Rightarrow \dfrac{dF}{du} = \dfrac{1}{u}$

而 $\dfrac{dF}{dx} = \dfrac{dF}{du} \times \dfrac{du}{dx}$

$\quad\quad = \dfrac{1}{u} \times \cos(x)$ ，而 $u = \sin(x)$

$\quad\quad = \dfrac{1}{\sin(x)} \times \cos(x)$

$\quad\quad = \cot(x)$

微分可發現還原為 $\cot(x)$，所以 $\int \cot(t)\ dt = \ln|\sin(x)| + c$ 正確。 ◆

例題3

sec 的積分

由於推導 sec 積分過於複雜，所以我們可以利用微積分定理找到 sec 的積分，而 sec 的積分可參考附錄。在積分表查到 $\int \sec(t)\, dt = \ln|\sec(x)+\tan(x)|+c$。

利用微積分基本定理 $F'=f$，看看是否微分後是 $\sec(x)$。

對 $F(x)=\ln|\sec(x)+\tan(x)|+c$ 微分，是求 $\dfrac{dF}{dx}$

令 $u=\sec(x)+\tan(x) \Rightarrow \dfrac{du}{dx} = \sec(x)\tan(x)+\sec^2(x)$

$F=\ln|u|+c \Rightarrow \dfrac{dF}{du} = \dfrac{1}{u}$

而 $\dfrac{dF}{dx} = \dfrac{dF}{du} \times \dfrac{du}{dx}$

$\qquad = \dfrac{1}{u} \times (\sec(x)\tan(x)+\sec^2(x))$ ，而 $u=\sec(x)+\tan(x)$

$\qquad = \dfrac{\sec(x)\tan(x)+\sec^2(x)}{\sec(x)+\tan(x)}$

$\qquad = \dfrac{\sec(x)\big[\tan(x)+\sec(x)\big]}{\sec(x)+\tan(x)}$

$\qquad = \sec(x)$

微分可發現還原為 $\sec(x)$，所以 $\int \sec(t)\, dt = \ln|\sec(x)+\tan(x)|+c$ 正確。

故 $\sec(x)$ 的反導函數是 $\int \sec(t)\, dt = \ln|\sec(x)+\tan(x)|+c$。

　　或可寫作，若 $f(x)=\sec(x)$，則 $F(x)=\int \sec(t)\, dt = \ln|\sec(x)+\tan(x)|+c$ ◆

例題 4

csc 的積分

由於推導 csc 積分過於複雜，所以我們可以利用微積分定理找到 csc 的積分，而 csc 的積分可參考附錄。在積分表查到 $\int \csc(t)\, dt = \ln|\csc(x)-\cot(x)|+c$。

利用微積分基本定理 $F'=f$，看看是否微分後是 $\csc(x)$。

對 $F(x)=\ln|\csc(x)-\cot(x)|+c$ 微分，是求 $\dfrac{dF}{dx}$

令 $u=\csc(x)-\cot(x) \Rightarrow \dfrac{du}{dx} = -\csc(x)\cot(x)+\csc^2(x)$

$$F = \ln|u| + c \Rightarrow \frac{dF}{du} = \frac{1}{u}$$

而 $\dfrac{dF}{dx} = \dfrac{dF}{du} \times \dfrac{du}{dx}$

$$= \frac{1}{u} \times (-\csc(x)\cot(x) + \csc^2(x)) \qquad , 而 u = \csc(x) - \cot(x)$$

$$= \frac{-\csc(x)\cot(x) + \csc^2(x)}{\csc(x) - \cot(x)}$$

$$= \frac{\csc(x)[-\cot(x) + \csc(x)]}{\csc(x) - \cot(x)}$$

$$= \csc(x)$$

微分可發現還原為 $\csc(x)$，所以 $\displaystyle\int \csc(t)\, dt = \ln|\csc(x) - \cot(x)| + c$ 正確。

故 $\csc(x)$ 的反導函數是 $\displaystyle\int \csc(t)\, dt = \ln|\csc(x) - \cot(x)| + c$。

或可寫作，若 $f(x) = \csc(x)$，則 $F(x) = \displaystyle\int \csc(t)\, dt = \ln|\csc(x) - \cot(x)| + c$ ◆

6.1 三角函數積分重點整理

三角函數的積分，需要利用到很多技巧才能積分。但我們要多利用積分表來計算積分值，因為不是每一個可積分函數都能利用積分的技巧，找到以初等函數表示的反導函數。並且三角函數常涵蓋到無限大，所以三角函數積分大多是瑕積分，在計算積分值需注意範圍內的圖形。實際應用上絕大多數的函數，或是工程師所遇到的函數，大多必須使用積分表，或是數值積分計算出反導函數與積分值。

$$\int \tan(t)\, dt = \ln|\sec(x)| + c$$

$$\int \cot(t)\, dt = \ln|\sin(x)| + c$$

$$\int \sec(t)\, dt = \ln|\sec(x) + \tan(x)| + c$$

$$\int \csc(t)\, dt = \ln|\csc(x) - \cot(x)| + c$$

6.2 習題

1. $\displaystyle\int_0^\pi \sec^2 x\, dx$

2. $\displaystyle\int_0^\pi \tan x\, dx$

3. $\displaystyle\int_0^3 \ln x\, dx$

4. $\displaystyle\int_{-3}^3 \ln(x+3)\, dx$

5. $\displaystyle\int_0^\infty \cos x\, dx$

6.2.1 解答

1. $\displaystyle\int_0^\pi \sec^2 x\, dx = $ 不存在

2. $\displaystyle\int_0^\pi \tan x\, dx = 0$

3. $\displaystyle\int_0^3 \ln x\, dx = $ 不存在

4. $\displaystyle\int_{-3}^3 \ln(x+3)\, dx = $ 不存在

5. $\displaystyle\int_0^\infty \cos x\, dx = $ 不存在

七、旋轉體

「什麼是數學家所特有的天賦，想像力，幹勁，自信心和自我檢討。」

C. J.凱澤(Cassius Jackson Keyser)

美國數學家。

　　已經從微積分學會了很多的計算方法，並也了解微積分的意義，積分可以幫助計算面積。在希臘時期阿基米德的窮舉法，只能處理特殊圖案，到現在可以利用微積分計算複雜的函數圖形的面積。更甚至是兩函數之間的面積，以及隱函數的積分：如圓函數的面積，不必再用阿基米德的方式去切圖案直接用積分計算。

例題1

若 $f(x) = -x^2 + 4x,\ g(x) = x^2$ ，計算 $\displaystyle\int_0^2 f(u) - g(u)\ du$

觀察圖 7-9

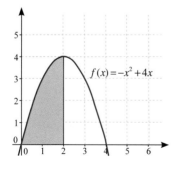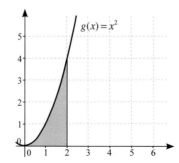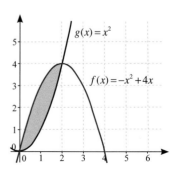

◆ 圖 7-9

可以得知是計算 $f(x) = -x^2 + 4x,\ g(x) = x^2$ 兩個之間的面積

可以發現 $\displaystyle\int_0^2 f(u) - g(u)\ du = \int_0^2 f(u)\ du - \int_0^2 g(u)\ du$

$$= \int_0^2 -u^2 + 4u\ du - \int_0^2 u^2\ du$$

$$= \left(-\frac{1}{3} \times 2^3 + \frac{4}{2} \times 2^2 \right) - \left(\frac{1}{3} \times 2^3 \right)$$

$$= \left(-\frac{8}{3} + 8 \right) - \frac{8}{3}$$

$$= \frac{8}{3}$$

$f(x) = -x^2 + 4x,\ g(x) = x^2$ 兩個之間的面積為 $\dfrac{8}{3}$ ◆

例題2

計算 $x^2 + y^2 = 25$ 的圓形面積。先觀察圖形，見圖 7-10。

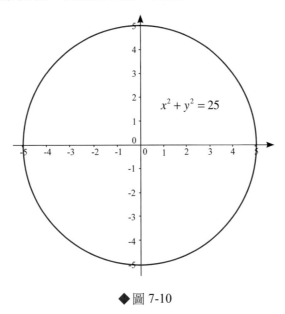

◆圖 7-10

作成我們習慣的函數是「$y = f(x)$」，可以看到是

$x^2 + y^2 = 25$

$\Rightarrow y^2 = 25 - x^2$

$\qquad y = \pm\sqrt{25 - x^2}$

發現 $x^2 + y^2 = 25$ 可拆開為兩個函數，$y = \sqrt{25 - x^2}$、$y = -\sqrt{25 - x^2}$，見圖 7-11。

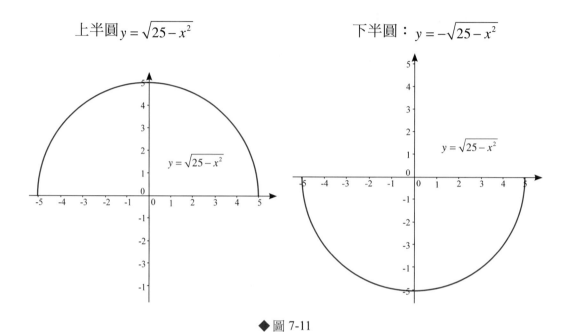

上半圓 $y = \sqrt{25 - x^2}$　　　　　　下半圓：$y = -\sqrt{25 - x^2}$

◆ 圖 7-11

而我們知道只需要計算半圓的面積就可以討論出整個圓的面積。

故我們計算上半圓 $y = \sqrt{25 - x^2}$ 的面積，也就是計算 $\int_{-5}^{5} \sqrt{25 - x^2} \ dx$。

計算上半圓面積：$\int_{-5}^{5} \sqrt{25 - x^2} \ dx$

方法一：利用積分表 $\int \sqrt{a^2 - u^2} \ du = \dfrac{u}{2}\sqrt{a^2 - u^2} + \dfrac{a^2}{2}\sin^{-1}\dfrac{u}{a} + c$

代入係數 a：$\int \sqrt{5^2 - u^2} \ du = \dfrac{u}{2}\sqrt{5^2 - u^2} + \dfrac{5^2}{2}\sin^{-1}\dfrac{u}{5} + c$

代入範圍：$\int_{-5}^{5} \sqrt{5^2 - u^2} \ du = \left[\dfrac{u}{2}\sqrt{5^2 - u^2} + \dfrac{5^2}{2}\sin^{-1}\dfrac{u}{5} + c\right]_{-5}^{5}$

$= \left[(\dfrac{5}{2}\sqrt{5^2 - 5^2} + \dfrac{5^2}{2}\sin^{-1}\dfrac{5}{5} + c) - (\dfrac{-5}{2}\sqrt{5^2 - (-5)^2} + \dfrac{5^2}{2}\sin^{-1}\dfrac{-5}{5} + c)\right]$

$= \left[(\dfrac{5}{2}\times 0 + \dfrac{25}{2}\sin^{-1}1 + c) - (\dfrac{-5}{2}\times 0 + \dfrac{25}{2}\sin^{-1}(-1) + c)\right]$

$= \left[\dfrac{25}{2}\times\dfrac{\pi}{2} - (\dfrac{25}{2}\times\dfrac{-\pi}{2})\right]$

$= \dfrac{25}{2}\pi$

方法二：方法一遇到反三角函數不好計算，所以也可換個方法。

$\int_{-5}^{5} \sqrt{25-x^2} \, dx$ 無法直接算需要變數變換，令 $x = 5\cos\theta$，

對 θ 微分，$\dfrac{dx}{d\theta} = -5\sin\theta \Rightarrow dx = -5\sin\theta \, d\theta$

因為變數變換，連帶範圍也要變，

起點 $-5 = 5\cos\theta$，是 $\theta = \pi$，終點 $5 = 5\cos\theta$，是 $\theta = 0$，

所以 $\displaystyle\int_{-5}^{5} \sqrt{25-x^2} \, dx = \int_{\pi}^{0} \sqrt{25 - 25\cos^2\theta} \, (-5\sin\theta) \, d\theta$

$= \displaystyle\int_{\pi}^{0} 5\sqrt{1 - \cos^2\theta} \, (-5\sin\theta) \, d\theta$

$= -25 \displaystyle\int_{\pi}^{0} \sqrt{\sin^2\theta} \, (\sin\theta) \, d\theta$

$= -25 \displaystyle\int_{\pi}^{0} (\sin\theta) \, (\sin\theta) \, d\theta$

$= -25 \displaystyle\int_{\pi}^{0} \sin^2\theta \, d\theta$

利用積分表：$\displaystyle\int \sin^2 u \, du = \dfrac{u}{2} - \dfrac{\sin 2u}{4} + c$

$-25 \displaystyle\int_{\pi}^{0} \sin^2\theta \, d\theta = -25 \left[\dfrac{u}{2} - \dfrac{\sin 2u}{4} + c \right]_{\pi}^{0}$

$= -25 \left[(\dfrac{0}{2} - \dfrac{\sin 0}{4} + c) - (\dfrac{\pi}{2} - \dfrac{\sin 2\pi}{4} + c) \right]$

$= \dfrac{25\pi}{2}$

上半圓面積是 $\dfrac{25\pi}{2}$，整個圓面積就是 $\dfrac{25\pi}{2} \times 2 = 25\pi$

與我們小學學過的圓面積算法，半徑 × 半徑 × $\pi = 25\pi$，答案相等。
所以微積分可以幫助計算面積。　　　　　　　　　　　　　　　　　　　　　　◆

　　已經會計算平面圖形，而立體形狀怎麼計算？本章節將說明如何計算立體形體的體積，介紹生活中旋轉體的體積與表面積。

補充説明

推導：$\int \sin^2 u \ du = \dfrac{u}{2} - \dfrac{\sin 2u}{4} + c$

流程：

$\int \sin^2 u \ du$

$= \int \underbrace{\sin u}_{v} \times \underbrace{\sin u \ du}_{dw} = vw - \int w \ dv$

$v = \sin u \rightarrow \dfrac{dv}{du} = \cos u \rightarrow dv = \cos u \ du$

$dw = \sin u \ du \rightarrow \dfrac{dw}{du} = \sin u \rightarrow w = -\cos u$

$\Rightarrow \int \sin^2 u \ du = (\sin u) \times (-\cos u) - \int -\cos u \times \cos u \ du$

$\int 1 - \cos^2 u \ du = \dfrac{-\sin 2u}{2} + \int \cos^2 u \ du$

$\int 1 \ du - \int \cos^2 u \ du = \dfrac{-\sin 2u}{2} + \int \cos^2 u \ du$

$u + c + \dfrac{\sin 2u}{2} = 2 \int \cos^2 u \ du$

$\dfrac{u}{2} + c + \dfrac{\sin 2u}{4} = \int \cos^2 u \ du$

$\Rightarrow \int \sin^2 u \ du$

$= \int 1 - \cos^2 u \ du$

$= \dfrac{-\sin 2u}{2} + \int \cos^2 u \ du$

$= \dfrac{-\sin 2u}{2} + \dfrac{u}{2} + \dfrac{\sin 2u}{4} + c$

$= \dfrac{u}{2} - \dfrac{\sin 2u}{4} + c$

7.1 旋轉體的概念

在中學已經學過了球的表面積與體積，也可參考附錄，但是不好計算。我們可發現球是一個旋轉之後還是一樣的形體，而這被稱作是旋轉體。觀察便條紙理解旋轉體形狀。見圖 7-12。

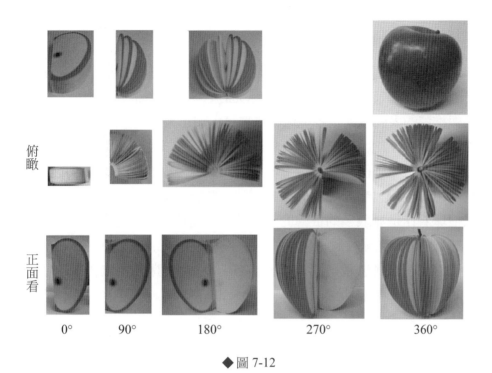

俯
瞰

正
面
看

| 0° | 90° | 180° | 270° | 360° |

◆圖 7-12

　　旋轉體或可以想像成中心有個軸旋轉的形狀，這些形狀具有一定的規律和諧的
美感，大多數的水果都是旋轉體。或是想像一根筷子，黏上半圓形，轉動筷子，而
該紙片所經過的空間會是球的形狀。見圖 7-13。

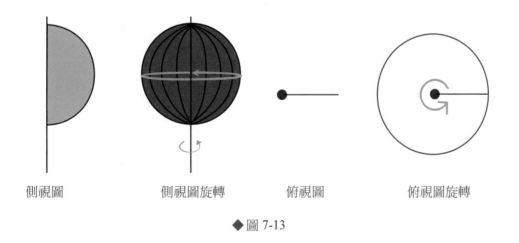

側視圖　　　　　　側視圖旋轉　　　　俯視圖　　　　　俯視圖旋轉

◆圖 7-13

　　或是可以想像陶土拉坯，底座不斷旋轉，手捏著陶土，在該高度，每個捏土的
位置距離中心點，都會是一樣。

7.2　旋轉體的體積怎麼算

　　旋轉體的立體圖形，與其他立體形狀一樣，也是需要知道體積與表面積是多少，在之前的學習，只學過柱體的體積(底面積 × 高)與椎體的體積(底面積 × 高÷3)柱體與椎體的表面積則是各區塊，單獨算再加起來。

　　對於任意彎曲的表面是無法處理的，花瓶與球、陀螺、橄欖球、燈籠等等，

　　，這些旋轉體的體積該如何計算呢？只知道每一個旋轉體的橫切面都是圓形，可以怎樣利用此性質，參考球的體積的算法，將它切成薄片，當切的夠薄夠多的時後，可以把球看作是無限多的很薄的圓柱薄片，而所要作的是找出每一片的半徑，就能進行計算，再得到球的體積。

　　旋轉體的處理方式也是一樣方式，不過是把旋轉體橫放，讓中心軸是 x 軸，這樣的話我們可以把旋轉體當成是，一個函數曲線，繞 x 軸轉 360 度，<u>觀察動態 b1</u>☜。

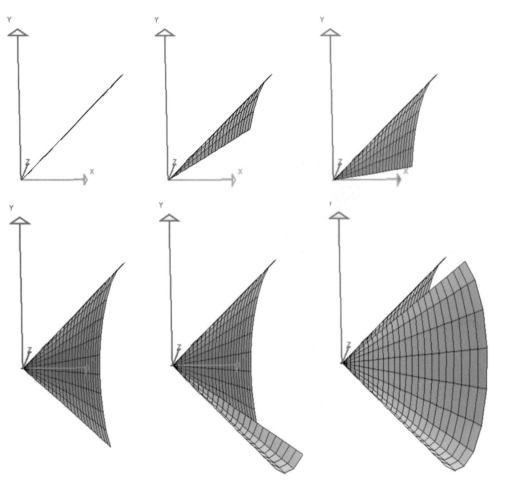

動態示意圖 b1

所以可以知道旋轉體是函數在座標平面上，繞 x 軸旋轉得到。

7.2.1 利用微積分計算圓椎體積

計算旋轉體體積，是將旋轉體切成薄片來計算，可以得到一片片的圓柱，而圓柱的半徑是，該位置的函數值。見圖 7-14

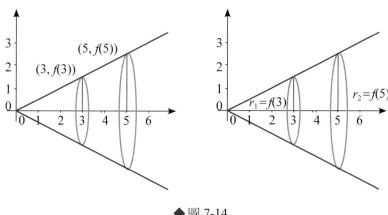

◆圖 7-14

而每一片的薄圓柱的體積是 $\pi f(x)^2 \times$ 厚度$=\pi f(x)^2 \times \Delta x$, Δx 是很小的數字。

那要算椎體的體積的話，就要將所有的薄片加起來。

$$\pi f(x_1)^2 \times \Delta x + \pi f(x_2)^2 \times \Delta x + \pi f(x_3)^2 \times \Delta x + ... + \pi f(x_n)^2 \times \Delta x$$

$$= \sum_{k=1}^{\infty} \pi f(x_k)^2 \times \Delta x \qquad 改寫成 \sum 的式子$$

$$\Rightarrow \int \pi f(x)^2 dx \text{ 改寫成積分的式子}$$

接下來利用此式子計算體積，確認答案是否正確。

> **結論：**
>
> 旋轉體體積計算公式：$\int_a^b \pi f(x)^2 dx$

例題1

$f(x)=2x$，旋轉一圈變圓椎，作一個高度為 5 的圓椎，$f(5)=10$，得到圓椎的底半徑部分。見圖 7-15。

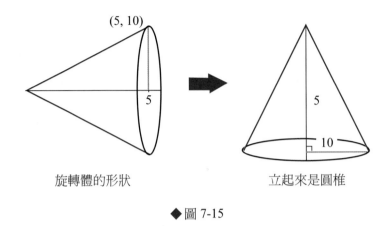

旋轉體的形狀　　　　　　　　　立起來是圓椎

◆圖 7-15

方法一：圓椎計算方式，底面積 × 高 ÷3，所以該圓椎的體積是 $\dfrac{10^2\pi\times5}{3}=\dfrac{500\pi}{3}$ 圓椎計算公式由來請參考附錄。

方法二：用微積分的計算，是 0 到 5 的積分，$\displaystyle\int_0^5 \pi f(x)^2\,dx$

$$\Rightarrow \int_0^5 \pi(2x)^2\,dx$$

$$= \pi\int_0^5 4x^2\,dx$$

$$= \pi\left(\frac{4}{3}x^3+c\right)_0^5$$

$$= \pi\left[\left(\frac{4}{3}\times5^3+c\right)-\left(\frac{4}{3}\times0^3+c\right)\right]$$

$$= \pi\left[\frac{500}{3}\right]$$

$$= \frac{500}{3}\pi$$

答案一樣，所以積分的方法正確。而特別找出這公式有什麼優點？

它可以幫助我們計算，如：計算圓椎平台體積、花瓶體積。　　　　　　　　　　◆

> **例題2**

利用微積分計算圓椎台體積

函數 $f(x)=2x$，作 3 到 5 的旋轉體，高度為 2 的圓椎台。

也就是計算頂面是半徑為 6 的圓形，底面是半徑為 10 的圓椎台，見圖

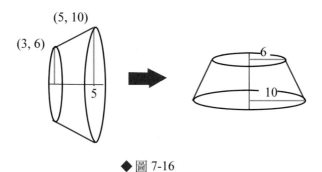

◆ 圖 7-16

圓椎台用原本的算法是，大圓椎減去小圓椎，見圖 7-17。

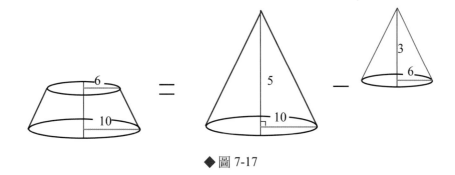

◆ 圖 7-17

$$= \frac{10^2 \pi \times 5}{3} - \frac{6^2 \pi \times 3}{3}$$

$$= \frac{500\pi - 108\pi}{3}$$

$$= \frac{392\pi}{3}$$

而用積分的計算，是 3 到 5 的積分，$\int_3^5 \pi f(x)^2 dx$

$$\Rightarrow \int_3^5 \pi (2x)^2 dx$$

$$= \pi \int_3^5 4x^2 dx$$

$$= \pi (\frac{4}{3}x^3 + c)\Big|_3^5$$

$$= \pi [(\frac{4}{3} \times 5^3 + c) - (\frac{4}{3} \times 3^3 + c)]$$

$$= \pi [\frac{392}{3}]$$

$$= \frac{392}{3}\pi$$

答案一樣，所以積分的方法正確。　　　　　　　　　　　　　　　　◆

| 例題3 |

利用微積分計算花瓶的體積

假設花瓶的形狀為函數為 $f(x) = \dfrac{x^2 - 5x + 20}{20}$ 的旋轉體。見圖 7-18。

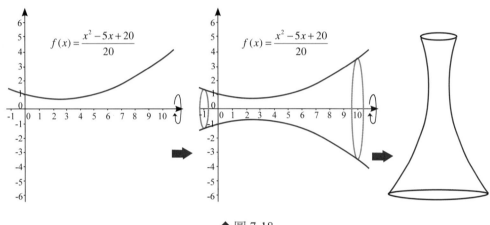

◆ 圖 7-18

那花瓶就不能使用之前的計算立體圖形的方式來算，一定要用積分方式來算，

而範圍取 -1 到 10，體積就是 $\displaystyle\int_{-1}^{10} \pi (\dfrac{x^2 - 5x + 20}{20})^2 dx$ ，

$$\int_{-1}^{10} \pi (\frac{x^2 - 5x + 20}{20})^2 dx$$

$$= \frac{\pi}{400} \int_{-1}^{10} (x^4 - 10x^3 + 65x^2 - 200x + 400) dx$$

$$= \frac{\pi}{400} (\frac{1}{5} x^5 - \frac{10}{4} x^4 + \frac{65}{3} x^3 - \frac{200}{2} x^2 + 400x + c) \Big|_{-1}^{10}$$

$$= 6802 \frac{1}{30} \pi$$

◆

| 例題4 |

利用微積分計算球體積

球體是圓形旋轉而來，取半徑 1 的圓旋轉，得到半徑 1 球體。

單位圓的方程式：$x^2 + y^2 = 1^2$，而圓形不是函數，我們需要將它改寫為函數的形式。

$x^2 + y^2 = 1^2$

$\Rightarrow y^2 = 1 - x^2$

$\quad y = \sqrt{1 - x^2}$

$\Rightarrow f(x) = \sqrt{1 - x^2}$

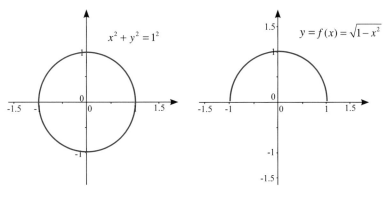

◆圖 7-19

見圖 7-19，可知是半圓形的函數，將它對 x 軸旋轉，得到球體，見圖 7-20。

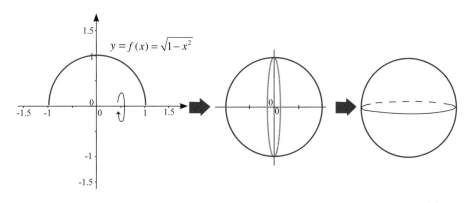

◆圖 7-20

球體積是 -1 到 1 的積分，代入公式 $\int_a^b \pi f(x)^2 dx$

$\displaystyle \int_{-1}^{1} \pi (\sqrt{1 - x^2})^2 dx$

$\displaystyle = \pi \int_{-1}^{1} (1 - x^2) dx$

$\displaystyle = \pi (x - \frac{1}{3}x^3 + c) \Big|_{-1}^{1}$

$$= \pi[(1 - \frac{1}{3}) - (-1 + \frac{1}{3})]$$

$$= \frac{4}{3}\pi$$

如果是對任意半徑 r，那積分就變成 $\int_{-r}^{r} \pi(\sqrt{1-x^2})^2 dx$ ，體積得到 $\frac{4}{3}\pi r^3$。
用積分計算的球體積與阿基米德的答案相同，但不需要去思考該分割成什麼形狀。
阿基米德如何計算出體積，請看附錄。　　　　　　　　　　　　　　　　　　　✦

> **結論：**
>
> 　　原本只會椎體的計算，但有了積分就可以計算出旋轉體的體積。由以上例題可知，可以利用微積分的方式來計算體積。所以得到給函數繞 x 軸旋轉，取 a 到 b 之間的體積的方法。
>
> 　　旋轉體體積計算公式：$\int_{a}^{b} \pi f(x)^2 dx$

同時一定有人問，只能對 x 軸旋轉嗎？能不能對 y 軸旋轉、或任意軸旋轉？
當然是可以的，只要想得出來形狀，就計算積分動作，但在此不多作介紹。

7.3　旋轉體的表面積的計算

旋轉體的表面積我們該如何計算，同樣的我們也是切片，嚴格來說是切環，
像是烏賊被橫切一般，想像旋轉體切片後得到一圈一圈的環狀物體，圖 7-21。

◆ 圖 7-21

在旋轉體的切片圖就如同這樣，以圓錐為例，見圖 7-22

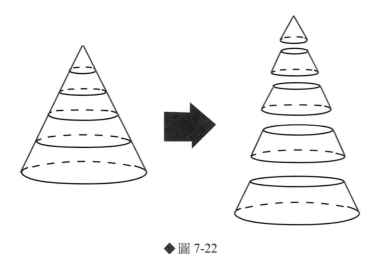

◆ 圖 7-22

我們可以想成，旋轉體的表面積就是求圓錐側面積。

而側面積可以切成一圈一圈的，而每一圈再將其剪開。見圖 7-23。

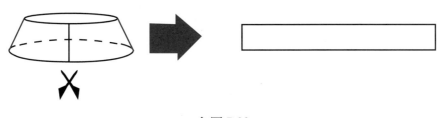

◆ 圖 7-23

　　這邊一定會納悶，為什麼切開後是長方形？因為在一開始切片的時候，切的夠多層，導致這一圈切開接近長方形。

　　這長方形的長是該圓錐平台的圓周，而寬是什麼？因為圓錐平台關係，這個環狀是斜面的，切開的長方形寬是斜面長度嗎？需要驗證才知道答案。

步驟一：用中學方法求出圓椎側面積

假設圓椎的數據如圖 7-24。

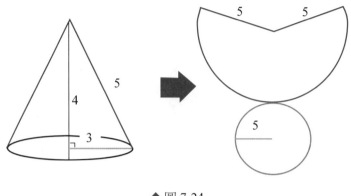

◆圖 7-24

因為是個圓椎，所以底的小圓圓周，跟曲面的圓弧是一樣長的。見圖 7-25

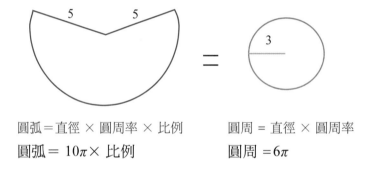

圓弧＝直徑 × 圓周率 × 比例　　　圓周 ＝ 直徑 × 圓周率

圓弧＝ $10\pi\times$ 比例　　　　　　圓周 ＝6π

◆圖 7-25

所以 $10\pi\times$ 比例＝ 6π

　　　　比例＝ 0.6

比例是圓心角與 360 度的比值

而側面的曲面面積是扇形

扇形＝半徑 $2\times$ 圓周率 × 比例

扇形＝ $25\pi\times0.6$

扇形＝ 15π

所以圓椎去除底面的表面積＝ 15π。

步驟二：以「斜面長度當長方形的寬」，計算圓椎側面積

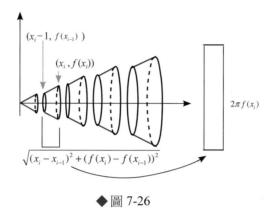

◆圖 7-26

由圖 7-26 可知計算旋轉體表面積，就是全部長條的面積總和，式子為

$$\lim_{n\to\infty}\begin{bmatrix}2\pi f(x_2)\sqrt{(x_2-x_1)^2+(f(x_2)-f(x_1))^2}\\+2\pi f(x_3)\sqrt{(x_3-x_2)^2+(f(x_3)-f(x_2))^2}\\+2\pi f(x_4)\sqrt{(x_4-x_3)^2+(f(x_4)-f(x_3))^2}\\\vdots\\+2\pi f(x_n)\sqrt{(x_n-x_{n-1})^2+(f(x_n)-f(x_{n-1}))^2}\end{bmatrix}$$

$$=\lim_{n\to\infty}\sum_{i=1}^{n}2\pi f(x_i)\sqrt{(x_i-x_{i-1})^2+(f(x_i)-f(x_{i-1}))^2}$$

$$=\lim_{n\to\infty}\sum_{i=1}^{n}2\pi f(x_i)\times(x_i-x_{i-1})\sqrt{1+(\frac{f(x_i)-f(x_{i-1})}{x_i-x_{i-1}})^2}$$

因為切無限多層，所以 x_i-x_{i-1} 接近 0

$$=\lim_{n\to\infty}\sum_{i=1}^{n}2\pi f(x_i)\times_{\triangle}x\sqrt{1+(f'(x_i))^2}$$

$$\Rightarrow \int_{x_1}^{x_n}2\pi f(x)\sqrt{1+(f'(x))^2}\,dx$$

$$=\int_{0}^{4}2\pi f(x)\sqrt{1+(f'(x))^2}\,dx$$

$$y=f(x)=\frac{3}{4}x\Rightarrow f'(x)=\frac{3}{4}$$

$$\Rightarrow \int_{0}^{4}2\pi\times\frac{3}{4}x\sqrt{1+(\frac{3}{4})^2}\,dx$$

$$= \int_0^4 2\pi \times \frac{3}{4} x \times \frac{5}{4} dx$$

$$= \frac{15}{16} \pi x^2 \Big|_0^4$$

$$= 15\pi$$

答案符合用扇形記算的結果 15π ，所以斜面長度是長條的寬。

結論：

旋轉體的表面積：$\int_a^b 2\pi f(x) \sqrt{1+(f'(x))^2} dx$

例題1

利用積分方式來計算球體的表面積

球體是圓形旋轉而來，取半徑 1 的圓旋轉，得到半徑 1 球體。

單位圓的方程式：$x^2 + y^2 = 1^2$ ，而圓形不是函數，

我們需要將它改寫為函數的形式

$$x^2 + y^2 = 1^2$$

$$\Rightarrow y^2 = 1 - x^2$$

$$y = \sqrt{1-x^2}$$

$$\Rightarrow f(x) = \sqrt{1-x^2}$$

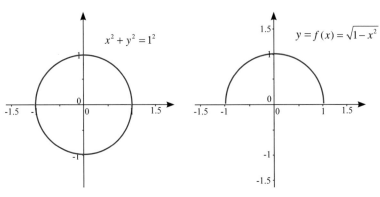

◆圖 7-27

由圖 7-27 可知半圓形的函數，

有函數曲線，就可以將它對 x 軸旋轉，得到球體，見圖 7-28

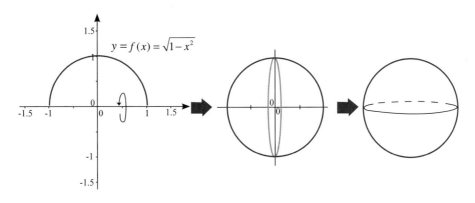

◆ 圖 7-28

球表面積是 -1 到 1 的積分，代入公式 $\int_a^b 2\pi f(x)\sqrt{1+(f'(x))^2}\,dx$

$$y=f(x)=\sqrt{1-x^2} \Rightarrow y'=f'(x)=-x\frac{1}{\sqrt{(1-x^2)}}$$

$$\left[f'(x)\right]^2=\frac{x^2}{1-x^2}$$

$$\int_{-1}^{1} 2\pi \times \sqrt{1-x^2} \times \sqrt{1+\frac{x^2}{1-x^2}}\,dx$$

$$=\int_{-1}^{1} 2\pi \times \sqrt{1-x^2} \times \sqrt{\frac{1}{1-x^2}}\,dx$$

$$=\int_{-1}^{1} 2\pi(1)\,dx$$

$$=(2\pi x)\Big|_{-1}^{1}$$

$$=[(2\pi)-(-2\pi)]$$

$$=4\pi$$

剛剛的例題是半徑是 1，如果是任意半徑 r，

那積分就變成 $\int_{-r}^{r}\left[2\pi \times \sqrt{r^2-x^2} \times \sqrt{1+\frac{x^2}{r^2-x^2}}\right]dx$ ，表面積得到 $4\pi r^2$。

用積分計算的球表面積與阿基米德的答案相同，但不需要去思考該分割成什麼形狀。阿基米德如何計算出表面積，請看附錄。

自此之後我們就可以處理任意旋轉體的表面積。見圖 7-29　　　　　　　　　　◆

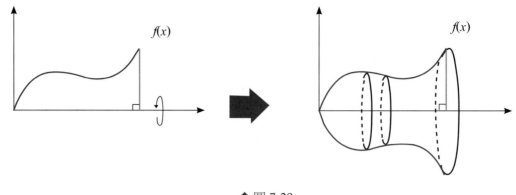

◆ 圖 7-29

> **結論：**
>
> 旋轉體的表面積：$\int_a^b 2\pi f(x)\sqrt{1+(f\,'(x))^2}\,dx$

例題2

計算旋轉體的表面積，$y = x^2, -2 \le x \le 3$ 。

先觀察圖形，見圖 7-30。

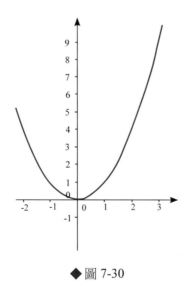

◆ 圖 7-30

利用函數的表面積公式：$\int_a^b 2\pi f(x)\sqrt{1+(f\,'(x))^2}\,dx$ 計算函數長度

1. 先計算原函數的微分：$y = x^2 \Rightarrow y' = 2x$

2. 函數的表面積：$\displaystyle\int_{-2}^{3} 2\pi x^2 \sqrt{1+(2x)^2} \ dx = \frac{\pi}{2} \int_{-2}^{3} (2x)^2 \sqrt{1+(2x)^2} \ dx$

利用積分表：

$$\int u^2 \sqrt{a^2+u^2} \ du = \frac{u}{8}\left(a^2+2u^2\right)\sqrt{a^2+u^2} - \frac{a^4}{8}\ln\left|u+\sqrt{a^2+u^2}\right| + C$$

令 $a=1$、$u=2x \rightarrow \dfrac{du}{dx} = 2 \rightarrow \dfrac{du}{2} = dx$

代入 $\dfrac{\pi}{2} \displaystyle\int_{-2}^{3} (2x)^2 \sqrt{1+(2x)^2} \ dx$

$$= \frac{\pi}{2}\left(\frac{2x}{8}(1+8x^2)\sqrt{1+4x^2} - \frac{1}{8}\ln|2x+\sqrt{1+4x^2}|+c\right)_{-2}^{3}$$

$$= \frac{\pi}{2}\left(\frac{2\times 3}{8}(1+72)\sqrt{1+36} - \frac{1}{8}\ln|6+\sqrt{1+36}|+c\right) -$$

$$\qquad\qquad \frac{\pi}{2}\left(\frac{-4}{8}(1+32)\sqrt{1+16} - \frac{1}{8}\ln|-4+\sqrt{1+16}|+c\right)$$

$$= 314.54$$

✦

7.4　函數的曲線長度，如何計算

求表面積的時後我們有看到，需要利用斜面長度當高的方式，見圖 7-31。

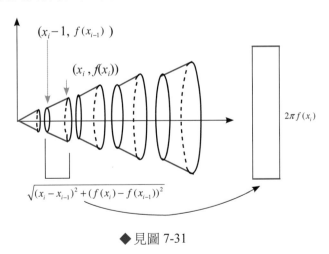

◆ 見圖 7-31

是不是可以把每一小段的藍色部分長度計算出來，並且加總，最後得到這個範圍的函數長度。算出函數全部的線段總和，式子為

$$\lim_{n \to \infty} \left[\begin{array}{c} \sqrt{(x_2 - x_1)^2 + (f(x_2) - f(x_1))^2} + \sqrt{(x_3 - x_2)^2 + (f(x_3) - f(x_2))^2} \\ + \sqrt{(x_4 - x_3)^2 + (f(x_4) - f(x_3))^2} + \cdots + \sqrt{(x_n - x_{n-1})^2 + (f(x_n) - f(x_{n-1}))^2} \end{array} \right]$$

$$= \lim_{n \to \infty} \sum_{i=1}^{n} \sqrt{(x_i - x_{i-1})^2 + (f(x_i) - f(x_{i-1}))^2}$$

$$= \lim_{n \to \infty} \sum_{i=1}^{n} (x_i - x_{i-1}) \sqrt{1 + (\frac{f(x_i) - f(x_{i-1})}{x_i - x_{i-1}})^2}$$

因為切無限多段，所以 $x_i - x_{i-1}$ 接近 0

$$= \lim_{n \to \infty} \sum_{i=1}^{n} \triangle x \sqrt{1 + (f'(x_i))^2}$$

$$\Rightarrow \quad \int_{x_1}^{x_n} \sqrt{1 + (f'(x))^2} \, dx$$

結論：

函數的曲線長度：$\int_a^b \sqrt{1 + (f'(x))^2} \, dx$

例題1

利用積分計算函數 $y = \dfrac{3}{4}x$ ，0 到 4 的函數長度

由圖 7-32 可知，長度是 5，

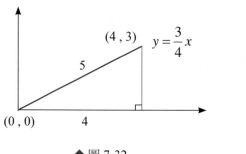

◆ 圖 7-32

利用函數的曲線長度：$\int_a^b \sqrt{1 + (f'(x))^2} \, dx$ 計算函數長度

1. 先計算原函數的微分：$y = \dfrac{3}{4}x \Rightarrow y' = \dfrac{3}{4}$

2. 函數的長度：$\int_0^4 \sqrt{1+(f'(x))^2}\, dx$

$$= \int_0^4 \sqrt{1+(\frac{3}{4})^2}\, dx$$

$$= \int_0^4 \sqrt{\frac{25}{16}}\, dx$$

$$= \int_0^4 \frac{5}{4}\, dx$$

$$= (\frac{5}{4}x+c)\Big|_0^4$$

$$= (\frac{5}{4}\times 4+c)-(\frac{5}{4}\times 0+c)$$

$$= 5$$

答案相同，所以公式正確。　　　　　　　　　　　　　　　　　　◆

例題2

計算彎曲的函數曲線長度，$y=x^2, -2 \le x \le 3$，求該範圍的曲線長度。

先觀察圖形，見圖 7-33。

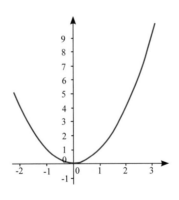

◆見圖 7-33。

利用函數的曲線長度：$\int_a^b \sqrt{1+(f'(x))^2}\, dx$ 計算函數長度

1. 先計算原函數的微分：$y=x^2 \Rightarrow y'=2x$

2. 函數的長度：$\int_{-2}^3 \sqrt{1+(2x)^2}\ dx$

   利用積分表：$\int \sqrt{a^2+u^2}\ du = \frac{u}{2}\sqrt{a^2+u^2}+\frac{a^2}{2}\ln|u+\sqrt{a^2+u^2}|+c$

令 $a = 1$ 、 $u = 2x \to \dfrac{du}{dx} = 2 \to \dfrac{du}{2} = dx$

代入 $\displaystyle\int_{-2}^{3} \sqrt{1+(2x)^2}\ dx \Rightarrow \int_{-2}^{3} \sqrt{a^2+u^2}\ \dfrac{du}{2} = \dfrac{1}{2}\int_{-2}^{3} \sqrt{a^2+u^2}\ du$

$= \dfrac{1}{2}\left(\dfrac{u}{2}\sqrt{a^2+u^2} + \dfrac{a^2}{2}\ln|u+\sqrt{a^2+u^2}|+c \right)_{-2}^{3}$

$= \left(\dfrac{u}{4}\sqrt{a^2+u^2} + \dfrac{a^2}{4}\ln|u+\sqrt{a^2+u^2}|+\dfrac{c}{2} \right)_{-2}^{3} \quad , a=1, u=2x$

$= \left(\dfrac{2x}{4}\sqrt{1+(2x)^2} + \dfrac{1}{4}\ln|2x+\sqrt{1+(2x)^2}|+\dfrac{c}{2} \right)_{-2}^{3}$

$= \left(\dfrac{6}{4}\sqrt{1+(6)^2} + \dfrac{1}{4}\ln|6+\sqrt{1+(6)^2}|+\dfrac{c}{2} \right)$

$\qquad\qquad\qquad - \left(\dfrac{-4}{4}\sqrt{1+(-4)^2} + \dfrac{1}{4}\ln|-4+\sqrt{1+(-4)^2}|+\dfrac{c}{2} \right)$

$= \left(\dfrac{6}{4}\sqrt{37} + \dfrac{1}{4}\ln|6+\sqrt{37}|+\dfrac{c}{2} \right) - \left(-\sqrt{17} + \dfrac{1}{4}\ln|-4+\sqrt{17}|+\dfrac{c}{2} \right)$

$= \dfrac{3}{2}\sqrt{37} + \sqrt{17} + \dfrac{\ln|6+\sqrt{37}|}{4} - \dfrac{\ln|\sqrt{17}-4|}{4}$

$= 14.39$

7.5 旋轉體章節公式整理

1. 旋轉體體積計算公式：$\displaystyle\int_{a}^{b} \pi f(x)^2\, dx$

2. 旋轉體的表面積：$\displaystyle\int_{a}^{b} 2\pi f(x)\sqrt{1+(f'(x))^2}\, dx$

3. 函數的曲線長度：$\displaystyle\int_{a}^{b} \sqrt{1+(f'(x))^2}\, dx$

觀察更多的旋轉體圖案，可以發現世界有很多物體可以用數學方程式描述。事實上所有的圖形都可用方程式來表達。 觀察影片 b2-c9 ☞

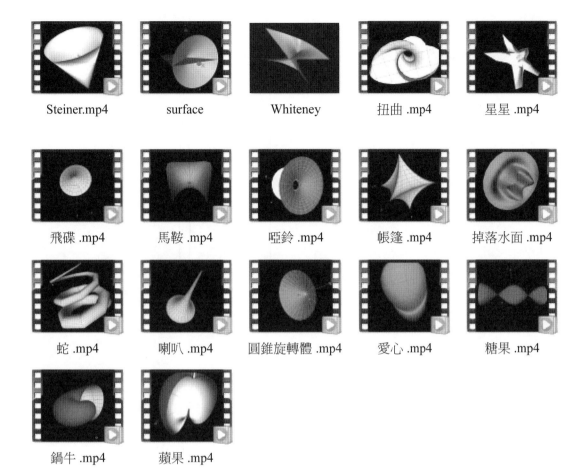

Steiner.mp4	surface	Whiteney	扭曲 .mp4	星星 .mp4
飛碟 .mp4	馬鞍 .mp4	啞鈴 .mp4	帳篷 .mp4	掉落水面 .mp4
蛇 .mp4	喇叭 .mp4	圓錐旋轉體 .mp4	愛心 .mp4	糖果 .mp4
鍋牛 .mp4	蘋果 .mp4			

7.6 習題

作出下列函數的圖案，與計算該函數繞 x 軸的表面積與體積。

1. $y = x$ $, 0 \leq x \leq 3$
2. $y = x^3$ $, 0 \leq x \leq 3$
3. $y = \sqrt{x}$ $, 0 \leq x \leq 3$
4. $y = \cos x$ $, 0 \leq x \leq 2\pi$
5. $y = x^2$ $, -2 \leq x \leq 3$

7.6.1　解答

1. $y = x$　　$, 0 \leq x \leq 3$

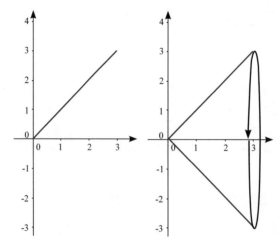

　　體積：9π 、表面積：$9\sqrt{2}\pi$

2. $y = x^3$　　$, 0 \leq x \leq 3$

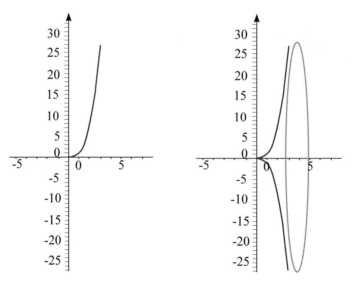

　　體積：$\dfrac{2187}{7}\pi$ 、表面積：173.52π

3. $y = \sqrt{x}$,$0 \le x \le 3$

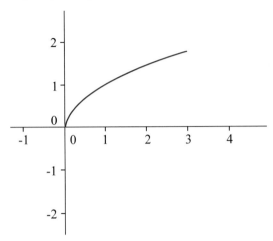 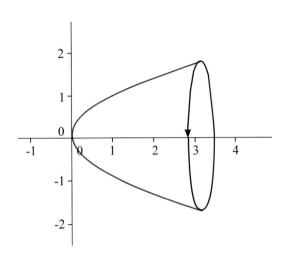

體積：$\dfrac{9}{2}\pi$ 、表面積：7.64π

4. $y = \cos x$,$0 \le x \le 2\pi$

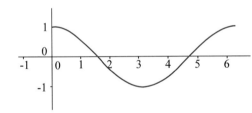 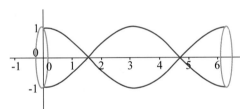

體積：π^2 、表面積：$4\pi(\sqrt{2} + \ln(1+\sqrt{2})) \doteq 9.18\pi$

5. $y = x^2$,$-2 \le x \le 3$

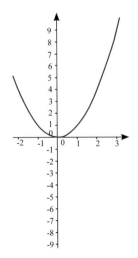 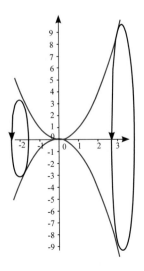

體積：55π 、表面積：52.54π

八、總結論

　　本章已將基礎積分技巧介紹完畢，但很不幸的，我們的基礎積分技巧在現實應用中是不夠使用的，幸運的是現在有很多完善的積分表，如：「Table of integrals, Series, and Product」，作者是 Gradshteyn and Ryzhik。我們只要會使用積分表就可以解決一部分的問題。實際應用上絕大多數的積分，都是無法以初等函數表示，只能以積分形式表示反導函數，如：$\int_a^x \frac{\sin u}{u}\, du$。此類函數是非初等函數，只能用數值積分計算積分值。將在下一章：「泰勒展開式」介紹如何計算非初等函數的反導函數。

8.1　積分公式總整理

計算 $y = f(x) = x^p$ 的積分，$p \geq 0$ 的實數，範圍從 0 到 b。

1. $\int_0^b u^p du = \frac{1}{p+1} b^{p+1}$

計算 $y = f(x) = x^p$ 的積分，$p \geq 0$ 的實數，範圍從 a 到 b。

2. $\int_a^b u^p du = \int_0^b u^p du - \int_0^a u^p du = \frac{1}{p+1} b^{p+1} - \frac{1}{p+1} a^{p+1}$

計算 $y = f(x) = x^p$ 的積分，$p < -1$，$p \neq -1$ 的實數，

範圍從 a 到 b，不包括 0。

3. $\int_a^b u^p du = \frac{1}{p+1} b^{p+1} - \frac{1}{p+1} a^{p+1}$

自變數的改變，計算 $y = f(x)$ 的積分，範圍從 a 到 b。

4. $\int_a^b f(u)\, du = \int_a^b f(x)\, dx = \int_a^b f(t)\, dt$

積分之間的關係

5. $\int_a^b f(u)\,du + \int_b^c f(u)\,du = \int_a^c f(u)\,du$

6. $\int_a^b kf(u)\,du = k\int_a^b f(u)\,du$

7. $\int_a^b f(u)+g(u)\,du = \int_a^b f(u)\,du + \int_a^b g(u)\,du$

8. $\int_a^b f(u)-g(u)\,du = \int_a^b f(u)\,du - \int_a^b g(u)\,du$

9. $\int_a^a f(u)\,du = 0$

10. $\int_a^b f(u)\,du = -\int_b^a f(u)\,du$

8.2　變數變換重點整理

變數變換，熟悉流程後就能計算一部分積分。

1. $\int \dfrac{1}{1+t}\,dt = \ln|1+x|+c$

2. $\int \dfrac{1}{1-t}\,dt = -\ln|1-x|+c$

8.3　部分積分重點整理

1. $\int u\,dv = uv - \int v\,du$

2. $\int \ln t\,dt = x\ln x - x + c$

3. $\int t\ln t\,dt = \dfrac{x^2}{2}\ln x - \dfrac{x^2}{4} + c$

8.4　部分分式積分重點整理

部分分式積分，並無公式，主要是要熟悉拆解分式的流程，然後就便能各自積分。

8.5 瑕積分重點整理

瑕積分並無公式，計算反導函數都是用先前的積分技巧，或是利用積分表，瑕積分主要是要熟悉流程，便能求出正確積分值。

8.6 三角函數積分重點整理

$$\int \tan(t) \, dt = \ln|\sec(x)| + c$$

$$\int \cot(t) \, dt = \ln|\sin(x)| + c$$

$$\int \sec(t) \, dt = \ln|\sec(x) + \tan(x)| + c$$

$$\int \csc(t) \, dt = \ln|\csc(x) - \cot(x)| + c$$

8.7 旋轉體公式整理

1. 旋轉體體積計算公式：$\int_a^b \pi f(x)^2 \, dx$

2. 旋轉體的表面積：$\int_a^b 2\pi f(x) \sqrt{1 + (f'(x))^2} \, dx$

3. 函數的曲線長度：$\int_a^b \sqrt{1 + (f'(x))^2} \, dx$

8.8 椎體、球體公式整理

1. 角椎體體積 $= \dfrac{1}{3} \times$ 角柱體體積

2. 圓椎體體積 $= \dfrac{1}{3} \times$ 圓柱體體積

3. 球體積 $= \dfrac{4}{3} \pi r^3$

4. 球表面積 $= 4\pi r^2$

球體的特殊性

1. 圓椎體積＋球體積＝圓柱體積

$$\frac{2}{3}\pi r^3 + \frac{4}{3}\pi r^3 = 2\pi r^3$$

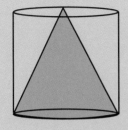 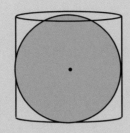 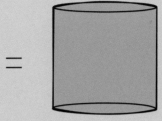

2. 球表面積＝圓柱側面積 $4\pi r^2$

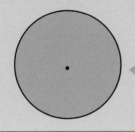 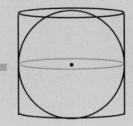 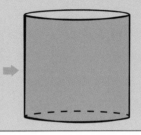

8 泰勒展開式

布魯克・泰勒
〈Brook Taylor〉
(1685-1731)

科林・麥克羅倫
〈Colin Maclaurin〉
(1698-1746)

拉格朗日
〈Joseph Lagrange〉
(1736-1813)

李昂哈德・尤拉
〈Leonhard Euler〉
(1707-1783)

　　我們知道有些可積分函數的反導函數無法以初等函數的表示，那麼我們該如何計算積分值？在 18 世紀泰勒、麥克勞倫等數學家，已知**多項式函數可以逐項積分與微分**，非常容易計算微分與積分。於是思考有沒有辦法將可積分函數都改寫成多項式函數。最後找到了方法，將可積分函數改寫成**無窮多項式函數**，也就是**冪級數**，此多項式也稱為泰勒展開式。泰勒展開式的曲線很接近原函數曲線。以泰勒展開式進行積分，便可以得到一個積分近似值。

　　泰勒展開式是經濟學、統計學、物理學的重要研究工具。本文將介紹泰勒展開式如何展開與使用需要注意的地方。

一、泰勒展開式

　　「我把數學看成是一件有意思的工作，不是想為自己建立什麼紀念碑。可以肯定地說，我對別人的工作比自己的更喜歡。我對自己的工作總是不滿意。」

約瑟夫・拉格朗日伯爵(Joseph Lagrange)

法國數學家和天文學家。

1.1　什麼是泰勒展開式

　　我們知道多項式函數很容易計算，如：$f(x) = 2x^2 + 3x^4$，只要代入數字乘開就可以求值，並且多項式函數可以逐項微分與積分。但三角函數與指對數函數相當麻煩，需要查表後再內插法才能求值。於是當代數學家思考有沒有辦法將函數以多項式函數逼近，如：三角函數以多項式函數逼近，這樣就能容易計算。

　　英國數學家泰勒找到方法，以無窮多項式函數表示原函數，又稱作「泰勒展開式」，如：$\sin x = x - \dfrac{1}{3!}x^3 + \dfrac{1}{5!}x^5 - \dfrac{1}{7!}x^7 + \dfrac{1}{9!}x^9 - \dfrac{1}{11!}x^{11} + ...$，只要展開後足夠多項，就可以貼近原函數，觀察動態 1.1 ◉。註：無窮多項式函數又稱冪級數。

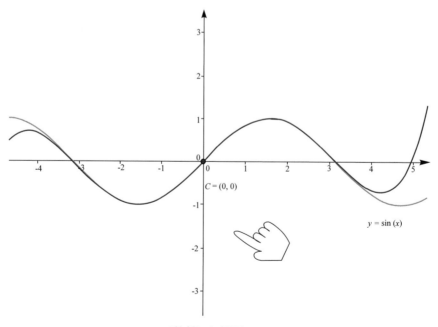

動態示意圖 1.1

　　而此泰勒展開式有什麼特別？可以發現在原點附近特別貼近原函數，所以原點附近求值，如：求 sin(0.5) 就很方便，代入多項式就能方便計算。同時因為三角函數以無窮多項式函數（冪級數）逼近，$\sin x = \dfrac{1}{1!}x^1 - \dfrac{1}{3!}x^3 + \dfrac{1}{5!}x^5 - \dfrac{1}{7!}x^7 + \dfrac{1}{9!}x^9 + ...$，就可以逐項微分與積分。同理也能計算不能以初等函數形式表示的反導函數與其積分值，如：$\displaystyle\int_a^x \dfrac{\sin u}{u}du$。而可以逐項微分與積分這正是泰勒展開式最重要的地方。

1.2　如何將函數作成泰勒展開式

如果能用無窮多項式函數（冪級數）逼近原函數，

$f(x)$ 便可寫成：$f(x) = a_0 + a_1 x^1 + a_2 x^2 + a_3 x^3 + a_4 x^4 + a_5 x^5 + a_6 x^6 + ...$，

但要如何找到各項係數 a_0、a_1、a_2、$a_3 ...$，

觀察微分情形，

微分一次 ：$f\,'(x) = a_1 + 2a_2 x + 3a_3 x^2 + 4a_4 x^3 + 5a_5 x^4 + 6a_6 x^5 + ...$

再微分一次，二微：$f\,''(x) = 2a_2 + 3\times 2a_3 x + 4\times 3a_3 x^2 + 5\times 4a_5 x^3 + 6\times 5a_6 x^4 + ...$

再微分一次，三微：$f^{[3]}(x) = 3\times 2a_3 + 4\times 3\times 2a_4 x + 5\times 4\times 3a_5 x^2 + 6\times 5\times 4a_6 x^3 ...$

再微分一次，四微：$f^{[4]}(x) = 4\times 3\times 2a_4 + 5\times 4\times 3\times 2a_5 x + 6\times 5\times 4\times 3a_6 x^2 + ...$

而當 0 代入函數與各導函數之中會得到，

$f(0) = a_0$

$f\,'(0) = a_1$

$f\,''(0) = 2a_2$

$f^{[3]}(0) = 3\times 2a_3$

$f^{[4]}(0) = 4\times 3\times 2a_4$

定義：$f^{[0]}(x) = f(x)$，可推論，$f^{[n]}(0) = n!a_n$，

移項得到 $a_n = \dfrac{f^{[n]}(0)}{n!}$，將 $a_n = \dfrac{f^{[n]}(0)}{n!}$ 放入函數 $f(x)$，

得到 $f(x) = a_0 + \dfrac{f^{[1]}(0)}{1!}x + \dfrac{f^{[2]}(0)}{2!}x^2 + \dfrac{f^{[3]}(0)}{3!}x^3 + ... + \dfrac{f^{[k]}(0)}{k!}x^k + ...$

用 $\sum$ 改寫，得到 $f(x) = \displaystyle\sum_{k=0}^{\infty} \dfrac{f^{[k]}(0)}{k!}x^k$

而這就是泰勒展開式雛型：$f(x) = \displaystyle\sum_{k=0}^{\infty} \dfrac{f^{[k]}(0)}{k!}x^k$。

例題1

(1) 計算三角函數 $\sin x$ 的泰勒展開式 (2) 利用泰勒展開式，求 $\sin 0.5$

(1) 令 $f(x) = \sin x$，利用泰勒展開式 $f(x) = \sum_{k=0}^{\infty} \frac{f^{[k]}(0)}{k!} x^k$

可以知道 $f(x) = \sin x$

$$f'(x) = \cos x$$
$$f''(x) = -\sin x$$
$$f^{[3]}(x) = -\cos x$$
$$f^{[4]}(x) = \sin x \qquad 開始重複$$
$$\vdots$$

x 代入 0

$$f(x) = \sin x \qquad\qquad f(0) = 0$$
$$f'(x) = \cos x \qquad\qquad f'(0) = 1$$
$$f''(x) = -\sin x \qquad\qquad f''(0) = 0$$
$$f^{[3]}(x) = -\cos x \longrightarrow f^{[3]}(0) = -1$$
$$f^{[4]}(x) = \sin x \qquad\qquad f^{[4]}(0) = 0$$
$$\vdots \qquad\qquad\qquad \vdots$$

將其代入泰勒展開式 $f(x) = \sum_{k=0}^{\infty} \frac{f^{[k]}(0)}{k!} x^k$，得到

$$\sin x = \frac{0}{0!}x^0 + \frac{1}{1!}x^1 + \frac{0}{2!}x^2 + \frac{-1}{3!}x^3 + \frac{0}{4!}x^4 + \frac{1}{5!}x^5 + \frac{0}{6!}x^6 + \frac{-1}{7!}x^7$$
$$+ \frac{0}{8!}x^8 + \frac{1}{9!}x^9 + \frac{0}{10!}x^{10} + \frac{-1}{11!}x^{11} + \dots$$

將數值為 0 的項去掉，可得到

$$\sin x = x - \frac{1}{3!}x^3 + \frac{1}{5!}x^5 - \frac{1}{7!}x^7 + \frac{1}{9!}x^9 - \frac{1}{11!}x^{11} + \dots$$

利用此無窮多項式函數（冪級數）計算，遠比查表後內差法來的方便且快速。

(2) 求 $\sin 0.5$，就是 $x = 0.5$ 求 $f(0.5)$，

$$\sin 0.5 = \frac{1}{1!} \times (0.5)^1 - \frac{1}{3!} \times (0.5)^3 + \frac{1}{5!} \times (0.5)^5 - \frac{1}{7!} \times (0.5)^7 + \frac{1}{9!} \times (0.5)^9 + \dots$$
$$= 0.5 - 0.020833333 + 0.000260416 - 0.00000155 + 0.000000005 - \dots$$

可以看到後面數字影響都太小，不用作到那麼多項，取五項就夠精確，

$\approx 0.5 - 0.020833333 + 0.000260416 - 0.00000155 + 0.000000005$

≈ 0.479425538

利用泰勒展開式的計算的結果，與用計算機的答案 0.4794 比較，

可發現三角函數，竟可以用多項式的方式算出近似值答案，這多麼的方便。　◆

觀察動態 1.1

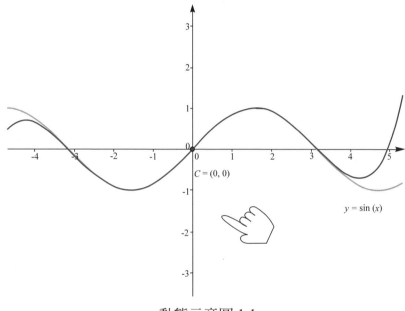

動態示意圖 1.1

觀察結果：

　　可發現圖案以 0 為中心點，並且展開越多項，就越貼近原函數，並且越廣，貼近的範圍稱為收斂半徑，也就代表可代入 x 值範圍越大，而此函數收斂半徑是∞，也就是代表收斂範圍（可代入 x 值範圍）是 $(-\infty, \infty)$。

　　已知 $\sin x = x - \dfrac{1}{3!}x^3 + \dfrac{1}{5!}x^5 - \dfrac{1}{7!}x^7 + \dfrac{1}{9!}x^9 - \dfrac{1}{11!}x^{11} + ...$ ，利用此無窮多項式函數（冪級數）求函數值，當 x 的範圍是 $-1 < x < 1$，因為後面項數值很小可以忽略，所以可方便計算函數值。

但如果求 $\sin 3$，展開式選 3 項 $\sin x \approx x - \dfrac{1}{3!}x^3 + \dfrac{1}{5!}x^5$ ，$\sin 3 \approx 3 - \dfrac{1}{3!}3^3 + \dfrac{1}{5!}3^5 = 0.525$

與用計算機算 $\sin 3 = 0.14112$ 就誤差很大。可由圖 8-1 發現泰勒展開式與原函數在

$x=3$ 差很多。

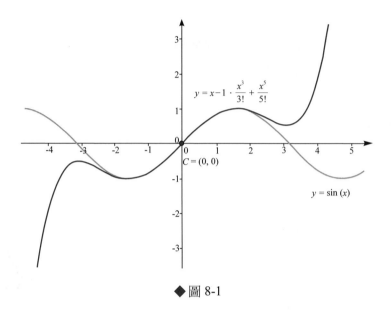

◆ 圖 8-1

所以我們要怎麼解決這個問題？

方法一：展開更多項

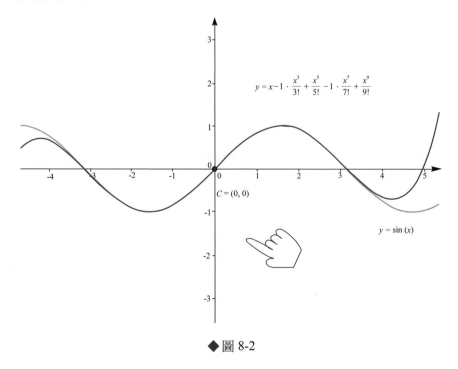

◆ 圖 8-2

看圖 8-2 可發現要展開到 $\sin x \approx x - \dfrac{1}{3!}x^3 + \dfrac{1}{5!}x^5 - \dfrac{1}{7!}x^7 + \dfrac{1}{9!}x^9$ 這麼多項，

才可以在 $x=3$ 接近原函數。但利用此方程式 $\sin x \approx x - \dfrac{1}{3!}x^3 + \dfrac{1}{5!}x^5 - \dfrac{1}{7!}x^7 + \dfrac{1}{9!}x^9$

計算 $\sin 3 \approx 3 - \dfrac{1}{3!}3^3 + \dfrac{1}{5!}3^5 - \dfrac{1}{7!}3^7 + \dfrac{1}{9!}3^9 = 0.14531$，無法忽略後面項，不好計算。

方法二：0 點改到 c 點，使泰勒展開式達到好計算的功能。

我們知道泰勒展開式是為了幫助計算，

$$\sin 0.5 = \dfrac{1}{1!} \times (0.5)^1 - \dfrac{1}{3!} \times (0.5)^3 + \dfrac{1}{5!} \times (0.5)^5 - \dfrac{1}{7!} \times (0.5)^7 + \dfrac{1}{9!} \times (0.5)^9 + ...\ ,$$

可看到後面數值太小而忽略不計，而我們要如何使 $\sin x$ 的展開式在代入 3 之後，讓計算 $\sin 3$ 產生忽略不計的情形。

參考中學曾學過的題目：計算 $1 \times 6.99^3 - 2 \times 6.99^2 + 3 \times 6.99 + 4 = ?$
直接計算相當麻煩，但還是可以得到答案是 268.781899，
所以中學教我們將 6.99 設為 x，並假設函數 $f(x) = x^3 - 2x^2 + 3x + 4$，
$1 \times 6.99^3 - 2 \times 6.99^2 + 3 \times 6.99 + 4 = ?$ 就改寫為 $f(x) = x^3 - 2x^2 + 3x + 4, f(6.99) = ?$
而這樣要如何幫助計算，只要將 $f(x) = x^3 - 2x^2 + 3x + 4$ 用除法
變成 $f(x) = a(x-7)^3 + b(x-7)^2 + c(x-7) + d$，用 $(x-7)$ 是因為可以幫助計算。
求各項係數 $f(x) = x^3 - 2x^2 + 3x + 4$

$$
\begin{aligned}
&= (x-7)(x^2 + 5x + 38) + 270 && \text{除法}\\
&= (x-7)[(x-7)(x+12) + 122] + 270 && \text{分配率}\\
&= (x-7)^2(x+12) + 122(x-7) + 270 && \text{除法}\\
&= (x-7)^2[(x-7)\times 1 + 19)] + 122(x-7) + 270 && \text{分配率}\\
&= 1(x-7)^3 + 19(x-7)^2 + 122(x-7) + 270
\end{aligned}
$$

最後改寫函數 $f(x) = (x-7)^3 + 19(x-7)^2 + 122(x-7) + 270$
代入 6.99，得到 $f(6.99) = (6.99-7)^3 + 19(6.99-7)^2 + 122(6.99-7) + 270$
$$= (-0.01)^3 + 19(-0.01)^2 + 122(-0.01) + 270$$

我們可以發現前 2 項的小數位數都太多了，誤差很小，所以我們可以只計算 $122(-0.01) + 270 = 268.78$ 發現與正確答案 268.781899 只誤差一點點。

泰勒展開式就是利用類似的想法，找到一個方便利用的數字，使得高次方的數

值會很小，並將多項式函數逼近原函數，再計算。

所以用 $(x-c)$ 改寫泰勒展開式，得到

$$f(x) = a_0 + a_1(x-c)^1 + a_2(x-c)^2 + a_3(x-c)^3 + ...$$

觀察無窮多項式函數的微分情形

微分一次 ：$f'(x) = a_1 + 2a_2(x-c) + 3a_3(x-c)^2 + ...$

再微分一次，二微：$f''(x) = 2a_2 + 3 \times 2a_3(x-c) + 4 \times 3a_3(x-c)^2...$

再微分一次，三微：$f^{[3]}(x) = 3 \times 2a_3 + 4 \times 3 \times 2a_4(x-c) + ...$

再微分一次，四微：$f^{[4]}(x) = 4 \times 3 \times 2a_4 + 5 \times 4 \times 3 \times 2a_5(x-c) + ...$

而當 c 代入各導函數之中會得到，

$f(c) = a_0$ 、

$f'(c) = a_1$ 、

$f''(c) = 2a_2$ 、

$f^{[3]}(c) = 3 \times 2a_3$ 、

$f^{[4]}(c) = 4 \times 3 \times 2a_4$

已定義：$f^{[0]}(x) = f(x)$ ，可推論， $f^{[n]}(c) = n!a_n$ ，移項得到 $a_n = \dfrac{f^{[n]}(c)}{n!}$ ，

將 $a_n = \dfrac{f^{[n]}(c)}{n!}$ 放入函數，得到

$$f(x) = a_0 + \frac{f^{[1]}(c)}{1!}(x-c)^1 + \frac{f^{[2]}(c)}{2!}(x-c)^2 + \frac{f^{[3]}(c)}{3!}(x-c)^3 + ... + \frac{f^{[k]}(c)}{k!}(x-c)^k + ...$$

用 $\sum$ 改寫，得到 $f(x) = \displaystyle\sum_{k=0}^{\infty} \frac{f^{[k]}(c)}{k!}(x-c)^k$

而這就是最重要的泰勒展開式： $f(x) = \displaystyle\sum_{k=0}^{\infty} \frac{f^{[k]}(c)}{k!}(x-c)^k$ 。

而此泰勒展開式是在 c 點展開，可在動態 1.2 觀察到。

在 e 點展開的泰勒展開式：

$$f(x) = \sum_{k=0}^{\infty} \frac{f^{[k]}(c)}{k!}(x-c)^k$$

例題2

$\sin 3$ 利用泰勒展開式要選怎樣的 c 值才能幫助計算

令 $f(x) = \sin x$，也就是求 $\sin 3$，就是求 $f(3)$，

利用泰勒展開式 $f(x) = \sum_{k=0}^{\infty} \frac{f^{[k]}(c)}{k!}(x-c)^k$

可以知道 $f(x) = \sin x$

$$f'(x) = \cos x$$
$$f''(x) = -\sin x$$
$$f^{[3]}(x) = -\cos x$$
$$f^{[4]}(x) = \sin x \qquad \text{開始重複}$$
$$\vdots$$

泰勒展開式的重點在於 c 代入後，可以使得 $(x_0 - c)$ 高次方的數值會很小。

在本題是求 $\sin 3$，$f(x) = \sin x$，此時 $x_0 = 3$，因為是求 $f(3)$，c 選 $\pi \approx 3.14$，

可以讓 $(x_0 - c) = (3 - \pi) \approx 3 - 3.14 = -0.14$ 高次方的數值會很小。

同時 c 選 $\pi \approx 3.14$ 還可以方便算出高階微分。

$$
\begin{array}{ll}
f(x) = \sin x & f(\pi) = 0 \\
f'(x) = \cos x & f'(\pi) = -1 \\
f''(x) = -\sin x & f''(\pi) = 0 \\
f^{[3]}(x) = -\cos x \quad \xrightarrow{c=\pi} & f^{[3]}(\pi) = 1 \\
f^{[4]}(x) = \sin x & f^{[4]}(\pi) = 0 \\
\vdots & \vdots
\end{array}
$$

代入泰勒展開式 $\sin x = \sum_{k=0}^{\infty} \frac{f^{[k]}(\pi)}{k!}(x-\pi)^k$，得到

$$\sin x = \frac{0}{0!}(x-\pi)^0 + \frac{-1}{1!}(x-\pi)^1 + \frac{0}{2!}(x-\pi)^2 + \frac{1}{3!}(x-\pi)^3$$
$$+ \frac{0}{4!}(x-\pi)^4 + \frac{-1}{5!}(x-\pi)^5 + \frac{0}{6!}(x-\pi)^6 + \frac{1}{7!}(x-\pi)^7$$
$$+ \frac{0}{8!}(x-\pi)^8 + \frac{-1}{9!}(x-\pi)^9 + \frac{0}{10!}(x-\pi)^{10} + \frac{1}{11!}(x-\pi)^{11} + ...$$

將 0 的部分去掉，可得到

$$\sin x = -(x-\pi) + \frac{1}{3!}(x-\pi)^3 - \frac{1}{5!}(x-\pi)^5 + \frac{1}{7!}(x-\pi)^7 - \frac{1}{9!}(x-\pi)^9 + ...$$

◆

觀察動態 1.2 ☞

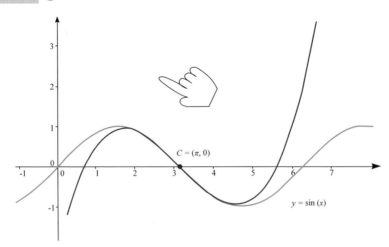

動態示意圖 1.2

　　可發現圖案以 π 為中心點貼近原函數，而 $c=\pi$，也就是以 c 值為中心點貼近原函數。並且展開越多項，就越貼近原函數，並且越廣，故此函數收斂半徑是∞，也就是代表收斂範圍（可代入 x 值範圍）是 $(-\infty, \infty)$。

$$\sin x = -(x-\pi) + \frac{1}{3!}(x-\pi)^3 - \frac{1}{5!}(x-\pi)^5 + \frac{1}{7!}(x-\pi)^7 - \frac{1}{9!}(x-\pi)^9 + ...$$，利用此無窮多項式函數（冪級數）求函數值，當 x 的範圍是 $-1+\pi < x < 1+\pi$，可方便計算函數值。

已將 $\sin x$ 作成泰勒展開式

$$\sin x = -(x-\pi) + \frac{1}{3!}(x-\pi)^3 - \frac{1}{5!}(x-\pi)^5 + \frac{1}{7!}(x-\pi)^7 - \frac{1}{9!}(x-\pi)^9 + ...$$，計算 $\sin 3$，看動態圖可知 $c=\pi$ 的展開式，只要展開兩項，見圖 8-3，泰勒展開式在 $x=3$ 附近貼近原函數。

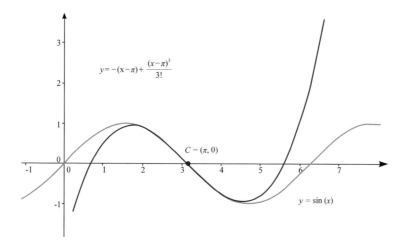

◆ 圖 8-3

利用 $\sin x = -(x-\pi) + \dfrac{1}{3!}(x-\pi)^3$，$\sin 3 \approx -(3-\pi) + \dfrac{1}{3!}(3-\pi)^3 = 0.141119$，

與用計算機比較 $\sin 3 = 0.141120$，可發現改變位置取兩項計算 $\sin 3$ 就夠準確。

所以泰勒展開式，c 值要選接近自變數的值。

而例題 1 是 $c=0$ 的展開 $\sin x = x - \dfrac{1}{3!}x^3 + \dfrac{1}{5!}x^5 - \dfrac{1}{7!}x^7 + \dfrac{1}{9!}x^9 + ...$。

由先前動態圖可知，見圖 8-4，要展開 5 項 $\sin x \approx x - \dfrac{1}{3!}x^3 + \dfrac{1}{5!}x^5 - \dfrac{1}{7!}x^7 + \dfrac{1}{9!}x^9$，

才能讓泰勒展開式在 $x=3$ 附近貼近原函數。

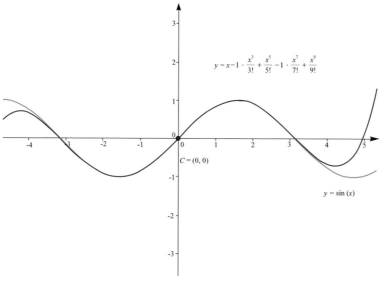

◆ 圖 8-4

雖然在 $c=0$ 展開可以計算 $\sin 3 \approx 3 - \frac{1}{3!}3^3 + \frac{1}{5!}3^5 - \frac{1}{7!}3^7 + \frac{1}{9!}3^9 = 0.14531$，

但比起在 $c=\pi$ 展開 $\sin 3 \approx -(3-\pi) + \frac{1}{3!}(3-\pi)^3 = 0.141119$ 多算幾項，

並且用計算機可知 $\sin 3 = 0.141120$，所以在 $c=0$ 展開後計算也不夠準確。

所以由例題 2 可知泰勒展開式，c 值要接近要求 x_0 值（自變數的值）。

如：$\sin 0.5$ 的 $x_0=0.5$、$\sin 3$ 的 $x_0=3$。

例題3

觀察 $\sin 6$ 在 $c=0$ 與在 $c=2\pi$ 的展開

計算 $\sin 6$，c 值選 0，需要計算很多項，在 $x=6$ 附近才能貼近原函數，見圖 8-5。

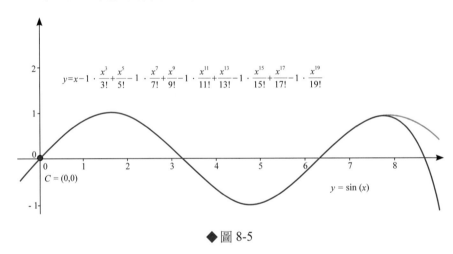

◆ 圖 8-5

計算 $\sin 6$，c 值選 2π，展開兩項，在 $x=6$ 附近就很貼近原函數。 **觀察動態 1.3** ☺

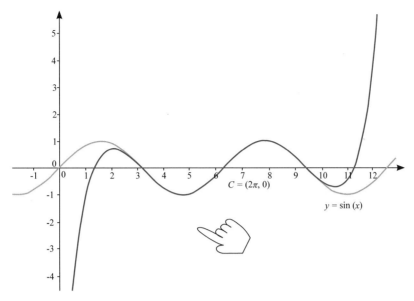

動態示意圖 1.3

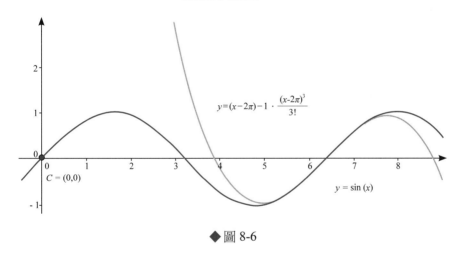

◆圖 8-6

由例題 3 可知很明顯的差很多項，就能算出近似值，見圖 8-6，所以要選一個適合的
c 值，讓泰勒展開式項數減少，以方便計算。而 c 值如何選擇？發現 c 值要靠近所求
的自變數值，也就是 c 值要靠近要求的 x_0 值（自變數的值）。　　　　　　　　◆

1.2.1　泰勒展開式 c 的選擇的疑問

由先前題目可知 c 值的選擇。

例題一：求 $\sin 0.5$，$x_0=0.5$，c 選 0

例題二：求 $\sin 3$，$x_0=3$，c 選 π

例題三：求 $\sin 6$，$x_0 = 6$，c 選 2π

才能方便計算。

可以發現 c 值要靠近，所求的自變數值（x_0 值）。

但為什麼 $\sin 0.5$，c 不選更靠近的 0.49，

及 $\sin 3$，c 不選 2.99，

以及 $\sin 6$，c 不選 5.99？

因為泰勒展開式，c 需要代入到高階微分中，

$$f(x) = \sin x \;,\; f(x) = \sum_{k=0}^{\infty} \frac{f^{[k]}(c)}{k!}(x-c)^k$$

可以知道　　$f(x) = \sin x$

$\qquad\qquad f'(x) = \cos x$

$\qquad\qquad f''(x) = -\sin x$

$\qquad\qquad f^{[3]}(x) = -\cos x$

$\qquad\qquad f^{[4]}(x) = \sin x \qquad$ 開始重複

$\qquad\qquad\qquad \vdots$

如果 c 選 0.49，但我們無法直接計算出數值 $\sin 0.49$，

如果 c 選 2.99，但我們無法直接計算出數值 $\sin 2.99$，

如果 c 選 5.99，但我們無法直接計算出數值 $\sin 5.99$。

換句話說，如果可以直接計算 $\sin 0.49$、$\sin 2.99$，$\sin 5.99$

那何必用泰勒展開式計算 $\sin 0.5$、$\sin 3$、$\sin 6$。

結論：

　　利用泰勒展開式 $f(x) = \sum_{k=0}^{\infty} \frac{f^{[k]}(c)}{k!}(x-c)^k$ 求 $f(x_0)$，c 值的選擇是非常重要的，需要擁有兩個條件。

　　1. 代入 c 值後，方便泰勒展開式計算高階微分。

　　2. $(x_0 - c)$ 在高次方會趨近 0，也就是 c 值要靠近 x_0 值。

　　同時可發現泰勒展開的圖案，是以 c 為中心點展開。並且展開越多項，就越貼近原函數；貼近的範圍稱為收斂半徑，也就代表可代入的 x 值範圍，而函數的收斂半徑都不一定。這在例題會介紹到。

　　同時 $c=0$ 的泰勒展開式，又被稱作麥克羅倫公式。

例題1

(1) 計算三角函數 $\cos x$ 的泰勒展開式，找出麥克羅倫公式，

(2) 計算 $\cos 0.99$

(1) 令 $f(x) = \cos x$，利用泰勒展開式 $f(x) = \sum_{k=0}^{\infty} \dfrac{f^{[k]}(c)}{k!}(x-c)^k$

可以知道　　$f(x) = \cos x$

$\qquad\qquad f'(x) = -\sin x$

$\qquad\qquad f''(x) = -\cos x$

$\qquad\qquad f^{[3]}(x) = \sin x$

$\qquad\qquad f^{[4]}(x) = \cos x \qquad$ 開始重複

$\qquad\qquad \vdots$

麥克羅倫公式是 $c=0$。

$$f(x) = \cos x \qquad\qquad\qquad f(0) = 1$$
$$f'(x) = -\sin x \qquad\qquad\qquad f'(0) = 0$$
$$f''(x) = -\cos x \qquad \xrightarrow{c=0} \qquad f''(0) = -1$$
$$f^{[3]}(x) = \sin x \qquad\qquad\qquad f^{[3]}(0) = 0$$
$$f^{[4]}(x) = \cos x \qquad\qquad\qquad f^{[4]}(0) = 1$$
$$\vdots \qquad\qquad\qquad\qquad \vdots$$

將其代入泰勒展開式 $\cos x = \sum_{k=0}^{\infty} \dfrac{f^{[k]}(0)}{k!}(x-0)^k$，得到

$$\cos x = \frac{1}{0!}x^0 + \frac{0}{1!}x^1 + \frac{-1}{2!}x^2 + \frac{0}{3!}x^3 + \frac{1}{4!}x^4 + \frac{0}{5!}x^5 + \frac{-1}{6!}x^6 + \frac{0}{7!}x^7$$
$$+ \frac{1}{8!}x^8 + \frac{0}{9!}x^9 + \frac{-1}{10!}x^{10} + \frac{0}{11!}x^{11} + ...$$

將 0 的部分去掉，可得到

$$\cos x = 1 - \frac{1}{2!}x^2 + \frac{1}{4!}x^4 - \frac{1}{6!}x^6 + \frac{1}{8!}x^8 - \frac{1}{10!}x^{10} + ...$$

得到漂亮簡潔的式子。　觀察動態 2.1 ☜ 。

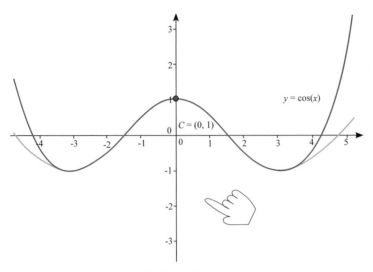

動態示意圖 2.1

可發現圖案以 0 為中心點貼近原函數，而 $c=0$，也就是以 c 值為中心點貼近原函數。並且展開越多項，就越貼近原函數，並且越廣，收斂半徑是 ∞，也就是代表收斂範圍（可代入 x 值範圍）是 $(-\infty,\infty)$。

$\cos x = 1 - \dfrac{1}{2!}x^2 + \dfrac{1}{4!}x^4 - \dfrac{1}{6!}x^6 + \dfrac{1}{8!}x^8 - \dfrac{1}{10!}x^{10} + ...$，利用此無窮多項式函數（冪級數）求函數值，當 x 的範圍是 $-1 < x < 1$，可方便計算函數值。

(2) $\cos(0.99) = 1 - \dfrac{1}{2!}(0.99)^2 + \dfrac{1}{4!}(0.99)^4 - \dfrac{1}{6!}(0.99)^6 + \dfrac{1}{8!}(0.99)^8 - \dfrac{1}{10!}(0.99)^{10} + ...$

取 4 項，$\cos(0.99) \approx 1 - \dfrac{1}{2!}(0.99)^2 + \dfrac{1}{4!}(0.99)^4 - \dfrac{1}{6!}(0.99)^6 = 0.54867$

與用計算機的答案 0.54869 比較，已經非常靠近，僅誤差一點點。　　　　　　◆

例題1.1

(1) 計算三角函數 $\cos x$ 的泰勒展開式，(2) 求 $\cos(6.5)$

(1) $f(x) = \cos x$，利用泰勒展開式 $f(x) = \displaystyle\sum_{k=0}^{\infty} \dfrac{f^{[k]}(c)}{k!}(x-c)^k$

可以知道　$f(x) = \cos x$

$\qquad\quad f'(x) = -\sin x$

$\qquad\quad f''(x) = -\cos x$

$\qquad\quad f^{[3]}(x) = \sin x$

$\qquad\quad f^{[4]}(x) = \cos x \qquad$ 開始重複

$\qquad\qquad \vdots$

求 $\cos(6.5)$，$x_0 = 6.5$ 本題 $c = 2\pi$

$$f(x) = \cos x \qquad\qquad f(2\pi) = 1$$
$$f'(x) = -\sin x \qquad\qquad f'(2\pi) = 0$$
$$f''(x) = -\cos x \qquad \xrightarrow{c=2\pi} \qquad f''(2\pi) = -1$$
$$f^{[3]}(x) = \sin x \qquad\qquad f^{[3]}(2\pi) = 0$$
$$f^{[4]}(x) = \cos x \qquad\qquad f^{[4]}(2\pi) = 1$$
$$\vdots \qquad\qquad\qquad\qquad \vdots$$

將其代入泰勒展開式 $\cos x = \sum_{k=0}^{\infty} \dfrac{f^{[k]}(2\pi)}{k!}(x-2\pi)^k$，得到

$$\cos x = \frac{1}{0!}(x-2\pi)^0 + \frac{0}{1!}(x-2\pi)^1 + \frac{-1}{2!}(x-2\pi)^2 + \frac{0}{3!}(x-2\pi)^3$$
$$+ \frac{1}{4!}(x-2\pi)^4 + \frac{0}{5!}(x-2\pi)^5 + \frac{-1}{6!}(x-2\pi)^6 + \frac{0}{7!}(x-2\pi)^7$$
$$+ \frac{1}{8!}(x-2\pi)^8 + \frac{0}{9!}(x-2\pi)^9 + \frac{-1}{10!}(x-2\pi)^{10} + \frac{0}{11!}(x-2\pi)^{11} + ...$$

將 0 的部分去掉，可得到

$$\cos x = 1 + (x-2\pi) - \frac{1}{2!}(x-2\pi)^2 + \frac{1}{4!}(x-2\pi)^4 - \frac{1}{6!}(x-2\pi)^6$$
$$+ \frac{1}{8!}(x-2\pi)^8 - \frac{1}{10!}(x-2\pi)^{10} + ...$$

觀察動態 2.2 ☞。

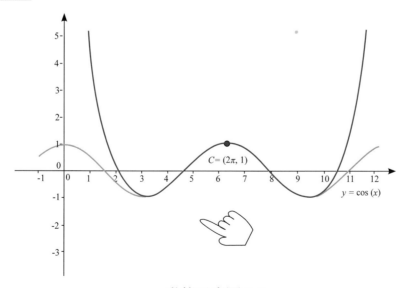

動態示意圖 2.2

可發現圖案以 2π 為中心點貼近原函數，而 $c=2\pi$，也就是以 c 值為中心點貼近原函數。並且展開越多項，就越貼近原函數，並且越廣，收斂半徑是 ∞，也就是代表收斂範圍（可代入 x 值範圍）是 $(-\infty, \infty)$。

$$\cos x = 1 + (x-2\pi) - \frac{1}{2!}(x-2\pi)^2 + \frac{1}{4!}(x-2\pi)^4 - \frac{1}{6!}(x-2\pi)^6 + \frac{1}{8!}(x-2\pi)^8 + ... \quad ,$$

利用此無窮多項式函數（冪級數），當 x 的範圍是 $2\pi-1 < x < 2\pi+1$，可方便計算函數值。

(2) $\cos 6.5 = 1 + (6.5-2\pi) - \frac{1}{2!}(x-2\pi)^2 + \frac{1}{4!}(6.5-2\pi)^4 - \frac{1}{6!}(6.5-2\pi)^6 + ...$

取 3 項 $\cos(6.5) \approx 1 - \frac{1}{2!}(6.5)^2 + \frac{1}{4!}(6.5)^4 = 0.97650$，

與用計算機的答案 0.97659 比較，已經非常靠近，僅誤差一點點。 ✦

例題2

計算指數函數 e^x 的泰勒展開式，找出麥克羅倫公式

sol：$f(x) = e^x$，利用泰勒展開式 $f(x) = \sum_{k=0}^{\infty} \frac{f^{[k]}(c)}{k!}(x-c)^k$

可以知道 $f(x) = e^x$，

$f'(x) = e^x$

$f''(x) = e^x$

$f^{[3]}(x) = e^x$ ，

$\vdots$

$f^{[n]}(x) = e^x$ 　 每一項微分都一樣

麥克羅倫公式是 $c=0$

$f'(x) = e^x$ 　　　　 $f'(0) = 1$

$f''(x) = e^x$ 　　　　 $f''(0) = 1$

$f^{[3]}(x) = e^x \xrightarrow{c=0} f^{[3]}(0) = 1$

$\vdots$ 　　　　　　　 $\vdots$

$f^{[n]}(x) = e^x$ 　　　 $f^{[n]}(0) = 1$

將其代入泰勒展開式，得到 $e^x = \sum_{k=0}^{\infty} \frac{1}{k!}(x-0)^k = \sum_{k=0}^{\infty} \frac{x^k}{k!}$

所以 $e^x = 1 + \frac{x^1}{1!} + \frac{x^2}{2!} + \frac{x^3}{3!} + \frac{x^4}{4!} + \frac{x^5}{5!} + \frac{x^6}{6!} + \frac{x^7}{7!} + ...$ ，與尤拉數的定義相同。

觀察動態 3.1 👆。

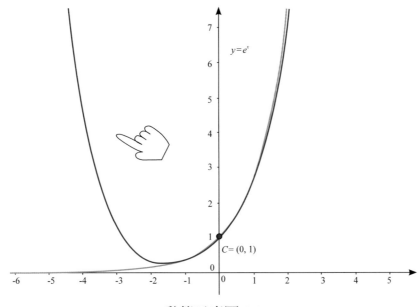

動態示意圖 3.1

可發現圖案以 0 為中心點貼近原函數，而 $c=0$，也就是以 c 值為中心點貼近原函數。並且展開越多項，就越貼近原函數，並且越廣，收斂半徑是 ∞，也就是代表收斂範圍（可代入 x 值範圍）是 $(-\infty, \infty)$。

$e^x = 1 + \frac{x^1}{1!} + \frac{x^2}{2!} + \frac{x^3}{3!} + \frac{x^4}{4!} + \frac{x^5}{5!} + \frac{x^6}{6!} + \frac{x^7}{7!} + ...$ ，

利用此無窮多項式函數 (冪級數)，當 x 的範圍是 $-1 < x < 1$，可方便計算函數值。

如： $e^{0.9} = 1 + \frac{0.9^1}{1!} + \frac{0.9^2}{2!} + \frac{0.9^3}{3!} + \frac{0.9^4}{4!} + \frac{0.9^5}{5!} + \frac{0.9^6}{6!} + \frac{0.9^7}{7!} + ...$

取 5 項 $e^{0.9} \approx 1 + \frac{0.9^1}{1!} + \frac{0.9^2}{2!} + \frac{0.9^3}{3!} + \frac{0.9^4}{4!} = 2.45384$ ，

與用計算機的答案 2.45960 比較，已經非常靠近，僅誤差一點點。　　　　◆

例題2.1

計算指數函數 e^x 的泰勒展開式，找出在 $c=1$ 的展開

$f(x)=e^x$，利用泰勒展開式 $f(x)=\sum_{k=0}^{\infty}\dfrac{f^{[k]}(c)}{k!}(x-c)^k$

可以知道 $f(x)=e^x$，

$$f'(x)=e^x$$
$$f''(x)=e^x$$
$$f^{[3]}(x)=e^x$$
$$\vdots$$
$$f^{[n]}(x)=e^x \qquad 每一項微分都一樣$$

在本題 $c=1$

$$f'(x)=e^x \qquad\qquad f'(1)=e$$
$$f''(x)=e^x \qquad\qquad f''(1)=e$$
$$f^{[3]}(x)=e^x \xrightarrow{\ c=1\ } f^{[3]}(1)=e$$
$$\vdots \qquad\qquad\qquad \vdots$$
$$f^{[n]}(x)=e^x \qquad\qquad f^{[n]}(1)=e$$

將其代入泰勒展開式， $e^x=\sum_{k=0}^{\infty}\dfrac{f^{[k]}(1)}{k!}(x-1)^k$

得到 $e^x=e+\dfrac{e(x-1)^1}{1!}+\dfrac{e(x-1)^2}{2!}+\dfrac{e(x-1)^3}{3!}+\dfrac{e(x-1)^4}{4!}+\ldots$

觀察動態 3.2 👁 。

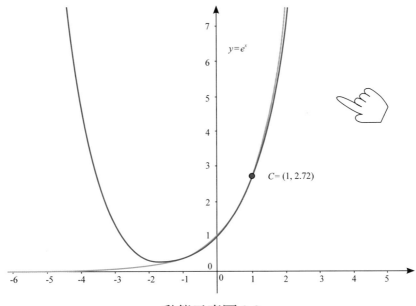

$y = e^x$

$C = (1, 2.72)$

動態示意圖 3.2

可發現圖案以 1 為中心點貼近原函數，而 $c=1$，也就是以 c 值為中心點貼近原函數。並且展開越多項，就越貼近原函數，並且越廣，收斂半徑是 ∞，也就是代表收斂範圍（可代入 x 值範圍）是 $(-\infty, \infty)$。

$$e^x = e + \frac{e(x-1)^1}{1!} + \frac{e(x-1)^2}{2!} + \frac{e(x-1)^3}{3!} + \frac{e(x-1)^4}{4!} + ... ,$$

利用此無窮多項式函數（冪級數），當 x 的範圍是 $0 < x < 2$，可方便計算函數值。

如：$e^{0.9} = e + \frac{e(0.9-1)^1}{1!} + \frac{e(0.9-1)^2}{2!} + \frac{e(0.9-1)^3}{3!} + \frac{e(0.9-1)^4}{4!} + ...$

取 4 項 $e^{0.9} \approx e + \frac{e(0.9-1)^1}{1!} + \frac{e(0.9-1)^2}{2!} + \frac{e(0.9-1)^3}{3!} = 2.45959$ ，

與用計算機的答案 2.45960 比較，已經非常靠近，僅誤差一點點。

再與 $e^{0.9} \approx 1 + \frac{0.9^1}{1!} + \frac{0.9^2}{2!} + \frac{0.9^3}{3!} + \frac{0.9^4}{4!} = 2.45384$ 比較，可發現少算一項還更準，所以要選一個適合的 c 值。　◆

例題3

計算對數 $\ln x$ 的泰勒展開式

$f(x) = \ln x$ ，利用泰勒展開式 $f(x) = \sum_{k=0}^{\infty} \dfrac{f^{[k]}(c)}{k!}(x-c)^k$

可以知道 $f(x) = \ln x$

$$f'(x) = \frac{1}{x}$$

$$f''(x) = -\frac{1}{x^2}$$

$$f^{[3]}(x) = 2 \times \frac{1}{x^3}$$

$$f^{[4]}(x) = -2 \times 3 \times \frac{1}{x^4}$$

$$f^{[5]}(x) = 2 \times 3 \times 4 \times \frac{1}{x^5}$$

$$f^{[6]}(x) = -2 \times 3 \times 4 \times 5 \times \frac{1}{x^6}$$

$$\vdots$$

泰勒展開式的重點在於 c 代入後，可以方便算出高階微分。在本題 c 選 1。

$$f(x) = \ln x$$

$$f'(x) = \frac{1}{x}$$

$$f''(x) = -\frac{1}{x^2} \qquad\qquad\qquad f(1) = 0$$

$$\phantom{f''(x) = -\frac{1}{x^2}} \qquad\qquad\qquad f'(1) = 1$$

$$f^{[3]}(x) = 2 \times \frac{1}{x^3} \qquad\qquad f''(1) = -1$$

$$\xrightarrow{\;c=1\;} \quad f^{[3]}(1) = 2!$$

$$f^{[4]}(x) = -2 \times 3 \times \frac{1}{x^4} \qquad f^{[4]}(1) = -1 \times 3!$$

$$f^{[5]}(x) = 2 \times 3 \times 4 \times \frac{1}{x^5} \qquad f^{[5]}(1) = 4!$$

$$\phantom{f^{[5]}(x)} \qquad\qquad\qquad f^{[6]}(1) = -1 \times 5!$$

$$f^{[6]}(x) = -2 \times 3 \times 4 \times 5 \times \frac{1}{x^6} \qquad \vdots$$

$$\vdots$$

將其代入泰勒展開式 $\ln(x) = \sum_{k=0}^{\infty} \dfrac{f^{[k]}(1)}{k!}(x-1)^k$ ，得到

$$\ln x = \frac{0}{0!}(x-1)^0 + \frac{1}{1!}(x-1)^1 + \frac{-1}{2!}(x-1)^2 + \frac{2!}{3!}(x-1)^3 + \frac{-3!}{4!}(x-1)^4$$

$$+ \frac{4!}{5!}(x-1)^5 + \frac{-5!}{6!}(x-1)^6 + \frac{6!}{7!}(x-1)^7 + \frac{-7!}{8!}(x-1)^8 ...$$

化簡，可得到 $\ln x = (x-1) - \frac{1}{2}(x-1)^2 + \frac{1}{3}(x-1)^3 - \frac{1}{4}(x-1)^4 + \frac{1}{5}(x-1)^5 - \frac{1}{6}(x-1)^6 + ...$

觀察動態 4 👁 。

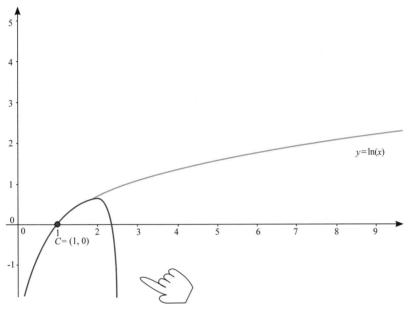

動態示意圖 4

可發現圖案以 1 為中心點貼近原函數，而 $c=1$，也就是以 c 值為中心點貼近原函數。並且展開越多項，就越貼近原函數。但是對數函數不像三角函數會越來越廣，貼近的範圍只在 (0, 2]，收斂半徑只有 1，也就是代表收斂範圍（可代入 x 值範圍）是 (0, 2]。

$\ln x = (x-1) - \frac{1}{2}(x-1)^2 + \frac{1}{3}(x-1)^3 - \frac{1}{4}(x-1)^4 + \frac{1}{5}(x-1)^5 - \frac{1}{6}(x-1)^6 + ...$ ，

利用此無窮多項式函數（冪級數），當 x 的範圍是 $0<x<2$，可方便計算函數值。

如：$\ln 1.1 = (1.1-1) - \frac{1}{2}(1.1-1)^2 + \frac{1}{3}(1.1-1)^3 - \frac{1}{4}(1.1-1)^4 + \frac{1}{5}(1.1-1)^5 - \frac{1}{6}(1.1-1)^6 + ...$

取 4 項 $\ln 1.1 \approx (1.1-1) - \frac{1}{2}(1.1-1)^2 + \frac{1}{3}(1.1-1)^3 = 0.26236$ ，

與用計算機的答案 0.264 比較，已經非常靠近，僅誤差一點點。　　　　◆

例題3.1

利用合成函數將 $f(x) = \ln x$ 的泰勒展開式變簡潔

已知 $\ln x = (x-1) - \dfrac{1}{2}(x-1)^2 + \dfrac{1}{3}(x-1)^3 - \dfrac{1}{4}(x-1)^4 + \dfrac{1}{5}(x-1)^5 - \dfrac{1}{6}(x-1)^6 + ...$

如果我們想將展開式變得更簡潔，可以將函數左移 1 單位

令 $f(x) = \ln x$、$g(x) = x+1$ 利用合成函數的性質來平移，計算 $f(g(x))$

$f(g(x))$

$= \ln(g(x))$

$= (g(x)-1)^1 - \dfrac{1}{2}(g(x)-1)^2 + \dfrac{1}{3}(g(x)-1)^3 - \dfrac{1}{4}(g(x)-1)^4 + \dfrac{1}{5}(g(x)-1)^5 + ...$

$= (x+1-1)^1 - \dfrac{1}{2}(x+1-1)^2 + \dfrac{1}{3}(x+1-1)^3 - \dfrac{1}{4}(x+1-1)^4 + \dfrac{1}{5}(x+1-1)^5 + ...$

$= x^1 - \dfrac{1}{2}x^2 + \dfrac{1}{3}x^3 - \dfrac{1}{4}x^4 + \dfrac{1}{5}x^5 + ...$

也就是 $\ln(x+1) = x^1 - \dfrac{1}{2}x^2 + \dfrac{1}{3}x^3 - \dfrac{1}{4}x^4 + \dfrac{1}{5}x^5 - \dfrac{1}{6}x^6 + \dfrac{1}{7}x^7 - \dfrac{1}{8}x^8 ...$

見圖 8-7 觀察平移後的情形。

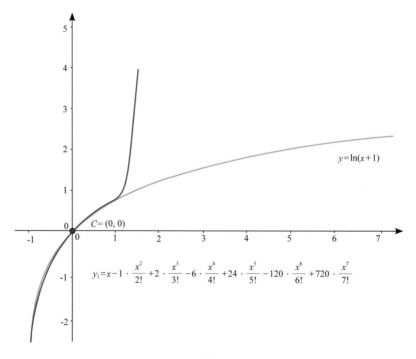

◆ 圖 8-7

利用此多項式求函數值，當 x 的範圍是 $-1 < x < 1$，可方便計算函數值。　　◆

結論：。

　　作出泰勒展開式，再平移，可將展開式變簡潔。

例題4

計算 $f(x) = \dfrac{1}{x}$ 的泰勒展開式

$f(x) = \dfrac{1}{x}$，利用泰勒展開式 $f(x) = \displaystyle\sum_{k=0}^{\infty} \dfrac{f^{[k]}(c)}{k!}(x-c)^k$

可以知道 $f(x) = \dfrac{1}{x}$

$$f'(x) = -\dfrac{1}{x^2}$$

$$f''(x) = 2 \times \dfrac{1}{x^3}$$

$$f^{[3]}(x) = -2 \times 3 \times \dfrac{1}{x^4}$$

$$f^{[4]}(x) = 2 \times 3 \times 4 \times \dfrac{1}{x^5}$$

$$f^{[5]}(x) = -2 \times 3 \times 4 \times 5 \times \dfrac{1}{x^6}$$

$$\vdots$$

泰勒展開式的重點在於 c 代入後，可以使得 $(x-c)$ 高次方的數值會很小。

在本題 c 選 1，可以方便算出高階微分。

$$f(x) = \dfrac{1}{x}$$

$$f'(x) = -\dfrac{1}{x^2}$$

$$f''(x) = 2 \times \dfrac{1}{x^3}$$

$$f^{[3]}(x) = -2 \times 3 \times \dfrac{1}{x^4} \quad \xrightarrow{\ c=1\ }$$

$$f^{[4]}(x) = 2 \times 3 \times 4 \times \dfrac{1}{x^5}$$

$$f^{[5]}(x) = -2 \times 3 \times 4 \times 5 \times \dfrac{1}{x^6}$$

$$\vdots$$

$$f(1) = 1$$
$$f'(1) = -1$$
$$f''(1) = 2!$$
$$f^{[3]}(1) = -1 \times 3!$$
$$f^{[4]}(1) = 4!$$
$$f^{[5]}(1) = -1 \times 5!$$
$$\vdots$$

將其代入泰勒展開式 $\dfrac{1}{x} = \displaystyle\sum_{k=0}^{\infty} \dfrac{f^{[k]}(1)}{k!}(x-1)^k$ ，得到

$$\dfrac{1}{x} = \dfrac{1}{0!}(x-1)^0 + \dfrac{-1}{1!}(x-1)^1 + \dfrac{2!}{2!}(x-1)^2 + \dfrac{-3!}{3!}(x-1)^3 + \dfrac{4!}{4!}(x-1)^4 + \dfrac{-5!}{5!}(x-1)^5 + ...$$

化簡，可得到

$$\dfrac{1}{x} = 1 - (x-1)^1 + (x-1)^2 - (x-1)^3 + (x-1)^4 - (x-1)^5 + ...$$

觀察動態 5.1 ☞。

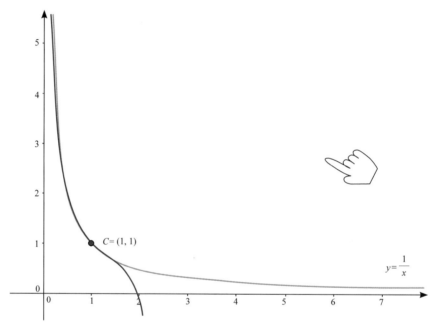

動態示意圖 5.1

可發現圖案以 1 為中心點貼近原函數，而 $c=1$，也就是以 c 值為中心點貼近原函數。並且展開越多項，就越貼近原函數。但是此函數不像三角函數會越來越廣，貼近的範圍只在 $(0, 2)$，收斂半徑只有 1，也就是代表收斂範圍（可代入 x 值範圍）是 $(0, 2)$。

$$\dfrac{1}{x} = 1 - (x-1)^1 + (x-1)^2 - (x-1)^3 + (x-1)^4 - (x-1)^5 + ...\ ,$$

利用此無窮多項式函數（冪級數），當 x 的範圍是 $0<x<2$，可方便計算函數值。　　◆

例題4.1

利用合成函數將 $f(x)=\dfrac{1}{x}$ 的泰勒展開式變簡潔

已知 $\dfrac{1}{x}=1-(x-1)^1+(x-1)^2-(x-1)^3+(x-1)^4-(x-1)^5+...$

如果我們想將展開式變得更簡潔，可以將函數左移 1 單位

令 $f(x)=\dfrac{1}{x}$ 、 $g(x)=x+1$ 利用合成函數的性質來平移，計算 $f(g(x))$

$$f(g(x))=\dfrac{1}{g(x)}=1-(g(x)-1)^1+(g(x)-1)^2-(g(x)-1)^3+(g(x)-1)^4-(g(x)-1)^5+...$$

$$=1-(x+1-1)^1+(x+1-1)^2-(x+1-1)^3+(x+1-1)^4-(x+1-1)^5+...$$

$$=1-x^1+x^2-x^3+x^4-x^5+x^6...$$

也就是 $\dfrac{1}{x+1}=1-x^1+x^2-x^3+x^4-x^5+x^6...$

見圖 8-8 觀察平移後的情形。

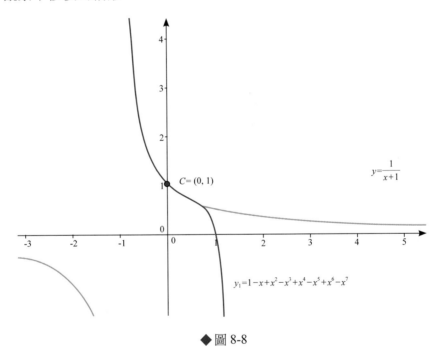

◆ 圖 8-8

利用此無窮多項式函數（冪級數），當 x 的範圍是 $-1<x<1$，可方便計算函數值。

同時 $\dfrac{1}{x+1}=1-x^1+x^2-x^3+x^4-x^5+x^6...$ 正是無窮等比級數的形式，所以要收斂，一定是在 $-1<x<1$ 之間。　　　　◆

例題5

計算 $f(x) = \dfrac{1}{x-1}$ 的泰勒展開式

$f(x) = \dfrac{1}{x-1}$，利用泰勒展開式 $f(x) = \dfrac{1}{x-1}$

可以知道 $f(x) = \dfrac{1}{x-1}$

$$f'(x) = -\frac{1}{(x-1)^2}$$

$$f''(x) = 2 \times \frac{1}{(x-1)^3}$$

$$f^{[3]}(x) = -2 \times 3 \times \frac{1}{(x-1)^4}$$

$$f^{[4]}(x) = 2 \times 3 \times 4 \times \frac{1}{(x-1)^5}$$

$$f^{[5]}(x) = -2 \times 3 \times 4 \times 5 \times \frac{1}{(x-1)^6}$$

$$\vdots$$

泰勒展開式的重點在於 c 代入後，可以使得 $(x-c)$ 高次方的數值會很小。

在本題 c 選 0，可以方便算出高階微分。

$$f(x) = \frac{1}{x-1}$$

$$f'(x) = -\frac{1}{(x-1)^2}$$

$$f''(x) = 2 \times \frac{1}{(x-1)^3}$$

$$f^{[3]}(x) = -2 \times 3 \times \frac{1}{(x-1)^4} \xrightarrow{c=0}$$

$$f^{[4]}(x) = 2 \times 3 \times 4 \times \frac{1}{(x-1)^5}$$

$$f^{[5]}(x) = -2 \times 3 \times 4 \times 5 \times \frac{1}{(x-1)^6}$$

$$\vdots$$

$$f(0) = -1$$
$$f'(0) = -1$$
$$f''(0) = -1 \times 2!$$
$$f^{[3]}(0) = -1 \times 3!$$
$$f^{[4]}(0) = -1 \times 4!$$
$$f^{[5]}(0) = -1 \times 5!$$
$$\vdots$$

將其代入泰勒展開式 $\dfrac{1}{x-1} = \displaystyle\sum_{k=0}^{\infty} \dfrac{f^{[k]}(0)}{k!}(x-0)^k$，得到

$$\frac{1}{x-1} = \frac{-1}{0!}x^0 + \frac{-1}{1!}x^1 + \frac{-2!}{2!}x^2 + \frac{-3!}{3!}x^3 + \frac{-4!}{4!}x^4 + \frac{-5!}{5!}x^5 + ...$$

化簡，可得到 $\dfrac{1}{x-1} = -1 - x^1 - x^2 - x^3 - x^4 - x^5 - x^6 ...$

或寫作 $\dfrac{1}{1-x} = 1 + x^1 + x^2 + x^3 + x^4 + x^5 + x^6 + ...$

觀察動態 5.2 ☛ 。

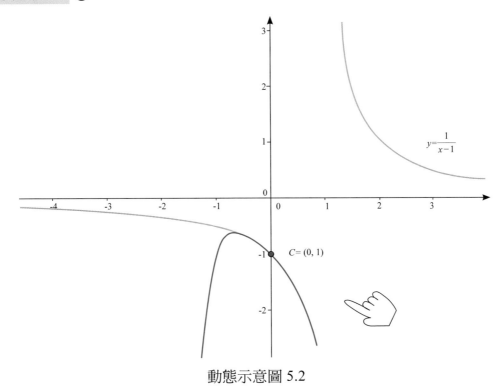

動態示意圖 5.2

可發現圖案以 0 為中心點貼近原函數，而 $c=0$，也就是以 c 值為中心點貼近原函數。並且展開越多項，就越貼近原函數。但是此函數不像三角函數會越來越廣，貼近的範圍只在 $(-1, 1)$，收斂半徑只有 1，也就是代表收斂範圍（可代入 x 值範圍）是 $(-1, 1)$。

$\dfrac{1}{1-x} = 1 + x^1 + x^2 + x^3 + x^4 + x^5 + x^6 + ...$ ，利用此無窮多項式函數（冪級數），
當 x 的範圍是 $-1 < x < 1$，可方便計算函數值。

同時 $\dfrac{1}{1-x} = 1 + x^1 + x^2 + x^3 + x^4 + x^5 + x^6 + ...$ 正是無窮等比級數的形式，所以要收斂，一定是在 $-1 < x < 1$ 之間。 ◆

1.3　泰勒展開式與原函數的差異

泰勒展開式是個無窮冪級數，所以如果捨去了一部分，一定會與原函數不同，但到底差多少？以三角函數 $\sin x$ 的泰勒展開式為例。 再觀察動態 1.1 。

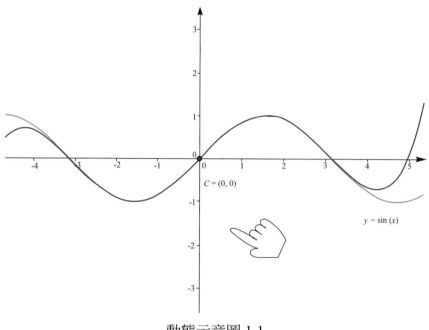

動態示意圖 1.1

先前計算時 $\sin 0.5 = ?$

$$\sin 0.5 = \frac{1}{1!} \times (0.5)^1 + \frac{-1}{3!} \times (0.5)^3 + \frac{1}{5!} \times (0.5)^5 + \frac{-1}{7!} \times (0.5)^7 + \frac{1}{9!} \times (0.5)^9 + ...$$

$$= 0.5 - 0.020833333 + 0.000260416 - 0.00000155 + 0.000000005 - ...$$

可以看到後面數字影響都太小，不用作到那麼多項，大約五項就足夠，

$$\approx 0.5 - 0.020833333 + 0.000260416 - 0.00000155 + 0.000000005$$
$$\approx 0.479425538$$

所以理論上是希望作到無限多項，但實際只能作到有限項，後面的必須省略。
省略部分是誤差數值：$R_n(x)$

泰勒展開式：

$$f(x) = \sum_{k=0}^{n} \frac{f^{[k]}(c)}{k!} (x-c)^k + R_n(x)$$

1.3.1 「泰勒展開式的誤差數值如何降低」

取的項數 n 越大，誤差值 $R_n(x)$ 就越小。要怎麼決定取的項數，取決於計算者可接受的誤差值是多少。而我們要怎麼從 $R_n(x)$ 判斷的誤差值是多少。

數學家拉格朗日已計算出 $R_n(x) = \dfrac{f^{[n+1]}(z)}{(n+1)!}(x-c)^{n+1}$，$z$ 在 x 與 c 之間。

利用此式子，當計算出所能接受的誤差值，就可以知道要展開幾項。

1.4　泰勒展開式的性質

1.　泰勒展開式的函數，以 c 值為中心點，展開越多項越接近原函數，貼近的範圍稱為收斂半徑，也就代表可代入的 x 值範圍，而函數的收斂半徑都不一定，可從先前例題得知。

　　展開項數取決於計算者所能接受的誤差值 $R_n(x)$。

2.　泰勒展開式需要使用適當的 c 值

　　i　幫助計算高階微分

　　ii　在 x 代入數字時，讓 (x_0-c) 在高次方會趨近 0，也就是 c 值要接近 x 值（自變數的值）。

　　iii　$c=0$ 的泰勒展開式，又被稱作麥克羅倫公式。

泰勒展開式無限項的寫法：

$$f(x) = \sum_{k=0}^{\infty} \frac{f^{[k]}(c)}{k!}(x-c)^k$$

泰勒展開式有限項（多項式）加上餘項（誤差）的寫法：

$$f(x) = \sum_{k=0}^{n} \frac{f^{[k]}(c)}{k!}(x-c)^k + R_n(x)$$

$$R_n(x) = \frac{f^{[n+1]}(z)}{(n+1)!}(x-c)^{n+1}$$，z 在 x 與 c 之間。

泰勒展開式能將任何函數都變成多項式展開的形式，多項式函數具有便利性，可以方便求值、以及逐項微分與積分，而這正是泰勒展開式的重大價值。

1.5　利用泰勒展開式計算函數的微分

先前已知很多函數的泰勒展開式，都可改寫為無窮多項式函數（冪級數），改寫後，除了方便求值外，我們還可以逐項微分，就能方便求導函數。如：

$$\left(\sin x\right)' = \frac{1}{1!}\times 1x^{1-1} - \frac{1}{3!}\times 3x^{3-1} + \frac{1}{5!}\times 5x^{5-1} - \frac{1}{7!}\times 7x^{7-1} + \frac{1}{9!}\times 9x^{9-1} - \frac{1}{11!}\times 11x^{11-1}...$$

$$= 1 - \frac{1}{2!}x^2 + \frac{1}{4!}x^4 - \frac{1}{6!}x^6 + \frac{1}{8!}x^8 - \frac{1}{10!}x^{10} + ...$$

泰勒展開再微分，就可以得到接近的導函數，並可以計算導函數值，但要注意 c 點的位置，因為是在那附近的泰勒展開比較貼近原函數，近而那附近的導函數比較貼近真正的導函數，才能得到正確的導函數值。

如：$f(x) = \sin x$ ，求 $f'(0.1)$

方法一：$f(x) = \sin x \rightarrow f'(x) = \cos x \rightarrow f'(0.1) = \cos(0.1) = 0.9950$

方法二：$\left(\sin x\right)' = x^0 - \frac{1}{2!}x^2 + \frac{1}{4!}x^4 - \frac{1}{6!}x^6 + \frac{1}{8!}x^8 - \frac{1}{10!}x^{10} + ...$

$$\left(\sin(0.1)\right)' = (0.1)^0 - \frac{1}{2!}(0.1)^2 + \frac{1}{4!}(0.1)^4 - \frac{1}{6!}(0.1)^6 + \frac{1}{8!}(0.1)^8 - \frac{1}{10!}(0.1)^{10} + ...$$

$$= 1 - \frac{1}{2}\times (0.01) + \frac{1}{24}\times (0.0001) - \frac{1}{720}(0.000001) + ...$$

$$= 1 - 0.005 + 0.00000416 - 0.00000000138 + ...$$

$$\approx 0.99500415862$$

$$\approx 0.995$$

由以上範例可知泰勒展開式可以計算微分，但泰勒展開式的微分並不是主要功能，因為任何函數都可微分，泰勒展開是主要是幫助計算積分。

1.5.1　利用泰勒展開式比較導函數

例題1

利用 $\sin x$ 與 $\cos x$ 的泰勒展開式，再次確定 $\left(\sin x\right)' = \cos x$

已知　$\cos x = 1 - \frac{1}{2!}x^2 + \frac{1}{4!}x^4 - \frac{1}{6!}x^6 + \frac{1}{8!}x^8 - \frac{1}{10!}x^{10} + ...$

已知　$\sin x = x - \frac{1}{3!}x^3 + \frac{1}{5!}x^5 - \frac{1}{7!}x^7 + \frac{1}{9!}x^9 - \frac{1}{11!}x^{11} + ...$

$$(\sin x)' = 1 - \frac{1}{2!}x^2 + \frac{1}{4!}x^4 - \frac{1}{6!}x^6 + \frac{1}{8!}x^8 - \frac{1}{10!}x^{10} + ...$$

所以可看到 $(\sin x)$ 泰勒展開式與 $\cos x$ 的泰勒展開式相等。故 $(\sin x)' = \cos x$。　◆

例題2

利用 e^x 的泰勒展開式，再次確定 $(e^x)' = e^x$

已知　$e^x = 1 + \frac{x^1}{1!} + \frac{x^2}{2!} + \frac{x^3}{3!} + \frac{x^4}{4!} + \frac{x^5}{5!} + \frac{x^6}{6!} + \frac{x^7}{7!} + ...$

$$(e^x)' = 0 + \frac{1x^{1-1}}{1!} + \frac{2x^{2-1}}{2!} + \frac{3x^{3-1}}{3!} + \frac{4x^{4-1}}{4!} + \frac{5x^{5-1}}{5!} + \frac{6x^{6-1}}{6!} + \frac{7x^{7-1}}{7!} + ...$$

$$= \frac{1x^0}{1!} + \frac{2x^1}{2!} + \frac{3x^2}{3!} + \frac{4x^3}{4!} + \frac{5x^4}{5!} + \frac{6x^5}{6!} + \frac{7x^6}{7!} + ...$$

$$= 1 + \frac{x^1}{1!} + \frac{x^2}{2!} + \frac{x^3}{3!} + \frac{x^4}{4!} + \frac{x^5}{5!} + \frac{x^6}{6!} + ...$$

所以可看到 $(e^x)'$ 泰勒展開式與 e^x 的泰勒展開式相等。故 $(e^x)' = e^x$。　◆

例題3

利用 $\ln x$ 與 $\frac{1}{x}$ 的泰勒展開式，再次確定 $(\ln x)' = \frac{1}{x}$

已知　$\frac{1}{x} = 1 - (x-1)^1 + (x-1)^2 - (x-1)^3 + (x-1)^4 - (x-1)^5 + (x-1)^6 ...$

已知　$\ln x = (x-1)^1 - \frac{1}{2}(x-1)^2 + \frac{1}{3}(x-1)^3 - \frac{1}{4}(x-1)^4 + \frac{1}{5}(x-1)^5 - \frac{1}{6}(x-1)^6 + ...$

$$(\ln x)' = 1 \times (x-1)^{1-1} - 2 \times \frac{1}{2}(x-1)^{2-1} + 3 \times \frac{1}{3}(x-1)^{3-1} - 4 \times \frac{1}{4}(x-1)^{4-1}$$

$$+ 5 \times \frac{1}{5}(x-1)^{5-1} - 6 \times \frac{1}{6}(x-1)^{6-1} + ...$$

$$= 1 - (x-1)^1 + (x-1)^2 - (x-1)^3 + (x-1)^4 - (x-1)^5 + ...$$

所以可看到 $(\ln x)'$ 泰勒展開式與 $\frac{1}{x}$ 的泰勒展開式相等。故 $(\ln x)' = \frac{1}{x}$。　◆

補充說明

把所有函數都變冪級數的數學家。一位特別的數學家蘭道，將所有的函數都變成冪級數來編寫的「分析學基礎」、「微分與積分」，因為希望達到不要有模糊不清的數學描述感覺，以及他用嚴謹的方式，消除分析學中任何直覺的痕跡。

1.6　利用泰勒展開式計算積分

我們已經理解到很多函數的積分，不能以初等函數表示反導函數。那我們該怎麼計算積分？可以試著作泰勒展開式，改寫為無窮多項式函數（冪級數），再求範圍內的積分。

1.6.1　由簡單的題目來確定，泰勒展開式可計算接近的積分值

例題1

計算 $\int_{0.1}^{0.9} \cos u \, du$

方法一：$\int_{0.1}^{0.9} \cos u \, du$

$$= (\sin x + c)_{0.1}^{0.9}$$
$$= 0.7833 - 0.0998$$
$$= 0.6835$$

方法二：利用泰勒展開式 $\cos x = 1 - \dfrac{1}{2!}x^2 + \dfrac{1}{4!}x^4 - \dfrac{1}{6!}x^6 + \dfrac{1}{8!}x^8 - \dfrac{1}{10!}x^{10} + ...$

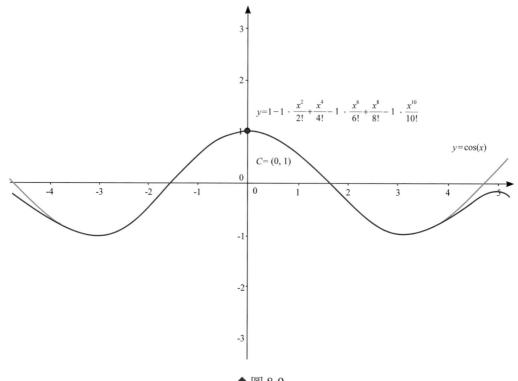

◆ 圖 8-9

由圖 8-9 可知，取 4 項，0.1 到 0.9 已足夠貼近原函數，$\int_{0.1}^{0.9} \cos u\, du$

$$\approx \int_{0.1}^{0.9} (1 - \frac{1}{2!}u^2 + \frac{1}{4!}u^4 - \frac{1}{6!}u^6)\, du$$

$$= (x - x^3 + \frac{1}{3!}x^5 - \frac{1}{5!}x^7)_{0.1}^{0.9}$$

$$= 0.6835$$

發現兩個方法答案很接近。

所以可知只要找足夠多項，該範圍貼近原函數，就能幫助積分。　觀察動態 6

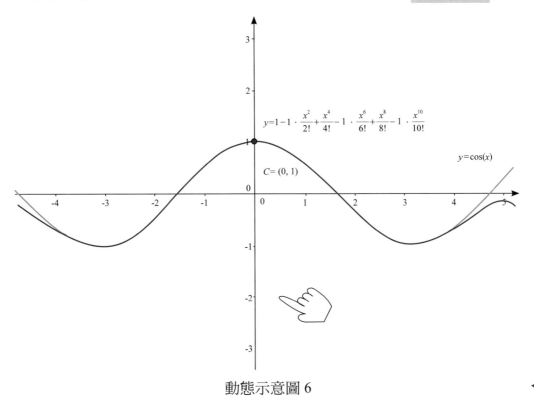

動態示意圖 6

1.6.2　由不容易積分的函數的題目來確定，泰勒展開式可計算接近的積分值

　　泰勒展開式不只能處理容易積分的初等函數，同時能處理不好積分的函數。

例題2

計算 $f(x) = \dfrac{1}{x^2+1}$ 在 1 到 3 的積分

方法 1：利用電腦繪圖，觀察圖 8-10，可知積分值。

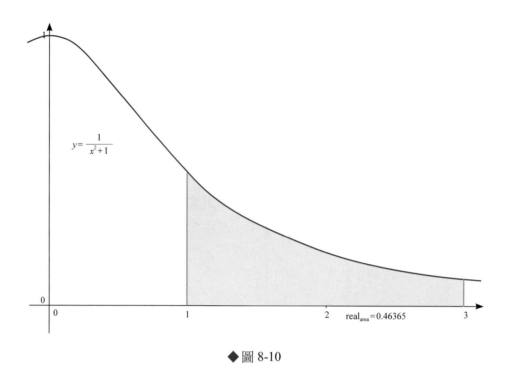

◆ 圖 8-10

方法 2：由積分表可知 $\int \dfrac{1}{u^2+1}\ du = \tan^{-1}u+c$ ，要利用反三角函數來計算。

註：反三角函數就是給函數值求角度，

如：$\sin(\dfrac{\pi}{6})=\dfrac{1}{2} \to \sin^{-1}(\dfrac{1}{2})=\dfrac{\pi}{6}$ 、

$\cos(\dfrac{\pi}{2})=0 \to \cos^{-1}(0)=\dfrac{\pi}{2}$ 、

$\tan(\dfrac{\pi}{4})=1 \to \tan^{-1}(1)=\dfrac{\pi}{4}$ 。

$\displaystyle\int_1^3 \dfrac{1}{u^2+1}\ du$

$= \Big[\tan^{-1}x+c \Big]_1^3$

$= (\tan^{-1}3+c)-(\tan^{-1}1+c)$ 反三角函數再利用計算機計算

$= 1.24905 - \dfrac{\pi}{4}$

≈ 0.46365

可達到接近的答案。

如果不利用積分表，利用積分技巧也可算出反導函數的結果，但並不容易，所以要多利用積分表。同時要換算反三角函數也不容易，所以可利用泰勒展開式。

方法 3：$f(x) = \dfrac{1}{x^2+1}$，利用泰勒展開式 $f(x) = \sum_{k=0}^{\infty} \dfrac{f^{[k]}(c)}{k!}(x-c)^k$，在 $c=2$ 展開。

觀察動態 7 ☞

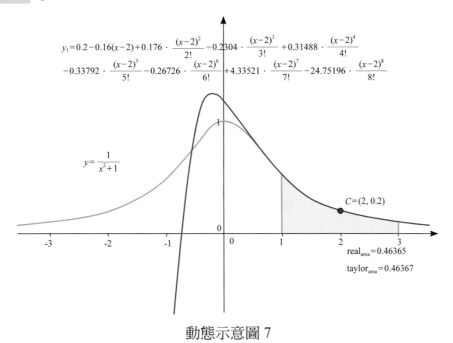

$$y_1 = 0.2 - 0.16(x-2) + 0.176 \cdot \frac{(x-2)^2}{2!} - 0.2304 \cdot \frac{(x-2)^3}{3!} + 0.31488 \cdot \frac{(x-2)^4}{4!}$$
$$-0.33792 \cdot \frac{(x-2)^5}{5!} - 0.26726 \cdot \frac{(x-2)^6}{6!} + 4.33521 \cdot \frac{(x-2)^7}{7!} - 24.75196 \cdot \frac{(x-2)^8}{8!}$$

$y = \dfrac{1}{x^2+1}$

$C = (2, 0.2)$

$real_{area} = 0.46365$

$taylor_{area} = 0.46367$

動態示意圖 7

發現取 5 項，就足夠接近，見圖 8-11。

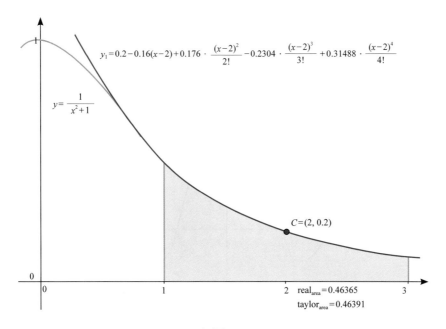

$$y_1 = 0.2 - 0.16(x-2) + 0.176 \cdot \frac{(x-2)^2}{2!} - 0.2304 \cdot \frac{(x-2)^3}{3!} + 0.31488 \cdot \frac{(x-2)^4}{4!}$$

$y = \dfrac{1}{x^2+1}$

$C = (2, 0.2)$

$real_{area} = 0.46365$

$taylor_{area} = 0.46391$

◆ 圖 8-11

$$\frac{1}{x^2+1} \approx 0.2 - 0.16(x-2) + 0.176 \times \frac{(x-2)^2}{2!} - 0.2304 \times \frac{(x-2)^3}{3!} + 0.31488 \times \frac{(x-2)^4}{4!}$$

計算積分

$$\int_1^3 \left[0.2 - 0.16(u-2) + 0.176 \times \frac{(u-2)^2}{2!} - 0.2304 \times \frac{(u-2)^3}{3!} + 0.31488 \times \frac{(u-2)^4}{4!} \right] \, du$$
$$\approx 0.46391$$

可發現與用反三角函數的解 0.46365 很接近，所以可知只要找足夠多項，該範圍貼近原函數，就能幫助積分。故泰勒展開式能解決以積分形式表示的函數。　　　　　◆

1.6.3　如果只能以積分形式的非初等函數，泰勒展開式可計算接近的積分值

泰勒展開式也可以計算只能以「積分形式的非初等函數」的積分值。如：

$$f(x) = \frac{\sin x}{x} \, 、 \quad f(x) = e^{-x^2} \times \sin x \, 、 \quad f(x) = e^{\sin x} \, 、 \quad f(x) = \cos(x^2) \, 、 \quad f(x) = \cos(x^2) \, 、$$

$$f(x) = \frac{1}{\sqrt{2\pi}} e^{-\frac{x^2}{2}} \qquad 等 。$$

例題1 ───────────────────────────────────

計算 $f(x) = \dfrac{\sin x}{x}$，從 1 到 3 的積分。

先觀察圖 8-12

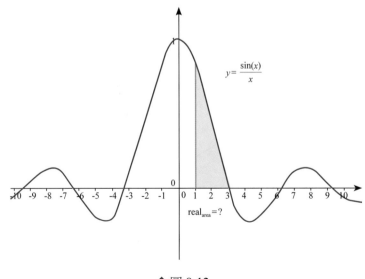

◆圖 8-12

$f(x) = \dfrac{\sin x}{x}$ 無法找到出一個初等函數的反導函數，只能以「積分形式的非初等函數」的表示反導函數：$\displaystyle\int_0^x \dfrac{\sin u}{u}\ du$，並且在數學上定義 $Si(x) = \displaystyle\int_0^x \dfrac{\sin u}{u}\ du$。

此函數的積分可利用泰勒展開式來計算積分值。

$f(x) = \dfrac{\sin x}{x}$，利用泰勒展開式 $f(x) = \displaystyle\sum_{k=0}^{\infty} \dfrac{f^{[k]}(c)}{k!}(x-c)^k$，在 $c=2$ 的展開。

可得

$$\dfrac{\sin x}{x} \approx 0.45465 - 0.4354(x-2) - 0.01925 \times \dfrac{(x-2)^2}{2!} + 0.23695 \times \dfrac{(x-2)^3}{3!} - 0.01925 \times \dfrac{(x-2)^4}{4!}$$

觀察動態 8 ☞

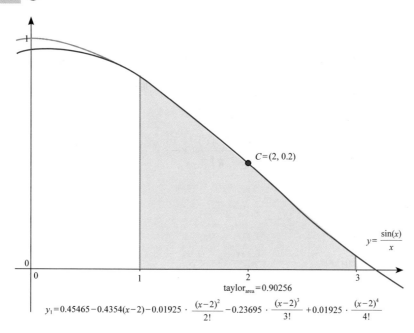

動態示意圖 8

取 5 項積分

$$\int_1^3 \left[0.45465 - 0.4354(u-2) - 0.01925 \times \dfrac{(u-2)^2}{2!} + 0.23695 \times \dfrac{(x-2)^3}{3!} - 0.01925 \times \dfrac{(u-2)^4}{4!} \right]\ du$$
$$\approx 0.90256$$

與圖中用電腦的計算的面積值 0.90257 很接近，所以泰勒展開式也能解決非初等函數。 ◆

例題2

計算 $f(x) = e^{\sin x}$，從 0 到 2π 的積分。

先觀察圖 8-13

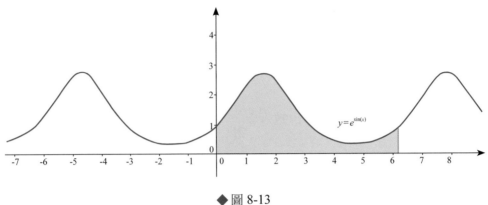

◆ 圖 8-13

可發現具 $f(x) = e^{\sin x}$ 有周期性。同時 $f(x) = e^{\sin x}$ 無法積分出一個初等函數的反導函數，只能以「積分形式的非初等函數」的表示反導函數：$\int_0^x e^{\sin u} \, du$。

此函數的積分可利用泰勒展開式來計算積分值。

$f(x) = e^{\sin x}$，利用泰勒展開式 $f(x) = \sum_{k=0}^{\infty} \dfrac{f^{[k]}(c)}{k!}(x-c)^k$，在 $c = \pi$ 的展開。

觀察動態 9 ☞

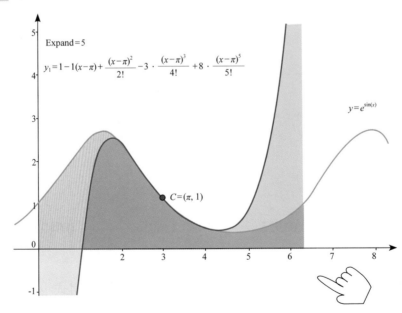

動態示意圖 9

但展開 24 項也只能得到下圖，約是 1 到 5 貼近原函數，並不貼近要計算 0 到 2π 的
範圍，見圖 8-14。

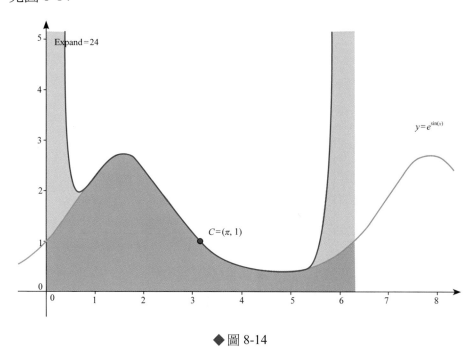

◆ 圖 8-14

那該怎麼解決呢？

方法 1：繼續展開，直到涵蓋 0 到 2π，但電腦計算越算越慢，如果是手算將相當不
容易。

方法 2：由於是周期性函數可切割圖案來計算，見圖 8-15 可發現以下區塊兩兩面積
相等

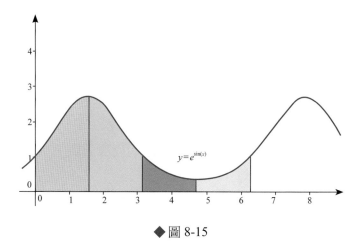

◆ 圖 8-15

發現只要計算從 $\dfrac{\pi}{2}$ 到 $\dfrac{3\pi}{2}$ 的積分，乘上 2，就是 0 到 2π 的積分。

展開 22 項後可貼近原函數從 $\dfrac{\pi}{2}$ 到 $\dfrac{3\pi}{2}$ 的範圍，見圖 8-16

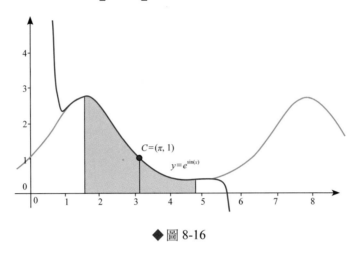

◆圖 8-16

用泰勒展開式積分後，從 $\dfrac{\pi}{2}$ 到 $\dfrac{3\pi}{2}$ 的積分是 3.97746

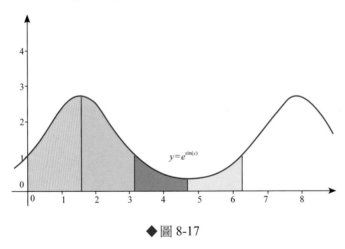

◆圖 8-17

乘 2 後，可得從 0 到 2π 的積分是 7.95492，見圖 8-17

所以泰勒展開式也能計算只能以非初等函數表示的反導函數。

方法 3：分區利用泰勒展開式計算

計算 $f(x) = e^{\sin x}$，從 0 到 π 的積分 + 從 π 到 2π 的積分，見圖 8-18、8-19

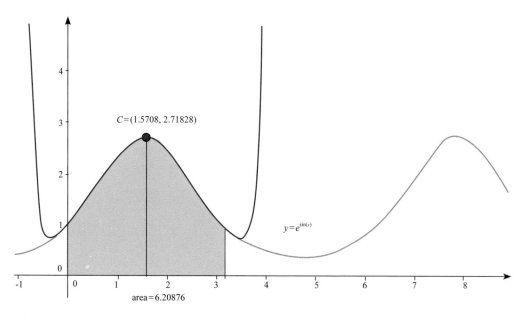

◆ 圖 8-18

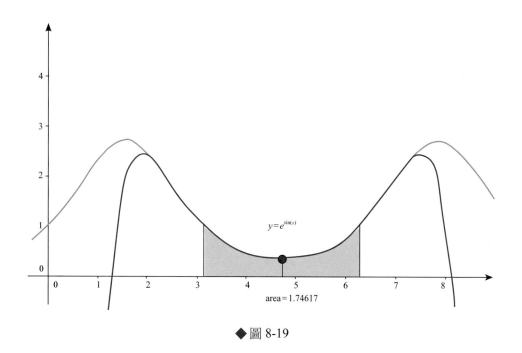

◆ 圖 8-19

從 0 到 π 的積分 $=6.20876$，

從 π 到 2π 的積分 $=1.74617$，

所以計算 $f(x)=e^{\sin x}$，從 0 到 2π 的積分 $\approx 6.20876+1.74617=7.95493$。

所以可分區段，用泰勒展開式計算非初等函數表示的反導函數。　　　　　　◆

例題3

計算常態分布 $f(x) = \dfrac{1}{\sqrt{2\pi}} e^{-\frac{x^2}{2}}$ ，從 0 到無限大的積分

先觀察圖 8-20

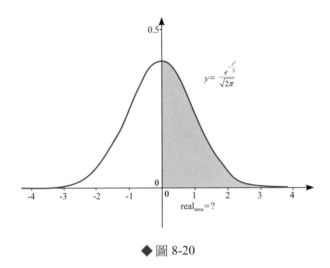

◆ 圖 8-20

可發現左右對稱。同時 $f(x) = \dfrac{1}{\sqrt{2\pi}} e^{-\frac{x^2}{2}}$ 無法積分出一個初等函數的反導函數，只能

以「積分形式的非初等函數」的表示反導函數：$\displaystyle\int_0^x \dfrac{1}{\sqrt{2\pi}} e^{-\frac{u^2}{2}}\ du$ 。

此函數的積分可利用泰勒展開式來計算積分值。

$f(x) = \dfrac{1}{\sqrt{2\pi}} e^{-\frac{x^2}{2}}$ ，利用泰勒展開式 $f(x) = \displaystyle\sum_{k=0}^{\infty} \dfrac{f^{[k]}(c)}{k!}(x-c)^k$ ，在 $c = 1.5$ 的展開。

觀察動態 10

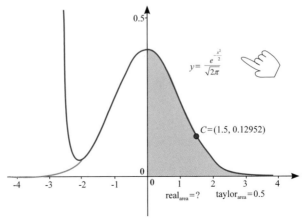

動態示意圖 10

可發現積分值不斷的向 0.5 靠近，這邊請參考瑕積分的概念，所以計算常態分布 $f(x) = \dfrac{1}{\sqrt{2\pi}} e^{-\frac{x^2}{2}}$，從 0 到無限大的積分是 0.5。

而從負無限大到無限大的積分是 $0.5 \times 2 = 1$，符合統計常態分布曲線下的面積是 1。

二、泰勒展開式的重點整理

「如果用小圓代表你們學到的知識，用大圓代表我學到的知識，那麼大圓的面積是多一點，但兩圓之外的空白都是我們的無知面。圓越大其圓周接觸的無知面就越多。」

芝諾(Zeno)

古希臘哲學家

有了泰勒展開式後，可將不好計算的函數，都變成比較好計算的無窮多項式函數。可以方便求值、逐項微分與積分。但要注意使用泰勒展開式的限制。

1.　泰勒展開式的函數，以 c 值為中心點，展開越多項越接近原函數，

　　貼近的範圍稱為收斂半徑，也就代表可代入的 x 值範圍，

　　而函數的收斂半徑都不一定，可從先前例題得知。

　　展開項數取決於計算者所能接受的誤差值 $R_n(x)$。

2.　利用泰勒展開式 $f(x) = \displaystyle\sum_{k=0}^{\infty} \dfrac{f^{[k]}(c)}{k!}(x-c)^k$ 求 $f(x)$

　　泰勒展開式需要使用適當的 c 值

　i　幫助計算高階微分

　ii　在代入數字時，讓 $(x_0 - c)$ 在高次方會趨近 0，

　　　也就是 c 值要接近 x_0 值（自變數的值）。

　iii　$c = 0$ 的泰勒展開式，又被稱作麥克羅倫公式。

> **泰勒展開式無限項的寫法：**
>
> $$f(x) = \sum_{k=0}^{\infty} \frac{f^{[k]}(c)}{k!}(x-c)^k$$
>
> **泰勒展開式有限項（多項式）加上餘項（誤差）的寫法：**
>
> $$f(x) = \sum_{k=0}^{n} \frac{f^{[k]}(c)}{k!}(x-c)^k + R_n(x)$$
>
> $$R_n(x) = \frac{f^{[n+1]}(z)}{(n+1)!}(x-c)^{n+1} \quad，z\ 在\ x\ 與\ c\ 之間。$$

　　泰勒展開式重要的地方是完善查表的內容，如根號表，三角函數表、對數表，在原本只能只取幾個特殊位置的值，再用內差法，去求出附近的值，但有了泰勒展開式之後就求任意位置的值。同時泰勒展開式更是經濟學、統計學、物理學的重要研究工具。

2.1 『常見泰勒展開式』

1. $\sin x$ 的展開

麥克羅倫公式，是 $c=0$，得到 $\sin x = x - \frac{1}{3!}x^3 + \frac{1}{5!}x^5 - \frac{1}{7!}x^7 + \frac{1}{9!}x^9 - \frac{1}{11!}x^{11} + ...$。

可代入的 x 範圍是 $(-\infty, \infty)$

當 $c=\pi$，得到 $\sin x = -(x-\pi) + \frac{1}{3!}(x-\pi)^3 - \frac{1}{5!}(x-\pi)^5 + \frac{1}{7!}(x-\pi)^7 - \frac{1}{9!}(x-\pi)^9 + ...$。
可代入的 x 範圍是 $(-\infty, \infty)$

當 $c=2\pi$，得到 $\sin x = (x-2\pi)^1 - \frac{1}{3!}(x-2\pi)^3 + \frac{1}{5!}(x-2\pi)^5 - \frac{1}{7!}(x-2\pi)^7 + \frac{1}{9!}(x-2\pi)^9 + ...$。
可代入的 x 範圍是 $(-\infty, \infty)$

2. $\cos x$ 的展開

麥克羅倫公式，$c=0$，得到 $\cos x = 1 - \frac{1}{2!}x^2 + \frac{1}{4!}x^4 - \frac{1}{6!}x^6 + \frac{1}{8!}x^8 - \frac{1}{10!}x^{10} + ...$。

可代入的 x 範圍是 $(-\infty, \infty)$

當 $c=2\pi$，得到 $\cos x = 1 + (x-2\pi) - \dfrac{1}{2!}(x-2\pi)^2 + \dfrac{1}{4!}(x-2\pi)^4 - \dfrac{1}{6!}(x-2\pi)^6 + \dfrac{1}{8!}(x-2\pi)^8 + ...$

可代入的 x 範圍是 $(-\infty, \infty)$

3. e^x 的展開

麥克羅倫公式，$c=0$，得到 $e^x = 1 + \dfrac{x^1}{1!} + \dfrac{x^2}{2!} + \dfrac{x^3}{3!} + \dfrac{x^4}{4!} + \dfrac{x^5}{5!} + \dfrac{x^6}{6!} + \dfrac{x^7}{7!} + ...$ 。

可代入的 x 範圍是 $(-\infty, \infty)$

當 $c=1$，得到 $e^x = e + \dfrac{e(x-1)^1}{1!} + \dfrac{e(x-1)^2}{2!} + \dfrac{e(x-1)^3}{3!} + \dfrac{e(x-1)^4}{4!} + ...$ 。

可代入的 x 範圍是 $(-\infty, \infty)$

4. $\ln x$ 的展開

當 $c=1$，得到 $\ln x = (x-1) - \dfrac{1}{2}(x-1)^2 + \dfrac{1}{3}(x-1)^3 - \dfrac{1}{4}(x-1)^4 + \dfrac{1}{5}(x-1)^5 + ...$ 。

可代入的 x 範圍是 $(0, 2]$

平移後得到，$\ln(x+1) = x^1 - \dfrac{1}{2}x^2 + \dfrac{1}{3}x^3 - \dfrac{1}{4}x^4 + \dfrac{1}{5}x^5 - \dfrac{1}{6}x^6 + \dfrac{1}{7}x^7 - \dfrac{1}{8}x^8 ...$ 。

可代入的 x 範圍是 $(-1, 1]$

5. 有理函數的展開

$\dfrac{1}{x} = 1 - (x-1)^1 + (x-1)^2 - (x-1)^3 + (x-1)^4 - (x-1)^5 + ...$ 。可代入的 x 範圍是 $(0, 2)$

$\dfrac{1}{1+x} = 1 - x^1 + x^2 - x^3 + x^4 - x^5 + x^6 ...$ 。可代入的 x 範圍是 $(-1, 1)$

$\dfrac{1}{1-x} = 1 + x^1 + x^2 + x^3 + x^4 + x^5 + x^6 + ...$ 。可代入的 x 範圍是 $(-1, 1)$

*2.2　尤拉的寶石

　　尤拉是一個多產的數學家，他發現了很多數學重要的定理與公式，在 1748 年發現到 $e^{ix} = \cos x + i\sin x$。此式子被稱為尤拉方程式，他可以計算計算出虛數的次方。並且此方程式特別的地方是，當 x 代入 n，使得 $e^{i\pi} = -1 \Rightarrow e^{i\pi} + 1 = 0$，恰巧由五個最特別的數學數字組成。

1：是第一個數字。

0：是唯一的中性數，不是正數、不是負數。

π：來自幾何之中，圓形的常數。

i ：來自代數，$x^2 = -1$。

e ：來自分析，$\lim\limits_{n\to\infty}(1+\dfrac{1}{n})^n = e$

得到了一個令人驚訝的結果，而這被理查費曼稱為尤拉的寶石。

尤拉是怎麼想到的，這邊我們不去介紹典故，他不是用泰勒展開式得到這個結果，但我們可以用泰勒展開式來驗證此式子$e^{ix} = \cos x + i\sin x$的正確性。

所以可以發現泰勒展開式也可以用在複數的應用上。

2.2.1　尤拉方程式的泰勒展開式

$f(x) = e^{ix}$ ，利用泰勒展開式$f(x) = \sum\limits_{k=0}^{\infty} \dfrac{f^{[k]}(c)}{k!}(x-c)^k$

可以知道　　$f(x) = e^{ix}$

$\qquad\qquad f'(x) = ie^{ix}$

$\qquad\qquad f''(x) = -e^{ix}$

$\qquad\qquad f^{[3]}(x) = -ie^{ix}$

$\qquad\qquad f^{[4]}(x) = e^{ix}$ 　　　開始重複

$\qquad\qquad\qquad \vdots$

泰勒展開式的重點在於 c 代入後，可以容易計算高階微分，

在本題 c 選 0，因為可以得到以下的結果，

$$
\begin{array}{lll}
f(x) = e^{ix} & & f(0) = 1 \\
f'(x) = ie^{ix} & & f'(0) = i \\
f''(x) = -e^{ix} & \xrightarrow{c=0} & f''(0) = - \\
f^{[3]}(x) = -ie^{ix} & & f^{[3]}(0) = -i \\
f^{[4]}(x) = e^{ix} & & f^{[4]}(0) = 1 \\
\quad\vdots & & \quad\vdots
\end{array}
$$

將其代入泰勒展開式$e^{ix} = \sum\limits_{k=0}^{\infty} \dfrac{f^{[k]}(c)}{k!} x^k$ ，得到

$$e^{ix} = \frac{1}{0!}x^0 + \frac{i}{1!}x^1 + \frac{-1}{2!}x^2 + \frac{-i}{3!}x^3 + \frac{1}{4!}x^4 + \frac{i}{5!}x^5 + \frac{-1}{6!}x^6 + \frac{-i}{7!}x^7$$
$$+ \frac{1}{8!}x^8 + \frac{i}{9!}x^9 + \frac{-1}{10!}x^{10} + \frac{-i}{11!}x^{11} + ...$$

常數項與虛數項分類，可得到

$$e^{ix} = (\frac{1}{0!}x^0 + \frac{-1}{2!}x^2 + \frac{1}{4!}x^4 + \frac{-1}{6!}x^6 + \frac{1}{8!}x^8 + \frac{-1}{10!}x^{10} + ...)$$
$$+ i(\frac{1}{1!}x^1 + \frac{-1}{3!}x^3 + \frac{1}{5!}x^5 + \frac{-1}{7!}x^7 + \frac{1}{9!}x^9 + \frac{-1}{11!}x^{11} + ...)$$

可以發現到與三角函數的在 $c=0$ 的展開式一樣

$$\sin x = \frac{1}{1!}x^1 + \frac{-1}{3!}x^3 + \frac{1}{5!}x^5 + \frac{-1}{7!}x^7 + \frac{1}{9!}x^9 + \frac{-1}{11!}x^{11} + ...$$

$$\cos x = x^0 + \frac{-1}{2!}x^2 + \frac{1}{4!}x^4 + \frac{-1}{6!}x^6 + \frac{1}{8!}x^8 + \frac{-1}{10!}x^{10} + ...$$

所以可改寫成 $e^{ix} = \cos x + i\sin x$ ，這就是尤拉的寶石。

2.2.2　尤拉方程式的圖案

作複數平面 $e^{ix} = \cos x + i\sin x$

已知在複數平面點的座標，就是方程式的實數係數與虛數係數，所以 e^{ix} 的圖案就是以點座標是$(\cos x, \sin x)$的圖案，而這正是圓的參數式，

觀察動態 11 👆

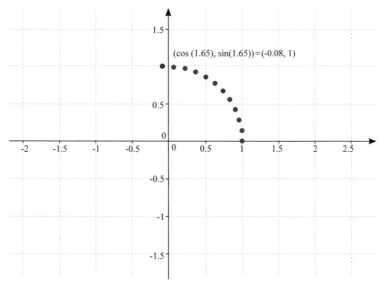

動態示意圖 11

2.2.3　尤拉方程式的用途

此方程式有什麼用？他可以幫助計算e^{ix}，

原本的計算式：

$$e^{ix} = 1 + \frac{(ix)}{1!} + \frac{(ix)^2}{2!} + \frac{(ix)^3}{3!} + \frac{(ix)^4}{4!} + \frac{(ix)^5}{5!} + ...$$

如果$x = 1$，則$e^i = 1 + \frac{i}{1!} + \frac{i^2}{2!} + \frac{i^3}{3!} + \frac{i^4}{4!} + \frac{i^5}{5!} + ...$

可以發現相當不好計算，但是有了$e^{ix} = \cos x + i \sin x$，可得到$e^i = \cos 1 + i \sin 1$。

2.2.4　利用尤拉方程式解題

當我們有了$e^{i\theta} = \cos \theta + i \sin \theta$

我們可以計算出一個很特別的數字，虛數的虛數次方：$i^i = ?$

$$i^i$$
$$= (0 + i)^i$$
$$= (\cos \frac{\pi}{2} + i \sin \frac{\pi}{2})^i$$
$$= (e^{i \times \frac{\pi}{2}})^i$$
$$= e^{i \times \frac{\pi}{2} \times i}$$
$$= e^{-\frac{\pi}{2}}$$
$$= 0.2079$$

很讓人意外的得到實際數字。

三、總結論

已知可積分函數不一定可以利用積分技巧計算出封閉形式的反導函數以初等函數表示。在此章學習泰勒展開式後，發現函數可展開為多項式函數，展開越多項就越貼近原函數，既然是多項式函數，就容易積分。於是積分求值就多了一個方法。

同時電腦與計算機如何計算難算的算式、函數，如：三角函數、指對數函數、開根號。電腦怎麼計算數值？加、減、乘、除是在計算機內放入九九乘法表與計算

規則。但三角函數是放入三角函數表嗎？計算 sin 0.5，難道也查表？或是 $\sin\dfrac{1}{3}$，分

數換小數後有無限多位數，那要放入多少資料到計算機之中，才能得到夠精準的答

案。電腦應該是有個特別的方法來計算。而這方法就是利用微積分的泰勒展開式。

如：$\sin x = x - \dfrac{1}{3!}x^3 + \dfrac{1}{5!}x^5 - \dfrac{1}{7!}x^7 + \dfrac{1}{9!}x^9 - \dfrac{1}{11!}x^{11} + ...$，展開之後變成多項式函數，可以

方便求值，也可以逐項積分與微分，而這正是泰勒展開式最重要的地方。

　　到此章為止，已經學會了微積分的基礎，以及歷史面與應用面，同時也明白有

些函數不能以初等函數形式表示，如：$\displaystyle\int_0^x \dfrac{\sin u}{u}\,du$，所以數學世界又打開了一扇門，

那還有多少種函數呢？到目前為止，超幾何函數 $F(a,b,c,z) = \displaystyle\sum_{n=0}^{\infty} \dfrac{a^{(n)}b^{(n)}}{c^{(n)}}\dfrac{z^n}{n!}$ 可以涵蓋目

前已知的函數。數學的世界無限寬廣，然而重要的是一步一腳印的學習並理解數學。

四、習題

1. 寫出 $f(x) = \ln x$ 的泰勒展開式

2. 計算 ln 1.1 求近似值到小數第二位

3. 寫出 $f(x) = e^x$ 的泰勒展開式

4. 計算 $e^{0.2}$ 求近似值到小數第二位

5. 寫出 $f(x) = 2^x$ 的泰勒展開式

6. 計算 $2^{0.7}$ 求近似值到小數第二位 (ln2=0.6931)

7. 寫出 $f(x) = \sqrt{x}$ 的泰勒展開式

8. 計算 $\sqrt{1.4}$ 求近似值到小數第二位

9. 寫出 $f(x) = \sqrt{x}$ 的泰勒展開式

10. 計算 tan 1 求近似值到小數第二位

4.1 解答

1. $\ln x = \sum_{k=1}^{\infty} \frac{(-1)^{k+1}}{k}(x-1)^k = (x-1) - \frac{1}{2}(x-1)^2 + \frac{1}{3}(x-1)^3 + \ldots$

2. $\ln 1.1 = 0.0988\ldots \approx 0.10$

3. $e^x = \sum_{k=1}^{\infty} \frac{1}{k!}x^k = 1 + x + \frac{1}{2!}x^2 + \frac{1}{3!}x^3 + \ldots$

4. $e^{0.2} = 1.221\ldots \approx 1.22$

5. $2^x = \sum_{k=0}^{\infty} \frac{(\ln 2)^k}{k!}x^k = 1 + \frac{(\ln 2)^1}{1!}x^1 + \frac{(\ln 2)^2}{2!}x^2 + \ldots$

6. $2^{0.7} = 1.6029\ldots \approx 1.60$

7. $\sqrt{x} = 1 + \frac{1}{2}(x-1) + \sum_{k=0}^{\infty}\left[\frac{(-1)^{k+1}}{(k+2)!2^{k+2}} \times \frac{(2k+1)!}{2^k k!} \times (x-1)^{k+2}\right]$

$= 1 + \frac{1}{2}(x-1) + \frac{-\frac{1}{4}}{2!}(x-1)^2 + \frac{\frac{3}{8}}{3!}(x-1)^3 + \frac{-\frac{15}{16}}{4!}(x-1)^4 + \frac{\frac{105}{32}}{5!}(x-1)^5 + \ldots$

8. $\sqrt{1.4} = 1.183\ldots \approx 1.18$

9. $\tan x = x + \frac{2x^3}{3!} + \frac{16x^5}{5!} + \frac{272x^7}{7!} + \ldots$

10. $\tan 1 = 1.543\ldots \approx 1.54$

五、附錄

5.1 數學家的故事－泰勒

　　布魯克・泰勒生於 1685，死於 1731 年，是英國數學家，最著名的是泰勒公式，但此公式是拉格朗日發現到重要性，並稱為「導數計算的基礎」。雖然泰勒是一名非常傑出的數學家，但是由於不喜歡明確和完整地把他的思路寫下來，因此他的許多證明沒有遺留下來。

5.2 數學家的故事－麥克羅倫

　　科林・麥克羅倫生於 1698 年，死於 1746 年，是蘇格蘭的數學家。他在 19 歲被選上成為教授，直到 2008 年前為世界上最年輕的教授，並且牛頓也對他印象深刻，

曾表示願意支付他的工資。麥克羅倫用泰勒級數計算各函數最大值，最小值，以及反曲點。以及他也對橢圓的積分產生興趣，減少了許多棘手的積分，而後由達朗貝爾和歐拉，給出更簡潔的方法。

5.3　數學家的故事－拉格朗日

生於西元 1736 年，解決當時有名的等周問題，內容為相同周長下，圓形會使得周長最大。拉格朗日在二十年內寫了約兩百篇的論文給柏林科學院、都靈學院和巴黎科學院，愛爾蘭的數學家哈密爾頓還因此稱再為「科學上的詩歌」。而後他接受拿破崙的聘請，並與拿破崙討論哲學與數學問題，拿破崙形容拉格朗日是「數學科學方面高聳的金字塔」。晚年喪偶，因此消沈，但在他 56 歲的時候，朋友十幾歲的女兒堅持與拉格朗日結婚，拉格朗日最終接受了她，她是能幹的伴侶，使拉格朗日再度燃起鬥志，故他說：「我的成就，都有我的老婆的貢獻。」

5.4　數學家的故事－尤拉

尤拉研讀神學，篤信上帝，不容許其他人在他面前詆毀上帝。有一個流傳的故事有提到，尤拉在葉卡捷琳娜二世的宮廷裡，被無神論者德尼·狄德羅挑戰。於是尤拉對狄德羅說「先生。因為 $e^{i\pi}+1=0$，所以上帝存在。請回答！」狄德羅不知怎麼回答，只好投降。但是由於狄德羅也是數學家，這個傳說也有可能屬於虛構。

$e^{i\pi}+1=0$ 這個式子，是非常獨特的。我們可由卡斯納 (Edward Kasner) 與紐曼 (James Newman) 在「數學與想像」中的一段內容，知道獨特性。

對皮爾斯這位 19th 哈佛的頂尖數學家來說，歐拉的 $e^{i\pi}+1=0$，簡直是一種啟示。看到這個公式後，有天他對學生說：「各位，這看起來真的很矛盾，我們沒辦法了解這個公式，也不知道他代表的意義。」可是已經有人證明出來，所以我們確信他一定是正確的。

常用積分表

1. 基本形式：

001. $\int a\, du = au + C$

002. $\int a\, f(u)\, du = a \int f(u)\, du$

003. $\int f(y)\, du = \int \dfrac{f(y)}{y'}\, du, \quad where\ y' = \dfrac{dy}{du}$

004. $\int (f \pm g \pm h \pm \ldots)\, du = \int f\, du \pm \int g\, du \pm \int h\, du \pm \ldots$

005. $\int u^n\, du = \dfrac{1}{n+1} u^{n+1} + C, \quad (n \neq -1)$

006. $\int \dfrac{du}{u} = \ln|u| + C$

007. $\int e^u\, du = e^u + C$

008. $\int e^{au}\, du = \dfrac{1}{a} e^{au} + C$

009. $\int b^{au}\, du = \dfrac{b^{au}}{a \cdot \ln b} + C \quad (b > 0, b \neq 1)$

010. $\int \ln u\, du = u \cdot \ln u - u + C$

2. 含 $a+bx$ 的形態：

011. $\int \ln u\, du = u \cdot \ln u - u + C$

012. $\int (a+bu)^n\, du = \dfrac{(a+bu)^{n+1}}{(n+1)b} + C, \quad (n \neq -1)$

013. $\displaystyle\int u(a+bu)^n\,du = \frac{1}{b^2(n+2)}(a+bu)^{n+2} - \frac{a}{b^2(n+1)}(a+bu)^{n+1} + C, \qquad (n \neq -1, -2)$

014. $\displaystyle\int u^2(a+bu)^n\,du = \frac{1}{b^3}\left[\frac{(a+bu)^{n+3}}{n+3} - 2a\frac{(a+bu)^{n+2}}{n+2} + a^2\frac{(a+bu)^{n+1}}{n+1}\right] + C$

015. $\displaystyle\int \frac{du}{(a+bu)^2} = -\frac{1}{b(a+bu)} + C$

016. $\displaystyle\int \frac{u\,du}{a+bu} = \frac{1}{b^2}\Big[(a+bu) - a\ln|a+bu|\Big] + C$

017. $\displaystyle\int \frac{u\,du}{(a+bu)^2} = \frac{1}{b^2}\left[\ln|a+bu| + \frac{a}{a+bu}\right] + C$

018. $\displaystyle\int \frac{u^2\,du}{a+bu} = \frac{1}{b^3}\left[\frac{1}{2}(a+bu)^2 - 2a(a+bu) + a^2\ln|a+bu|\right] + C$

019. $\displaystyle\int \frac{u^2\,du}{(a+bu)^2} = \frac{1}{b^3}\left[(a+bu) - 2a\ln|a+bu| - \frac{a^2}{a+bu}\right] + C$

020. $\displaystyle\int \frac{du}{u(a+bu)} = -\frac{1}{a}\ln\left|\frac{a+bu}{u}\right| + C$

021. $\displaystyle\int \frac{du}{u(a+bu)^2} = \frac{1}{a(a+bu)} - \frac{1}{a^2}\ln\left|\frac{a+bu}{u}\right| + C$

022. $\displaystyle\int \frac{du}{u^2(a+bu)} = -\frac{1}{au} + \frac{b}{a^2}\ln\left|\frac{a+bu}{u}\right| + C$

023. $\displaystyle\int \frac{du}{u^2(a+bu)^2} = -\frac{a+2bu}{a^2u(a+bu)} + \frac{2b}{a^3}\ln\left|\frac{a+bu}{u}\right| + C$

3. 含 $\sqrt{a+bu}$ 的形態：

024. $\displaystyle\int \sqrt{a+bu}\,du = \frac{2}{3b}(a+bu)^{3/2} + C$

025. $\displaystyle\int u\sqrt{a+bu}\,du = -\frac{2(2a-3bu)(a+bu)^{3/2}}{15b^2} + C$

026. $\displaystyle\int u^2\sqrt{a+bu}\,du = \frac{2(8a^2 - 12abu + 15b^2u^2)(a+bu)^{3/2}}{105b^3} + C$

027. $\displaystyle\int\frac{du}{u\sqrt{a+bu}}=\frac{1}{\sqrt{a}}\ln\left|\frac{\sqrt{a+bu}-\sqrt{a}}{\sqrt{a+bu}+\sqrt{a}}\right|+C,\quad(a>0)$

028. $\displaystyle\int\frac{du}{u\sqrt{a+bu}}=\frac{2}{\sqrt{-a}}\tan^{-1}\sqrt{\frac{a+bu}{-a}}+C,\quad(a<0)$

029. $\displaystyle\int u^n\sqrt{a+bu}\,du=\frac{2}{b(2n+3)}\left[u^n(a+bu)^{3/2}-na\int u^{n-1}\sqrt{a+bu}\,du\right]$

030. $\displaystyle\int\frac{\sqrt{a+bu}}{u}du=2\sqrt{a+bu}+a\int\frac{du}{u\sqrt{a+bu}}$

031. $\displaystyle\int\frac{\sqrt{a+bu}}{u^2}du=-\frac{\sqrt{a+bu}}{u}+\frac{b}{2}\int\frac{du}{u\sqrt{a+bu}}$

032. $\displaystyle\int\frac{du}{\sqrt{a+bu}}=\frac{2\sqrt{a+bu}}{b}+C$

033. $\displaystyle\int\frac{u\,du}{\sqrt{a+bu}}=-\frac{2(2a-bu)}{3b^2}\sqrt{a+bu}+C$

034. $\displaystyle\int\frac{u^2\,du}{\sqrt{a+bu}}=\frac{2(8a^2-4abu+3b^2u^2)}{15b^3}\sqrt{a+bu}+C$

035. $\displaystyle\int\frac{du}{u^2\sqrt{a+bu}}=-\frac{\sqrt{a+bu}}{au}-\frac{b}{2a}\int\frac{du}{u\sqrt{a+bu}}$

4. 含 $a^2\pm u^2,\ u^2-a^2$ 的形態：

036. $\displaystyle\int\frac{du}{a^2+u^2}=\frac{1}{a}\tan^{-1}\left(\frac{u}{a}\right)+C$

037. $\displaystyle\int\frac{du}{a^2-u^2}=\frac{1}{2a}\ln\left|\frac{a+u}{a-u}\right|+C,\quad(a^2>u^2)$

038. $\displaystyle\int\frac{du}{u^2-a^2}=\frac{1}{2a}\ln\left|\frac{u-a}{u+a}\right|+C,\quad(u^2>a^2)$

039. $\displaystyle\int\frac{du}{(a^2+u^2)^2}=\frac{1}{2a^3}\tan^{-1}\left(\frac{u}{a}\right)+\frac{1}{2a^2}\frac{u}{a^2+u^2}+C$

5. 含 $\sqrt{u^2 \pm a^2}$ 的形態：

040. $\quad \displaystyle\int \sqrt{u^2 \pm a^2}\, du = \frac{1}{2}\left[u\sqrt{u^2 \pm a^2} \pm a^2 \ln\left|u + \sqrt{u^2 \pm a^2}\right| \right] + C$

041. $\quad \displaystyle\int \frac{du}{\sqrt{u^2 \pm a^2}} = \ln\left|u + \sqrt{u^2 \pm a^2}\right| + C$

042. $\quad \displaystyle\int \frac{du}{u\sqrt{u^2 - a^2}} = \frac{1}{|a|} \sec^{-1}\left(\frac{u}{a}\right) + C$

043. $\quad \displaystyle\int \frac{du}{u\sqrt{u^2 + a^2}} = -\frac{1}{a}\ln\left|\frac{a + \sqrt{u^2 + a^2}}{u}\right| + C$

044. $\quad \displaystyle\int \frac{\sqrt{u^2 + a^2}}{u}\, du = \sqrt{u^2 + a^2} - a\ln\left|\frac{a + \sqrt{u^2 + a^2}}{u}\right| + C$

045. $\quad \displaystyle\int \frac{\sqrt{u^2 - a^2}}{u}\, du = \sqrt{u^2 - a^2} - |a|\sec^{-1}\left(\frac{u}{a}\right) + C = \sqrt{u^2 - a^2} + |a|\tan^{-1}\left(\frac{|a|}{\sqrt{u^2 - a^2}}\right) + C$

046. $\quad \displaystyle\int \frac{u\, du}{\sqrt{u^2 \pm a^2}} = \sqrt{u^2 \pm a^2} + C$

047. $\quad \displaystyle\int u\sqrt{u^2 \pm a^2}\, du = \frac{1}{3}\left(u^2 \pm a^2\right)^{3/2} + C$

048. $\quad \displaystyle\int u^2 \sqrt{u^2 \pm a^2}\, du = \frac{u}{4}\left(u^2 \pm a^2\right)^{3/2} \mp \frac{a^2}{8} u\sqrt{u^2 \pm a^2} - \frac{a^4}{8}\ln\left|u + \sqrt{u^2 \pm a^2}\right| + C$

049. $\quad \displaystyle\int \frac{u^2\, du}{\sqrt{u^2 \pm a^2}} = \frac{u}{2}\sqrt{u^2 \pm a^2} \mp \frac{a^2}{2}\ln\left|u + \sqrt{u^2 \pm a^2}\right| + C$

050. $\quad \displaystyle\int \frac{du}{u^2\sqrt{u^2 \pm a^2}} = \mp \frac{\sqrt{u^2 \pm a^2}}{a^2 u} + C$

051. $\quad \displaystyle\int \frac{\sqrt{u^2 \pm a^2}}{u^2}\, du = -\frac{\sqrt{u^2 \pm a^2}}{u} + \ln\left|u + \sqrt{u^2 \pm a^2}\right| + C$

6. 含 $\sqrt{a^2-u^2}$ 的形態：

052. $\displaystyle\int \sqrt{a^2-u^2}\,du = \frac{1}{2}\left[u\sqrt{a^2-u^2}+a^2\sin^{-1}\left(\frac{u}{|a|}\right)\right]+C$

053. $\displaystyle\int \frac{du}{\sqrt{a^2-u^2}} = \sin^{-1}\left(\frac{u}{|a|}\right)+C \quad or \quad -\cos^{-1}\left(\frac{u}{|a|}\right)+C$

054. $\displaystyle\int \frac{du}{u\sqrt{a^2-u^2}} = -\frac{1}{a}\ln\left|\frac{a+\sqrt{a^2-u^2}}{u}\right|+C$

055. $\displaystyle\int \frac{\sqrt{a^2-u^2}}{u}\,du = \sqrt{a^2-u^2}-a\ln\left|\frac{a+\sqrt{a^2-u^2}}{u}\right|+C$

056. $\displaystyle\int \frac{u\,du}{\sqrt{a^2-u^2}} = -\sqrt{a^2-u^2}+C$

057. $\displaystyle\int u\sqrt{a^2-u^2}\,du = -\frac{1}{3}\left(a^2-u^2\right)^{3/2}+C$

058. $\displaystyle\int u^2\sqrt{a^2-u^2}\,du = -\frac{u}{4}\left(a^2-u^2\right)^{3/2}+\frac{a^2}{8}\left[u\sqrt{a^2-u^2}+a^2\sin^{-1}\left(\frac{u}{|a|}\right)\right]+C$

059. $\displaystyle\int \frac{u^2\,du}{\sqrt{a^2-u^2}} = -\frac{u}{2}\sqrt{a^2-u^2}+\frac{a^2}{2}\sin^{-1}\left(\frac{u}{|a|}\right)+C$

060. $\displaystyle\int \frac{du}{u^2\sqrt{a^2-u^2}} = -\frac{\sqrt{a^2-u^2}}{a^2u}+C$

061 $\displaystyle\int \frac{\sqrt{a^2-u^2}}{u^2}\,du = -\frac{\sqrt{a^2-u^2}}{u}-\sin^{-1}\left(\frac{x}{|a|}\right)+C$

7. 含 $\left(u^2\pm a^2\right)^{3/2}$ 的形態：

062. $\displaystyle\int \left(u^2\pm a^2\right)^{3/2}\,du = \frac{1}{4}\left[u\left(u^2\pm a^2\right)^{3/2}\pm\frac{3a^2u}{2}\sqrt{u^2\pm a^2}+\frac{3a^4}{2}\ln\left|u+\sqrt{u^2\pm a^2}\right|\right]+C$

063. $\displaystyle\int\frac{du}{\left(u^2\pm a^2\right)^{3/2}}=\frac{\pm u}{a^2\sqrt{u^2\pm a^2}}+C$

064. $\displaystyle\int\frac{u\,du}{\left(u^2\pm a^2\right)^{3/2}}=\frac{-1}{\sqrt{u^2\pm a^2}}+C$

065. $\displaystyle\int u\left(u^2\pm a^2\right)^{3/2}du=\frac{1}{5}\left(u^2\pm a^2\right)^{5/2}+C$

066. $\displaystyle\int u^2\left(u^2\pm a^2\right)^{3/2}du$
$\displaystyle=\frac{u}{6}\left(u^2\pm a^2\right)^{5/2}\mp\frac{a^2 u}{24}\left(u^2\pm a^2\right)^{3/2}-\frac{a^4 u}{16}\sqrt{u^2\pm a^2}\mp\frac{a^6}{16}\ln\left|u+\sqrt{u^2\pm a^2}\right|+C$

067. $\displaystyle\int\frac{u^2\,du}{\left(u^2\pm a^2\right)^{3/2}}=\frac{-u}{\sqrt{u^2\pm a^2}}+\ln\left|u+\sqrt{u^2\pm a^2}\right|+C$

068. $\displaystyle\int\frac{du}{u\left(u^2+a^2\right)^{3/2}}=\frac{1}{a^2\sqrt{u^2+a^2}}-\frac{1}{a^3}\ln\left|\frac{a+\sqrt{u^2+a^2}}{u}\right|+C$

069. $\displaystyle\int\frac{du}{u\left(u^2-a^2\right)^{3/2}}=-\frac{1}{a^2\sqrt{u^2-a^2}}-\frac{1}{|a|^3}\sec^{-1}\left(\frac{u}{a}\right)+C$

070. $\displaystyle\int\frac{du}{u^2\left(u^2\pm a^2\right)^{3/2}}=-\frac{1}{a^4}\left[\frac{\sqrt{u^2\pm a^2}}{u}+\frac{u}{\sqrt{u^2\pm a^2}}\right]+C$

8. 含 $\left(a^2-u^2\right)^{3/2}$ 的形態：

071. $\displaystyle\int\left(a^2-u^2\right)^{3/2}du=\frac{1}{4}\left[u\left(a^2-u^2\right)^{3/2}+\frac{3a^2 u}{2}\sqrt{a^2-u^2}+\frac{3a^4}{2}\sin^{-1}\left(\frac{u}{|a|}\right)\right]+C$

072. $\displaystyle\int\frac{du}{\left(a^2-u^2\right)^{3/2}}=\frac{u}{a^2\sqrt{a^2-u^2}}+C$

073. $\displaystyle\int\frac{u\,du}{\left(a^2-u^2\right)^{3/2}}=\frac{1}{\sqrt{a^2-u^2}}+C$

074.　$\displaystyle\int u\left(a^2-u^2\right)^{3/2} du=-\frac{1}{5}\left(a^2-u^2\right)^{5/2}+C$

075.　$\displaystyle\int u^2\left(a^2-u^2\right)^{3/2} du$

$\displaystyle=-\frac{1}{6}u\left(a^2-u^2\right)^{5/2}+\frac{a^2 u}{24}\left(a^2-u^2\right)^{3/2}+\frac{a^4 u}{16}\sqrt{a^2-u^2}+\frac{a^6}{16}\sin^{-1}\left(\frac{u}{|a|}\right)+C$

076.　$\displaystyle\int\frac{u^2\,du}{\left(a^2-u^2\right)^{3/2}}=\frac{u}{\sqrt{a^2-u^2}}-\sin^{-1}\left(\frac{u}{|a|}\right)+C$

077.　$\displaystyle\int\frac{du}{u\left(a^2-u^2\right)^{3/2}}=\frac{1}{a^2\sqrt{a^2-u^2}}-\frac{1}{a^3}\ln\left|\frac{a+\sqrt{a^2-u^2}}{u}\right|+C$

078.　$\displaystyle\int\frac{du}{u^2\left(a^2-u^2\right)^{3/2}}=\frac{1}{a^4}\left[-\frac{\sqrt{a^2-u^2}}{u}+\frac{u}{\sqrt{a^2-u^2}}\right]+C$

9. 含 au^2+bu+c 的形態：

079.　$\displaystyle\int\frac{du}{au^2+bu+c}=$ 　$\displaystyle\frac{1}{\sqrt{b^2-4ac}}\ln\left|\frac{2au+b-\sqrt{b^2-4ac}}{2au+b+\sqrt{b^2-4ac}}\right|+C,\qquad\left(b^2-4ac>0\right)$

$\displaystyle\frac{2}{\sqrt{4ac-b^2}}\tan^{-1}\left(\frac{2au+b}{\sqrt{4ac-b^2}}\right)+C,\qquad\left(b^2-4ac<0\right)$

$\displaystyle-\frac{2}{2au+b}+C,\qquad\left(b^2-4ac=0\right)$

080.　$\displaystyle\int\frac{u\,du}{au^2+bu+c}=\frac{1}{2a}\ln\left|au^2+bu+c\right|-\frac{b}{2a}\int\frac{du}{au^2+bu+c}$

10. 含 au^n+b 的形態：

081.　$\displaystyle\int\frac{du}{a+bu^2}=\frac{1}{\sqrt{ab}}\tan^{-1}\left(\sqrt{\frac{b}{a}}\,u\right)+C,\qquad(ab>0)$

082. $\displaystyle\int\frac{du}{a+bu^2}=\frac{1}{2\sqrt{-ab}}\ln\left|\frac{a+u\sqrt{-ab}}{a-u\sqrt{-ab}}\right|+C,\qquad(ab<0)$

083. $\displaystyle\int\frac{u\,du}{a+bu^2}=\frac{1}{2b}\ln\left|a+bu^2\right|+C$

084. $\displaystyle\int\frac{u^2\,du}{a+bu^2}=\frac{u}{b}-\frac{a}{b}\int\frac{du}{a+bu^2}$

085. $\displaystyle\int\frac{du}{\left(a+bu^2\right)^2}=\frac{u}{2a\left(a+bu^2\right)}+\frac{1}{2a}\int\frac{du}{a+bu^2}$

086. $\displaystyle\int\frac{du}{\left(a+bu^2\right)^n}=\frac{u}{2(n-1)a\left(a+bu^2\right)^{n-1}}+\frac{2n-3}{2(n-1)a}\int\frac{du}{\left(a+bu^2\right)^{n-1}}$

087. $\displaystyle\int\frac{u\,du}{\left(a+bu^2\right)^n}=-\frac{1}{2b(n-1)\left(a+bu^2\right)^{n-1}}+C$

088. $\displaystyle\int\frac{u^2\,du}{\left(a+bu^2\right)^n}=-\frac{u}{2b(n-1)\left(a+bu^2\right)^{n-1}}+\frac{1}{2b(n-1)}\int\frac{du}{\left(a+bu^2\right)^{n-1}}$

089. $\displaystyle\int\frac{du}{u\left(a+bu^2\right)}=\frac{1}{2a}\ln\left|\frac{u^2}{a+bu^2}\right|+C$

090. $\displaystyle\int\frac{du}{u^2\left(a+bu^2\right)}=-\frac{1}{au}-\frac{b}{a}\int\frac{du}{a+bu^2}$

11. 三角函數的積分

091. $\displaystyle\int\sin u\,du=-\cos u+C$

092. $\displaystyle\int\cos u\,du=\sin u+C$

093. $\displaystyle\int\tan u\,du=-\ln\left|\cos u\right|+C=\ln\left|\sec u\right|+C$

094. $\displaystyle\int\cot u\,du=\ln\left|\sin u\right|+C=-\ln\left|\csc u\right|+C$

095. $\displaystyle\int\sec u\,du=\ln\left|\sec u+\tan u\right|+C$

096. $\displaystyle\int \csc u\, du = \ln\left|\csc u - \cot u\right| + C$

097. $\displaystyle\int \sin^2 u\, du = -\frac{1}{2}\cos u \sin u + \frac{1}{2}u + C = \frac{1}{2}u - \frac{1}{4}\sin 2u + C$

098. $\displaystyle\int \sin^3 u\, du = -\frac{1}{3}\cos u\left(\sin^2 u + 2\right) + C$

099. $\displaystyle\int \sin^4 u\, du = \frac{3u}{8} - \frac{\sin 2u}{4} + \frac{\sin 4u}{32} + C$

100. $\displaystyle\int \sin^n u\, du = -\frac{\sin^{n-1} u \cos u}{n} + \frac{n-1}{n}\int \sin^{n-2} u\, du$

101. $\displaystyle\int \frac{du}{\sin^2 u} = -\cot u + C$

102. $\displaystyle\int \cos^2 u\, du = \frac{1}{2}\sin u \cos u + \frac{1}{2}u + C = \frac{1}{2}u + \frac{1}{4}\sin 2u + C$

103. $\displaystyle\int \cos^3 u\, du = \frac{1}{3}\sin u\left(\cos^2 u + 2\right) + C$

104. $\displaystyle\int \cos^4 u\, du = \frac{3u}{8} + \frac{\sin 2u}{4} + \frac{\sin 4u}{32} + C$

105. $\displaystyle\int \cos^n u\, du = \frac{1}{n}\cos^{n-1} u \sin u + \frac{n-1}{n}\int \cos^{n-2} u\, du$

106. $\displaystyle\int \tan^2 u\, du = \tan u - u + C$

107. $\displaystyle\int \tan^3 u\, du = \frac{1}{2}\tan^2 u + \ln\left|\cos u\right| + C$

108. $\displaystyle\int \tan^n u\, du = \frac{\tan^{n-1} u}{n-1} - \int \tan^{n-2} u\, du$

109. $\displaystyle\int \cot^2 u\, du = -\cot u - u + C$

110. $\displaystyle\int \cot^n u\, du = -\frac{\cot^{n-1} u}{n-1} - \int \cot^{n-2} u\, du, \qquad (n \neq 1)$

111. $\displaystyle\int \sec^2 u\, du = \tan u + C$

112. $\displaystyle\int \sec^n u\,du = \frac{1}{n-1}\sec^{n-2}u\tan u + \frac{n-2}{n-1}\int \sec^{n-2}u\,du + C$

113. $\displaystyle\int \csc^2 u\,du = -\cot u + C$

114. $\displaystyle\int \csc^n u\,du = -\frac{1}{n-1}\csc^{n-2}u\cot u + \frac{n-2}{n-1}\int \csc^{n-2}u\,du + C$

115. $\displaystyle\int \sin(a+bu)\,du = -\frac{1}{b}\cos(a+bu) + C$

116. $\displaystyle\int \cos(a+bu)\,du = \frac{1}{b}\sin(a+bu) + C$

117. $\displaystyle\int \frac{du}{\cos^2 u} = \int \sec^2 u\,du = \tan u + C$

118. $\displaystyle\int \frac{du}{1\pm\sin u} = \mp\tan\left(\frac{\pi}{4}\mp\frac{u}{2}\right) + C$

119. $\displaystyle\int \frac{du}{1+\cos u} = \tan\left(\frac{u}{2}\right) + C$

120. $\displaystyle\int \frac{du}{1-\cos u} = -\cot\left(\frac{u}{2}\right) + C$

121. $\displaystyle\int \sin u\cos u\,du = \frac{1}{2}\sin^2 u + C$

122. $\displaystyle\int \frac{du}{\sin u\cos u} = \ln\left|\tan u\right| + C$

123. $\displaystyle\int \sin mu\sin nu\,du = \frac{\sin(m-n)u}{2(m-n)} - \frac{\sin(m+n)u}{2(m+n)} + C, \qquad \left(m^2 \neq n^2\right)$

124. $\displaystyle\int \cos mu\cos nu\,du = \frac{\sin(m-n)u}{2(m-n)} + \frac{\sin(m+n)u}{2(m+n)} + C, \qquad \left(m^2 \neq n^2\right)$

125. $\displaystyle\int \sin mu\cos nu\,du = -\frac{\cos(m-n)u}{2(m-n)} - \frac{\cos(m+n)u}{2(m+n)} + C, \qquad \left(m^2 \neq n^2\right)$

126. $\displaystyle\int u\sin(au)\,du = \frac{1}{a^2}\sin(au) - \frac{u}{a}\cos(au) + C$

127. $\displaystyle\int u\sin^2 u\,du = \frac{u^2}{4} - \frac{u\sin 2u}{4} - \frac{\cos 2u}{8} + C$

128. $\displaystyle\int u\cos(au)\,du = \frac{1}{a^2}\cos(au) + \frac{u}{a}\sin(au) + C$

129. $\displaystyle\int u^2\cos(au)\,du = \frac{2u}{a^2}\cos(au) + \frac{a^2u^2 - 2}{a^3}\sin(au) + C$

130. $\displaystyle\int u^n\cos(au)\,du = \frac{1}{a}u^n\sin(au) - \frac{n}{a}\int u^{n-1}\sin(au)\,du$

131. $\displaystyle\int u\cos^2 u\,du = \frac{u^2}{4} + \frac{u\sin 2u}{4} + \frac{\cos 2u}{8} + C$

132. $\displaystyle\int u^2\sin(au)\,du = \frac{2u}{a^2}\sin(au) - \frac{a^2u^2 - 2}{a^3}\cos(au) + C$

133. $\displaystyle\int u^n\sin(au)\,du = -\frac{1}{a}u^n\cos(au) + \frac{n}{a}\int u^{n-1}\cos(au)\,du$

134. $\displaystyle\int u^2\sin^2 u\,du = \frac{u^3}{6} - \left(\frac{u^2}{4} - \frac{1}{8}\right)\sin 2u - \frac{u\cos 2u}{4} + C$

135. $\displaystyle\int u^2\cos^2 u\,du = \frac{u^3}{6} + \left(\frac{u^2}{4} - \frac{1}{8}\right)\sin 2u + \frac{u\cos 2u}{4} + C$

136. $\displaystyle\int \sin u\cos^n u\,du = -\frac{1}{n+1}\cos^{n+1} u + C$

137. $\displaystyle\int \cos u\sin^n u\,du = \frac{1}{n+1}\sin^{n+1} u + C$

138. $\displaystyle\int \cos^m u\sin^n u\,du = \frac{1}{m+n}\cos^{m-1} u\sin^{n+1} u + \frac{m-1}{m+n}\int \cos^{m-2} u\sin^n u\,du, \quad (m \neq -n)$

139. $\displaystyle\int \cos^m u\sin^n u\,du = -\frac{1}{m+n}\cos^{m+1} u\sin^{n-1} u + \frac{n-1}{m+n}\int \cos^m u\sin^{n-2} u\,du, \quad (m \neq -n)$

12. 反三角函數的積分

140. $\displaystyle\int \sin^{-1} u\,du = u\sin^{-1} u + \sqrt{1 - u^2} + C$

141. $\displaystyle\int \cos^{-1} u\,du = u\cos^{-1} u - \sqrt{1-u^2} + C$

142. $\displaystyle\int \tan^{-1} u\,du = u\tan^{-1} u - \frac{1}{2}\ln\left|1+u^2\right| + C$

143. $\displaystyle\int \cot^{-1} u\,du = u\cot^{-1} u + \frac{1}{2}\ln\left|1+u^2\right| + C$

144. $\displaystyle\int \sec^{-1} u\,du = u\sec^{-1} u - \ln\left|u+\sqrt{u^2-1}\right| + C$

145. $\displaystyle\int \csc^{-1} u\,du = u\csc^{-1} u + \ln\left|u+\sqrt{u^2-1}\right| + C$

13. 對數函數的積分

146. $\displaystyle\int \ln u\,du = u\ln u - u + C$

147. $\displaystyle\int u\ln u\,du = \frac{u^2}{2}\ln u - \frac{u^2}{4} + C$

148. $\displaystyle\int u^2 \ln u\,du = \frac{u^3}{3}\ln u - \frac{u^3}{9} + C$

149. $\displaystyle\int u^n \ln(u)\,du = \frac{u^{n+1}}{n+1}\ln(u) - \frac{u^{n+1}}{(n+1)^2} + C, \qquad (n\neq -1)$

150. $\displaystyle\int \frac{\left[\ln(u)\right]^n}{u}\,du = \frac{1}{n+1}\left[\ln(u)\right]^{n+1} + C$

14. 指數函數的積分

151. $\displaystyle\int e^{\pm u}\,du = \pm e^{\pm u} + C$

152. $\displaystyle\int e^{au}\,du = \frac{1}{a}e^{au} + C$

153. $\displaystyle\int u\,e^{au}\,du = \frac{au-1}{a^2}e^{au} + C$

154. $\int u^n e^{au} du = \dfrac{u^n e^{au}}{a} - \dfrac{n}{a} \int u^{n-1} e^{au} du + C = e^{au} \displaystyle\sum_{k=0}^{n} (-1)^k \dfrac{n! u^{n-k}}{(n-k)! a^{k+1}} + C$

155. $\int e^{au} \sin(bu) du = \dfrac{e^{au} \left[a\sin(bu) - b\cos(bu) \right]}{a^2 + b^2} + C$

156. $\int e^{au} \cos(bu) du = \dfrac{e^{au} \left[a\cos(bu) + b\sin(bu) \right]}{a^2 + b^2} + C$

國家圖書館出版品預行編目資料

互動及視覺微積分／吳作樂，吳秉翰著. －－
初版.－－臺北市：五南，2014.09
　面；　公分
　ISBN 978-957-11-7785-4 (平裝)
　1.微積分
314.1　　　　　　　　　　103016475

5BH6

互動及視覺微積分

作　　　者 ― 吳作樂（56.5）　吳秉翰

發 行 人 ― 楊榮川

總 編 輯 ― 王翠華

主　　　編 ― 王正華

責任編輯 ― 金明芬

封面設計 ― 童安安

出 版 者 ― 五南圖書出版股份有限公司

地　　　址：106台北市大安區和平東路二段339號4樓

電　　　話：(02)2705-5066　　傳　　　真：(02)2706-6100

網　　　址：http://www.wunan.com.tw

電子郵件：wunan@wunan.com.tw

劃撥帳號：01068953

戶　　　名：五南圖書出版股份有限公司

台中市駐區辦公室/台中市中區中山路6號

電　　　話：(04)2223-0891　　傳　　　真：(04)2223-3549

高雄市駐區辦公室/高雄市新興區中山一路290號

電　　　話：(07)2358-702　　傳　　　真：(07)2350-236

法律顧問　林勝安律師事務所　林勝安律師

出版日期　2014年9月初版一刷

定　　　價　新臺幣580元

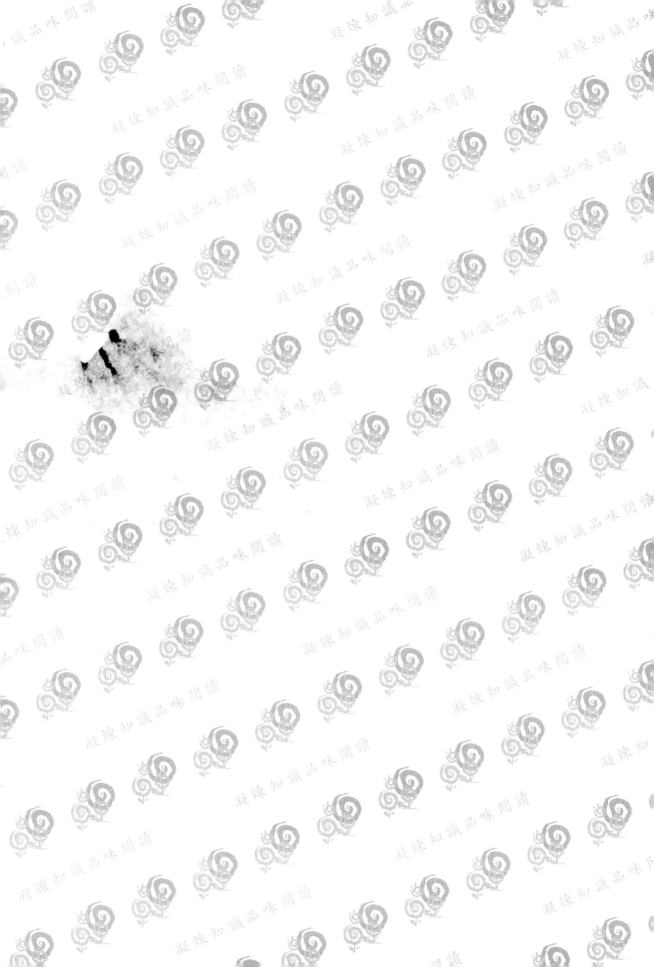